BLOW DRY AND IRON

청구문화사

PREFACE 머리말

전반적인 사회발전으로 인해 삶의 질이 윤택해짐에 따라 건강과 아름다움에 관한 관심이 어느 때 보다도 높은 것이 현실이다. 이와 같은 아름다움에 관한 관심은 미용산업의 발달과 전문적인 테크닉의 향상으로 이어지고 있으며 그 중에서도 특히 헤어 스타일링에 관한 관심은 괄목하다고 할 것이다.

따라서 미용분야에 종사하는 전문 디자이너나 공부하는 학생들은 스타일의 유행이 수시로 변하고 테크닉 연마에 시간이 오래 걸리는 애로사항이 있음에도 불구하고 특히 헤어 스타일링에 관한 테크닉 연마에 더욱 심혈을 기울여야 할 것이다.

오랜 시간과 많은 노력으로 만들어진 이 책은 헤어 스타일링 작업에 있어 완성도가 높은 분야인 브로우 드라이, 원형 아이롱, 스트레이트 아이롱의 이론 및 실기에 관한 내용이다. 미용은 이러한 기본들이 잘 갖추어져 있어야만 전문 헤어디자이너로서의 자격이 충분하다고 할 수 있다.

그러나 브로우 드라이 테크닉은 헤어디자이너를 꿈꾸는 많은 학생들이 어렵고 힘들어하는 과목 중 하나라고 볼 수 있다. 왜냐하면 오랜 기간의 숙련 과정이 필요하고 특히 뜨거운 열과 드라이기의 무게 등으로 인해 정확한 테크닉을 구사하기가 매우 어렵기 때문이다.

하지만 브로우 드라이 테크닉은 헤어 분야의 테크닉 중에서도 가장 기본적이고 중요한 테크닉이 분명하며, 특히 정확한 브로우 드라이 테크닉의 구사야 말로 헤어 스타일링의 퀄리티를 한층 더 높여주는 결정적인 요소라는 사실을 모든 전문 미용인들은 절감하고 있다.

이 책에서는 기본에 충실하고자 노력하였으며, 브로우 드라이 스타일링의 정립되지 않은 이론부분과 테크닉에 있어 기초 기술인 스트랜드 고정을 위한 핀셋 사용법에서부터 각종 기구를 잡는 방법 등을 세심하게 다루었고, 브로우 드라이, 원형 아이롱, 스트레이트 아이롱 기구의 기본적인 동작과정을 설명한 후 전체적인 스타일을 완성할 수 있게끔 많은 사진을 제작하여 시각적인 교육이 될 수 있도록 하였으므로 드라이, 원형 아이롱, 스트레이트 아이롱에 대한 이론 및 실기를 공부하고자 하는 학생들이 쉽게 참고하고 익힐 수 있도록 하였다.

최선을 다하여 내용을 구상하고 최상의 테크닉을 구사하였으나 정리를 끝내고 나니 아직도 미흡한 부분들이 있음을 절감한다. 또한 실제로 여러 선배제현들의 제각기 조금씩 다른 테크닉 구사방법들의 차이점을 모두 만족시킬 수 있는 공통점을 찾기에는 간단치 않았다는 사실을 고백해 두고자 한다.

이러한 점들은 앞으로 여러분들의 지도편달을 받아 수정?보완해 나갈 것을 다짐하며, 소위 표준화된 이론과 테크닉 정립에 도움이 되어주시기를 간곡히 부탁드린다.

끝으로 이 책을 제작하기까지 많은 노력을 함께 해주신 전재용님과 이창호님에게 깊이 감사를 드리며, 출판을 맡아 애써주신 청구문화사 이상태 사장님과 임직원 여러분들께도 감사의 마음을 전한다 .

2003년 한여름
저 자 일동

CONTENTS

차례

1장 브로우 드라이의 기초

2장 브로우 드라이에 필요한 용어들

3장 브로우 드라이의 시술 개요

4장 브로우 드라이 테크닉

5장 원형 아이롱 테크닉

6장 스타일링 아이롱 테크닉

브로우 드라이의 기초

CHAPTER
1

1. 브로우 드라이란?
2. 브로우 드라이의 역사
3. 브로우 드라이의 목적
4. 브로우 드라이가 이루어지는 Mechanism
5. 브로우 드라이의 종류
6. 브로우 드라이에 필요한 도구와 사용법

1. 브로우 드라이란?

헤어 스타일링을 하기 위한 가장 기본적이면서도 완성도가 높은 중요한 테크닉으로, 열과 바람을 이용해 모발을 건조시키고 형태를 보완하거나 새로운 형태로의 연출을 꾀하는 작업이다. 한 번의 작업으로 젖은 모발을 건조시키고 스타일링까지 할 수 있는 테크닉으로서 시간이 절약되며 헤어스타일을 아름답게 연출해 준다. 브로우 드라이는 최소의 작업으로 최대의 효과를 주고 부드럽고 자연스러운 헤어스타일을 구성해 주며, 다른 도구와의 병용에 의해 효과는 더 커진다.

2. 브로우 드라이의 역사

1960년대 중반부터 급격히 보급된 미용 기술의 하나로서 프랑스에서 처음 사용되었다. 이후 영국의 VIDAL SASSON에 의해 'CUT & BLOW DRY'라는 이름으로 젊은 여성들 사이에서 인기를 얻기 시작했다. 이러한 배경에는 여성들의 사회 진출이 적극적으로 이루어진 것에서 찾을 수 있는데, 쉽고 빠른 머리 손질과 자연스러운 분위기와 종전의 복잡한 방법들의 스타일링에 비해 간편하면서 자연스럽고, 또한 시간 절약에 따른 경제적 이유가 가장 크게 작용했다고 할 수 있다.

우리나라에서는 1970년부터 알려졌으나, 이전에 주로 사용되던 아이롱(Iron)과 세팅(Setting)이 7~80년대까지는 브로우 드라이와 함께 사용되었고, 80년대 이후부터는 브로우 드라이가 정착되기 시작하여 현재 널리 사용되고 있으며, 미용 기술과 기구의 발전에 힘입어 플랫 아이롱과 라운드 아이롱의 역할이 점차 확대되어가고 있다.

3. 브로우 드라이의 목적

컷트와 퍼머 등의 시술만으로는 부족한 면을 보완해주는 것으로서 스타일링의 완성도를 높이고, 연출하고자 하는 이미지를 손쉽고, 빠르게 하는 테크닉으로 헤어스타일의 아름다움을 최대한 표현하는 것이다.

4. 브로우 드라이가 이루어지는 Mechanism

모발에 물이 닿으면 모발 내부의 측쇄 결합중 수소 결합이 일시적으로 끊어지게 되고 모발이 마르면 다시 재결합이 이루어진다. 이 모발의 결합이 약해진 틈을 타 열과 바람을 이용해 모발의 수분을 증발시키고 다시 결합이 이루어지기 전에 새로운 형태를 잡아주면서 건조시키면 그 형태 그대로 결합이 고정된다. 다시 말해 모발을 스트레이트로 펴거나 컬을 만들 수 있다.

그러므로 다른 형태로의 스타일을 형성시키기 위해서는 반드시 모발에 적당한 수분을 골고루 공급해 주어야 한다.

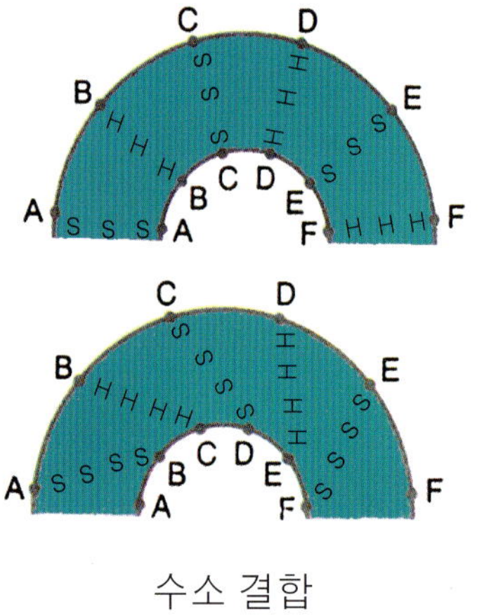

수소 결합

1) 모발과 열의 관계

건조한 모발은 열에 비교적 강하지만 젖은 모발은 열에 의해 측쇄의 가수분해 또는 케라틴 구조의 변화 등에 의해 손상을 받는다. 즉 수분에 의해 절단된 측쇄는 본래 상태로 돌아가려 하지 않고 새로운 결합으로서 수소결합을 형성한다.

양모의 케라틴 변성온도

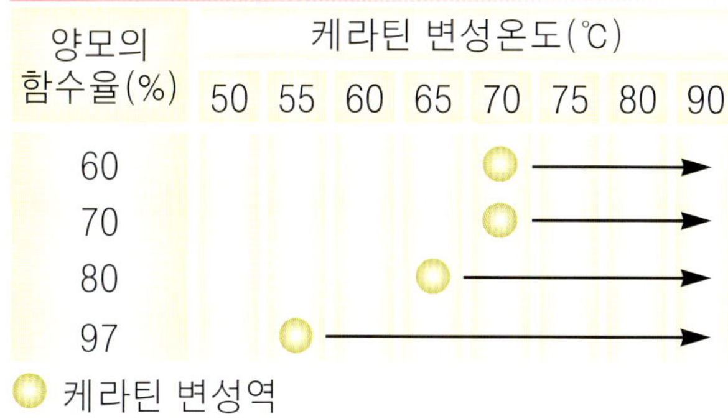

화학약품(산 · 알칼리)으로 팽윤 · 연화된 모발에 열을 가하면 케라틴 구조가 변화되어 간충물질이 빠지거나 훼손을 촉진시켜 손상을 준다. pH가 높거나 알칼리 농도가 높은 퍼머제 또는 모발에 알칼리, 산화제가 묻은 상태에서 아이롱으로 드라이 한다는 것은 저온에서 약액을 사용하는 콜드 퍼머보다도 시술 중에 적어도 30% 이상의 수분을 기초로 처리되고 있다. 여기에 열을 주면 약 70℃에서 케라틴 구조에 변화를 일으키기 시작한다. 이러한 시술처리 과정에서의 모발은 70℃의 온도에서 케라틴구조는 변화되기 시작하여 100℃ 이상이면 모발은 변형되고 130℃ 이상이 되면 타기 시작하며 190℃ 이상이 되면 탄화한다. 이와 같이 모발의 열에 의한 변화는 함수율이 높은 만큼 저온에서도 영향을 받는다.

그러므로 아이롱이나 드라이기를 사용하는 경우 될수록 모발의 함수량을 적게 해야만 모발의 손상이 방지되므로 될 수 있으면 모발은 타올 드라이하여 물기를 닦아낸다.

2) 열 기구의 적정온도

브로우 드라이의 경우 드라이기의 사용 각도나 거리에 따라 차이는 있지만 대개 90℃전후가 적합하다. 아이롱 기구로 스타일을 구사 할 경우 120~140℃이며 열퍼머 일 경우 모발에 PPT 제품을 코팅 시킨 후 젖은 모발을 80~90% 건조시켜 스타일을 구사해야 하므로 180℃정도의 온도로서 사용된다. 아이롱은 열기구중 가장 뜨거운 열을 사용하는 기구이므로 신속한 시술이 어려울 경우 기구가 모발에 닿는 시간을 줄이거나 온도를 약간 더 낮춘다. 전기 세팅기의 경우는 130~140℃ 정도 온도의 셋팅기로 와인딩한 후 10분 전후로 세팅 롤러의 몸체가 식으면서 웨이브가 고정된다.

5. 브로우 드라이의 종류

1) 브로우 드라이(Blow Dry)

헤어 드라이기와 각각의 브러시를 이용해 헤어스타일을 만든다.
헤어스타일 연출의 효과가 가장 크다.

2) 핑거 드라이(Finger Dry)

브러시 대신 손가락을 이용하여 방향감을 주며 스타일을 형성하는 것으로 건강한 모발이나 부드러운 모발에 자연스러운 흐름을 줄때 사용하는 방법이다.

3) 램프 드라이(Lamp Dry)

적외선 램프를 이용해 스타일을 형성시키는 것으로 새로운 형태로의 변화 보다는 트리트먼트 된 모발에 윤기를 더한다.

4) 내츄럴 드라이(Natural Dry)

타올 드라이 후 무스 등의 제품을 이용하여 자연스러운 스타일을 연출한다.

6. 브로우 드라이에 필요한 도구와 사용법

1) 브로우 드라이어(Blow Dryer)

핵심 부분인 팬과 팬을 작동시키기 위한 모터, 발열기인 니크롬선으로 이루어져 있다. 드라이어 안의 팬 회전에 의해 생긴 바람이 니크롬선에 의해 데워지고 데워진 바람이 출구로 내보내지게 된다. 따라서 필요에 따라 적절히 변환 스위치를 조작하면 열풍, 온풍, 냉풍으로 조절해 가며 사용할 수 있는 기구이다.

Blow Dryer의 선정과 사용상 주의점

① 시술이 편리하도록 작동은 간편하고, 가볍고 안정성이 있어야 하며, 모터 소리가 크지 않아야 한다.
② 전기 사용량이 적으면서 효과적으로 작업할 수 있는 고성능으로서, 기기의 안전성은 물론 사용기간이 길어야 한다.
③ 바람 출구 부분인 노즐은 고객의 두피, 얼굴, 목으로 향하지 않게 한다.
④ 시술시 전기선은 고객의 어깨나 얼굴 등에 닿지 않도록 주의한다.
⑤ 두피에 열이 너무 가까이 닿지 않게 한다.
⑥ 팬에 머리카락이 빨려 들어갈 우려가 있으므로 주의한다.
⑦ 필터에 먼지가 끼지 않도록 보관에 주의하며 정기적으로 먼지나 이물질을 제거해야 한다.

2) 브러시(Brush)

(1) 브로우 드라이(Blow Dry)는 열풍을 이용한 테크닉이므로 사용하는 브러시는 내연성의 재질이어야 한다.

(2) 빗살이 거친 합성 재질의 브러시는 헤어의 흐름에 따라 라인을 만들 때 또한 모발을 건조시킬 때 사용한다.

(3) 빗살이 조밀한 천연재질의 브러시는 텐션을 주는 강한 웨이브를 형성 시키거나 스트레이트로 펴 줄때 적합하다.

(4) 라운드 브러시는 브러시의 두께에 따라서 볼륨을 주기도 하며 모발의 흐름을 변형시키기도 한다.

① 직경이 작은 브러시 : 강한 컬을 만드는 것으로 웨이브 컬에 많이 응용하며, 짧은 머리에 사용한다.
② 직경이 큰 브러시 : 자연스러운 C컬을 주기 위한 텐션 기법을 요구할 때 사용되는 롤 브러시이며 웨이브 진 머리를 스트레이트로 펼 때 많이 사용되는 브러시이다.

(5) 덴멘 브러시(Denman Brush)

영국의 덴멘사가 제조한 브러시로 아치 모양의 빗대에 빗살이 균일하게 이루어져 있다. 열에 강하며 모발에 텐션과 모근을 살려주는 볼륨감을 주는데 사용한다. 모발 끝에 부드러운 컬과 안말음 컬을 만들 수 있으며, 서구의 헤어 디자이너들에게 있어서는 가장 많이 사용되는 브러시로서 모발에 윤기와 부드러움을 준다.

(6) 벤트 브러시(Vent Brush or Skeleton Brush)

브러시의 형태가 골격을 닮았다는 의미로 스켈레턴 브러시라고도 하며, 브러시의 몸체에 구멍이 뚫려 있다. 이 구멍 사이로 드라이어의 열이 빠져 나갈 수 있도록 고안된 것으로, 다른 브러시에 비해 형태를 만드는 것이 어려울 수도 있다. 쇼트 헤어, 퍼머넨트 웨이브 헤어스타일 등에 브로우 드라이한 후 브러시 아웃(Brush Out)으로 적당하다.

빗살이 듬성한 빗으로서 머리카락 표면의 흐름을 거칠게 하는 단점이 있으나 내츄럴한 스타일이나 또는 모발 전체에 볼륨감을 원할 때 자주 사용되는 브러시로서, 브러시의 빗살로 모근부분의 모발을 집어 올려 회전 시키므로 모근 부분에 볼륨을 준다.

벤트 브러시를 이용한 드라이 기법은 시술된 커트 라인을 살려주거나 자연스러운 웨이브를 만들어주므로 퍼머넨트 웨이브 스타일에 변화를 줄 수 있다. 또한 웨이브를 내지 않고 간단하게 스타일을 마무리하거나 남성 커트 후 자연스러운 스타일을 원할 때 사용된다. 또한 브로우 드라이 후 마지막 과정에서 머리의 느낌을 살리고자 할 때 주로 쓰이며, 정면에서 작업할 경우 브러시는 몸과 수평으로 엄지와 검지로 손잡이를 가볍게 잡고, 나머지 손가락은 받쳐주는 느낌으로 한다. 사이드에서 작업할 경우에는 팔과 브러시가 직각을 이루도록 하며, 이때 브러시가 뒤집히지 않도록 움직인다.

3) 도구들의 사용법

(1) 핸드 드라이어

핸들(그립 손잡이), 노즐, 스몰 팬, 모터, 바람 조절기의 구조를 갖고 있으며, 시술자와 고객과의 거리는 25~30cm 정도를 유지하며, 곧은 자세로 팔의 움직임에 의해서 시도된다.

손잡이 부분을 잡고 하는 방법이 있고, 노즐 부분을 잡고 하는 방법이 있는데, 평상시 작업하는 습관에 의해 정해지기도 한다. 대체적으로 전자의 방법은 컬이나 웨이브를 형성시킬 때나 가벼운 스트레이트 작업 시에 사용되며, 후자의 방법은 드라이어의 무게를 덜 느낄 수 있고 강한 스트레이트나 컬, 웨이브 등을 만들 때 사용된다.

드라이기는 떨어뜨리지 않도록 주의해야 하며 브러시나 모발에 드라이기의 바람을 바짝 붙이면 브러시의 변형을 일으키고, 모발을 태우거나, 바람의 출구가 막혀 드라이기의 열선에 무리를 가져다준다.

노즐은 디퓨져와 마찬가지로 드라이기의 출구에 끼워져 사용되는 것으로 노즐을 끼우게 되면 퍼져 나오던 바람이 노즐의 형태대로 집중적으로 모아지므로 컬의 방향을 변화시키거나 컬의 형태를 명확하게 표현하고 싶을 때 사용되며, 모발의 한 부분에만 부분적으로 스타일링 하고자 할 때 효과적이다.

노즐

(O)
올바른 방법

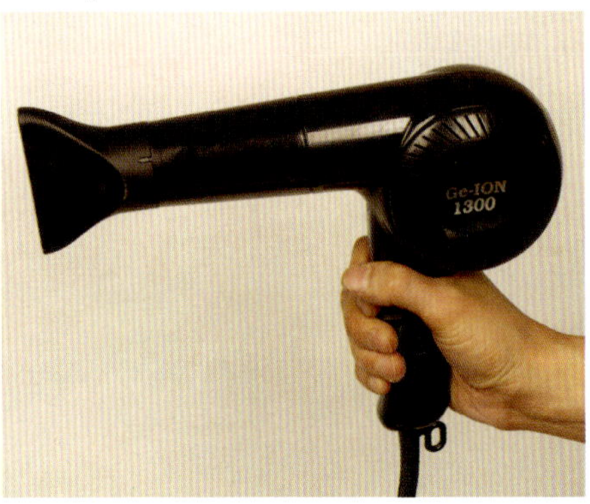

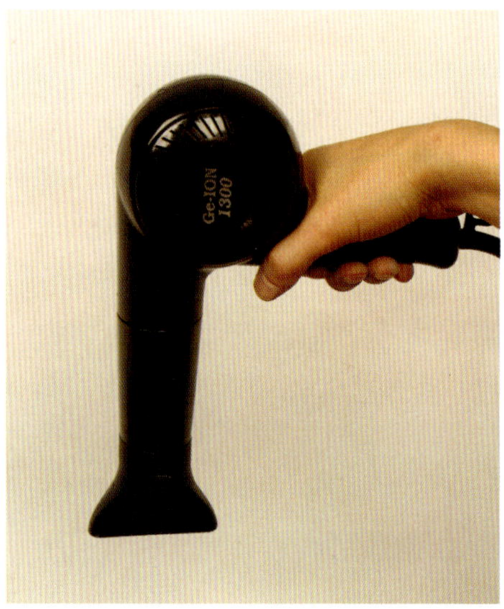

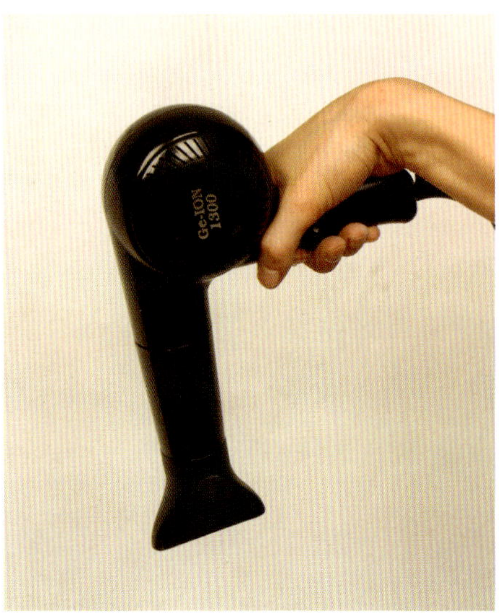

(X)
손목이 꺾여있다.

헤어 드라이기 잡는법

(2) 라운드 브러시

① 라운드 브러시의 사용 목적

방향성을 표현하고자 할 때 사용하고, 곱슬머리를 펴거나 푸석한 모발에 윤기를 내고 싶을 때 적절한 열과 차가운 바람을 잘 조절해 가면서 사용할 수 있다. 시술할 때는 원하는 스타일을 정확하고 빠르게 표현할 수 있다.

② 종류

브러시의 소재에 따라 스타일의 양감과 질감은 달라진다. 돈모, 나일론(플라스틱)모, 돈모+나일론 모, 금속성으로 만든 브러시 등으로 분류할 수 있다.

가. 돈모

a. 스트레이트 스타일 시술 시에 치밀하게 모발을 펴 주므로 다른 어떤 종류의 브러시를 사용했을 때보다 더 매끈하고 윤기난다.

b. 거친 질감의 모발이라도 잘 엉키지 않아 길이가 긴 모발을 컬링 할 때 용이할 뿐만 아니라 바르게 사용하면 오래 길들일수록 더욱 진가를 발휘한다.

c. 오랫동안 모발에 시술하여도 정전기가 잘 생기지 않는다.

d. 새 것은 재질이 매우 거칠어 모발에 자극을 내거나 강한 텐션을 줄 우려가 있다.

e. 빗살의 간격이 촘촘하기 때문에 시술 시간이 더디고 특히 컬을 만들 때는 와인딩하기 힘들지만 형성되는 컬은 강하고 선명하게 이루어지므로 인위적인 느낌을 싫어하는 고객들에게 자연스럽고 부드러운 컬을 형성시킬 수 있다.

나. 나일론

a. 빗살의 간격이 넓어 섹션의 폭을 많이 잡을 수 있어 빠른 시간에 시술을 마칠 수 있다.

b. 퍼머넨트 웨이브 스타일의 마무리 시 웨이브에 크게 영향을 주지 않으면서 프론트 라인에 자연스러운 볼륨 감을 준다.

c. 스트레이트 퍼머 시술 후 스트레이트의 효과를 지속하기 위한 짧은 시간 내에 적은 텐션을 주는 테크닉에 알맞다.

d. 정교한 스타일이나 윤기를 많이 내는 스타일에는 알맞지 않다.

e. 빗살의 간격이 커 모발이 잘 엉킬 수 있으므로 숙련된 테크닉이 필요하다.

다. 돈모 + 나일론모(가시 돈모)

빗살 재질은 돈모의 비율이 훨씬 많아 돈모 쪽의 성격이 더 강하다. 두 가지 재질의 장점을 사용하는 것으로 돈모 사이사이에 섞인 나일론모가 컬을 낼 때 와인딩하기 어려운 돈모 롤의 단점을 보완해주며, 시술 시간을 단축 시켜주고 정전기 발생을 억제시킨다.

라. 금속성

몸체와 빗살이 모두 금속성으로 되어 있는 것으로 드라이 열이 오래 유지되어 시술 시간을 단축시키며 컬이 잘 형성된다. 그러나 열 조절을 잘못하여 과도하게 되면 브러시가 달구어져 모발을 상하게 하거나 건조시켜 변성될 수 있다.

천연재질의 브러시는 사용 시 마찰이 적고, 부시시한 모발에 정전기를 방지해 주며, 광택을 준다. 물기와 열에 강하지 못하여 모량이 많은 모발에 적합하지 않고 모량이 적은 모발은 부드러운 자연모를 사용한다.

나일론이나 금속의 것은 소독하기 쉬우며, 열에 잘 견디고 다양한 스타일을 구사할 수 있으나, 빗살 끝이 마모되는 단점이 있다. 따라서 각 도구의 특성에 대해 사전적 지식을 갖고 원하는 스타일에 적합한 도구를 선정하여 시술하는 것이 바람직하다.

(3) 콤브 드라이(Comb Dryer)

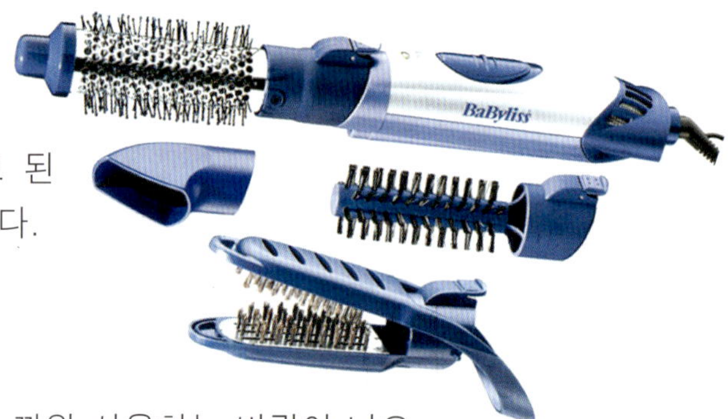

드라이어 본체 가운데에 나누어진 노즐 부분에 빗살로 된 Comb Brush를 연결하여 사용한다. 가정용으로 많이 사용된다.

(4) 디퓨저(Diffuser)

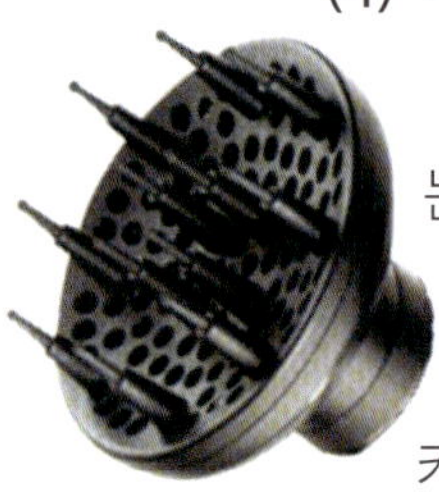

디퓨저는 드라이어 본체에 있는 노즐 부분에 끼워 사용하는 바람이 나오는 원통형 노즐로서 보통의 드라이에서 나오는 센 바람이 아닌 부드럽고 자연스러운 바람으로 스타일을 잡아주는 블로우 드라이의 부속품으로서 사용되기도 한다. 모발이 날리지 않으면서 모발 본래의 컬을 유지시키거나 자연스럽게 건조시키기 위하여 사용한다.

4) 스타일링 제품

(1) 스타일링 로션

젤과 무스 같은 스타일링 로션은 샴푸 후에 모발을 브러시의 재질에 의해 마찰되는 물리적 손상을 방지시키며 세팅력이나 볼륨감 을 준다. 그러나 잘못 시술하면 오히려 모발을 더 손상시키므로 시술 전보다는 드라이 시술 후 사용이 바람직하다.

① 헤어 무스
거품이라는 뜻으로, 스타일링 효과와 컨디셔닝 효과를 같이 낼 수 있다. 먼저 제품을 흔들어 준 후 손에 적당량을 분사해 원하는 부위에 도포하여 손이나 브러시등의 도구를 이용하여 스타일링 해 준다. 용도에 따라 세팅력 위주의 타입과, 트리트먼트 타입 등으로 나누어 진다.

② 헤어 스프레이
세팅된 모발의 형태를 오래 유지하기 위한 마무리용 제품.

③ 헤어 젤
젤 상태의 투명한 것으로 헤어 스프레이에 비해 세팅력은 약하나, 촉촉하고 자연스러운 세팅 효과를 갖는다. 마르고 나면 좀 더 강한 세팅력을 가지며, 물을 적시면 다시 재 스타일링 할 수 있다는 장점이 있다.

(2) 헤어 컨디셔너

헤어 컨디셔너는 건조하고, 부서지기 쉬운 모발을 교정시키기 위한 처리로 매일 또는 주기적으로 사용되어지며 고객에 의해서 또는 드라이 시술 전에 사용되어진다.

① 리퀴드
모발과 동일한 18가지 케라틴 성분으로 단백질이 빠져나간 모발의 틈을 보수해 준다. 헹구어 낼 필요가 없고 드라이어의 열로 모발조직과 완전 결합시키면 리퀴드 성분은 샴푸 후에도 흘러나가지 않고 모발 손상을 보수, 재생, 강화시켜 준다. 리퀴드 소량을 손바닥에 덜어서 모발 전체에 균일하게 도포한 후 헹구어내지 않고 스타일링한다.

② 에센스
잦은 드라이로 인해 손상된 모발에 영양을 공급해 탄력있고 윤기있는 머릿결로 만들어 주는 제품으로 모발이 쉽게 탈색되고 가늘어지는 것을 억제해 준다. 또한 고분자 실리콘 마이크로 막이 손상된 모발에 코팅효과를 주어 건강한 머릿결로 유지해 주며 모발의 수분 보유력을 증가시켜 탄력있고 볼륨감있게 표현해 준다. 손바닥에 몇 방울 떨어뜨려 모발 전체에 골고루 바른다.

③ 투페이스
투명층의 실크 프로테인 성분이 모발의 모피질층에 침투, 손상모를 보호하며 실리콘 성분이 모발의 큐티클층을 감싸 지모, 절모 등을 방지하고 모발에 광택을 준다. 또한 웨이브를 되살려 빗질을 쉽게 하여 엉킨 모발도 풀어준다. 샴푸 후 충분히 흔들어 준 다음 모발에 스프레이 한다.

④ 헤어 브로우
컷과 자연스러운 브로우 스타일링이 보급되면서 널리 사용되는 제품으로 펌프식 스프레이로 안개 상태로 분사되며, 컨디셔닝 효과와 부드러운 스타일링 효과를 준다. 드라이 시 열과 브러싱으로 부터 모발을 보호할 뿐만 아니라, 모발의 수분 증발을 막고 건조에 의한 기모, 절모 등을 방지한다. 또한 브러시 사용 시 부드럽고 자연스러운 광택과 마무리를 준다.

5) 기타 도구

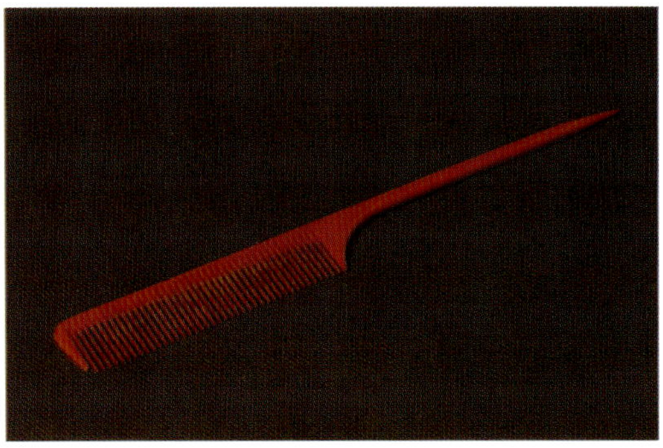

꼬리빗

아이롱을 사용할 때 주로 사용되는 빗으로 손을 대신하여 사용하며, 모발의 엉킨 부분을 풀어주거나 디자인 할 때 사용한다.

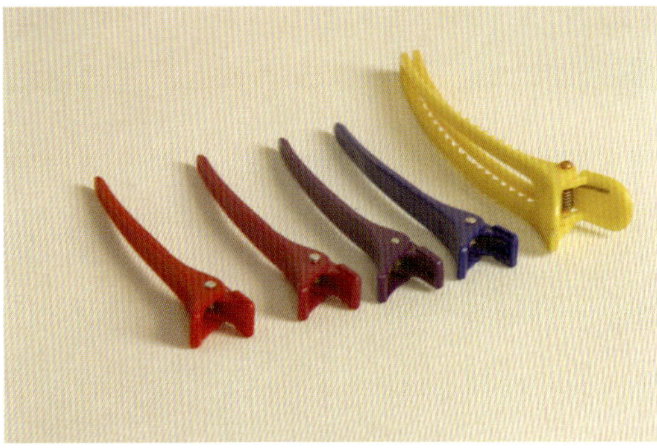

헤어 클립

모발을 고정하기 위해 사용하는 것으로, 섹션을 정확하게 나눈 후 머리를 깔끔하게 고정시켜, 시술하는데 방해가 되는 것이 없도록 한다. 그러나 고정시에 모발을 너무 강하게 모아서 하게 되면 나중에 자국이 남아 불필요한 공정을 거쳐야 하므로 주의한다.

분무기

드라이시 꼭 필요한 도구 중 하나로 건조되어 있는 모발에 직접적으로 열풍을 주면 모발이 손상되기도 하고, 원하는 스타일링을 내기가 힘들다. 브로우 드라이시에는 반드시 균일하게 수분이 분무되어 있어야 한다.

브로우 드라이에 필요한 용어들

CHAPTER 2

1. 두상의 용어
2. 두상의 각도
3. 세트(Set)

1. 두상의 용어

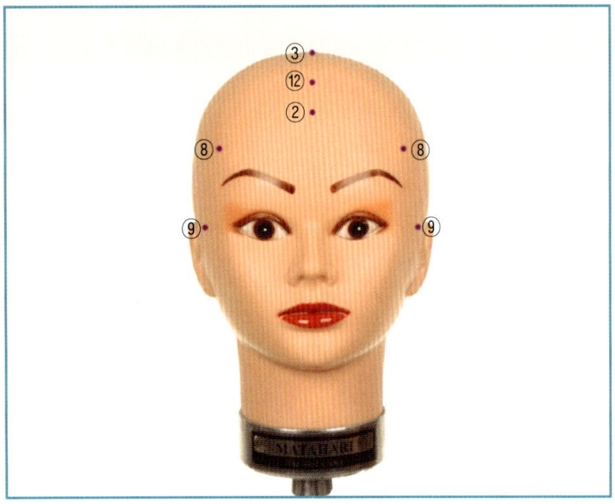

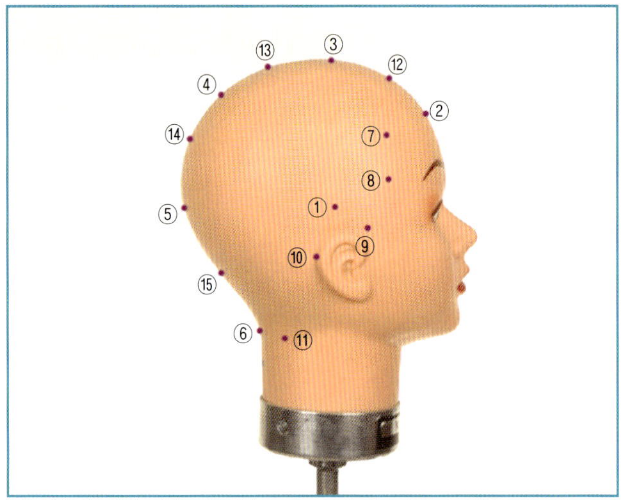

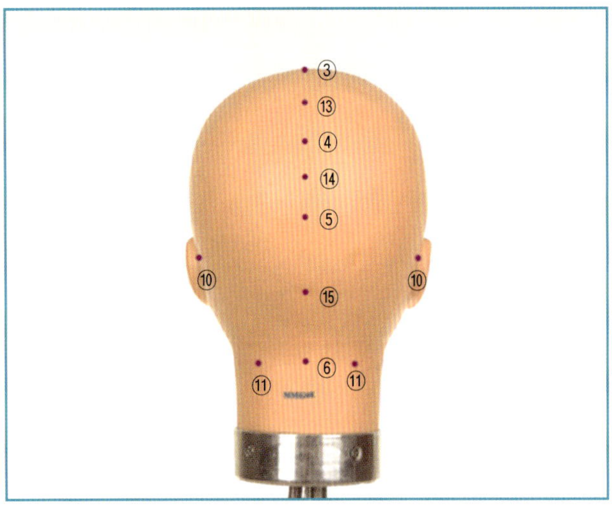

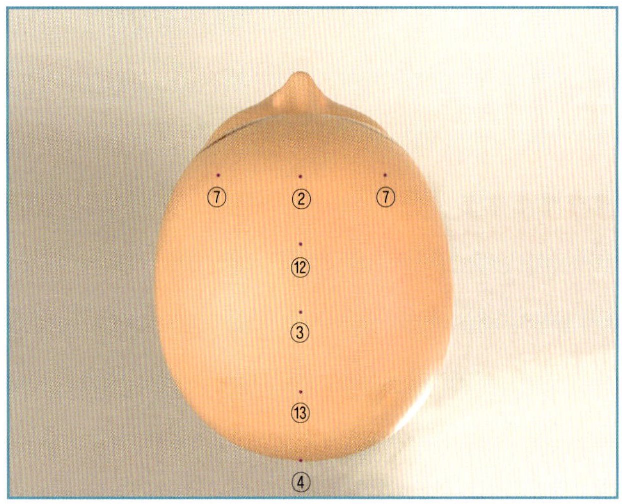

포인트	기호	명칭
①	E.P(Ear Point)	귀지점
②	C.P(Center Point)	중심점
③	T.P(Top Point)	두정점(頭頂点)
④	G.P(Golden Point)	머리꼭지점
⑤	B.P(Back Point)	뒤지점
⑥	N.P(Nape Point)	목중심점
⑦	F.S.P(Front Side Point)	정면 옆쪽지점
⑧	S.P(Side Point)	옆쪽지점
⑨	S.C.P(Side Corner Point)	귀 앞지점
⑩	E.B.P(Ear Back Point)	귀 뒤지점
⑪	N.S.P(Nape Side Point)	목 옆쪽지점
⑫	C.T.M.P(Center Top Medium Point)	중심점과 두정점의 중간지점
⑬	T.G.M.P(Top Golden Medium Point)	두정점과 머리꼭지점의 중간지점
⑭	G.B.M.P(Golden Back Medium Point)	머리꼭지점과 뒤지점의 중간지점
⑮	B.N.M.P(Back Nape Medium Point)	뒤지점과 목중심점의 중간지점

2. 두상의 각도

사람의 두상은 평평한 모양이 아니고 둥근 구의 형태를 띠고 있다. 미용의 컷, 퍼머, 드라이 등 모든 테크닉에 있어서 각도의 개념은 중요하게 사용된다.
두상은 둥근 구의 형태이므로 두상의 위치에 따라 각도는 달라진다.

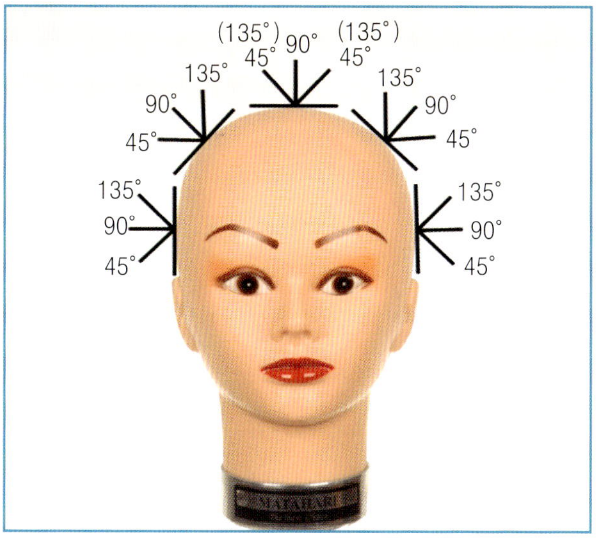

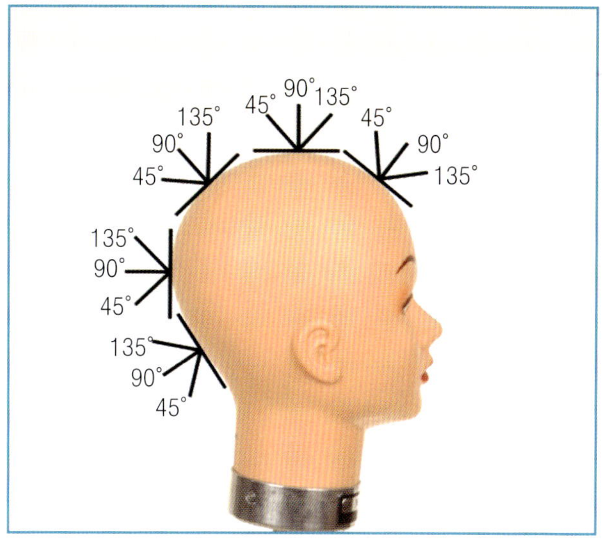

3. 세트(Set)

두다, 자리 잡다, 놓다, 끼우다, 세우다, 고정시키다 등의 다양한 의미로 사용되는 것으로 헤어 디자인에 있어서의 세트란 포괄적으로 정리한다는 의미로 사용된다. 즉 여러 가지 기구를 사용하여 스타일을 고정시킨다는 의미와 웨이브를 형성한다는 의미라고 할 수 있다.

1) 오리지널 세트(Original Set)와 리세트(Reset)

헤어 세팅은 크게 오리지널 세트(Original Set)와 리세트(Reset)로 구분해서 사용된다. 오리지널 세트란 헤어스타일을 형성하는 세트로서 머리 모양의 기초를 만든다. 오리지널 세트는 크게 헤어 컬링(Hair Curling), 헤어 파팅(Hair Parting), 헤어 세이핑(Hair Shaping)으로 구분되고, 리세트란 만들어진 헤어스타일을 재구성, 또는 다듬는 마무리를 뜻한다.

(1) 헤어 파팅(Hair Parting)

헤어 파팅은 흔히 가르마라고 하는 것으로 두상의 부분을 나눠주는 것을 말하며, 다음과 같이 구분할 수 있다.

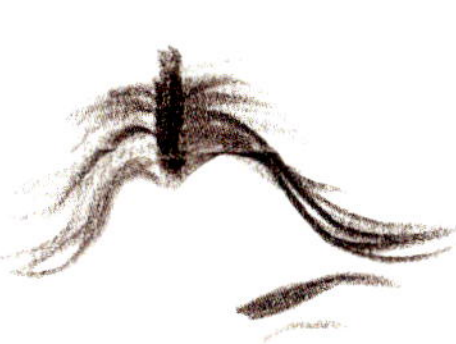

① 센터 파트(Center Part)
5:5비율로 정중선을 중심으로 하여 나눈 선으로 가운데 가르마를 말한다.

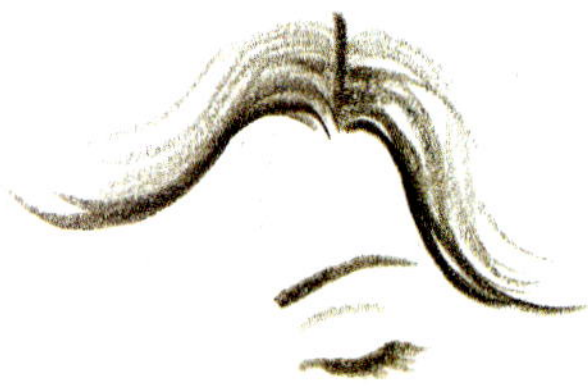

② 사이드 파트(Side Part)

전두부와 측두부의 경계로 6:4, 7:3, 8:2등 얼굴형과 모류, 그리고 헤어스타일에 따라 필요한 비율로 나눈다.

③ 라운드 사이드 파트(Round Side Part)

사이드 파트가 곡선상으로 이루어져 전두부와 측두부가 둥그스름하게 나뉜 형태이다.

④ 스퀘어 파트(Square Part)

양쪽 FSP(Front Side Point)에서 사이드로 파팅하여 두정부 근처에서 이마의 헤어 라인과 평행하게 나뉜다.

⑤ 브이 파트(V – Part)

머리의 결이 갈라지는 것을 방지하기 위하여 나누는 것으로 디자인 파팅 때 주로 사용한다.

⑥ 카우릭 파트(Cowlic Part)

두정부 탑 부분의 가마로부터 자연스러운 분배인 방사선 형태로 나뉘는 것으로 가장 기본적인 내츄럴한 파팅 법이다.

⑦ 다이아거날 파트(Diagonal Part)

사이드 파트의 응용으로 가리마의 위치를 대각선으로 분할하여 나눈 것

⑧ 노 파트(No Part)

파트를 나누지 않는다.

※ 적절한 헤어 파팅은 얼굴형의 단점을 보완해 주고, 장점을 강조한다.

(2) 헤어 세이핑(Hair Shaping)

헤어 세이핑은 모발의 흐름을 정리한다. 혹은 모양을 만든다는 의미로 헤어 커팅(Hair Cutting)에서는 특별한 스타일이나 윤곽을 위해 모발 길이를 짧게 하거나, 얇게 하는 것을 뜻하며, 헤어 스타일링에서는 모발의 흐름을 정리하여, 컬(Curl) 및 웨이브(Wave)를 만들기 위한 기초 기술을 뜻한다.

(3) 헤어 컬링(Hair Curling)

헤어 컬링은 한 묶음의 모발로서, 돌기 모양으로 된 원통형의 것을 말한다.

컬(Curl)의 목적은 웨이브(Wave)와 볼륨(Volum)을 만들고 모발 끝에 변화와 움직임을 주는 것이다. 원통의 롤러나, 브러시 등 여러 가지 기구를 이용해 컬을 만들어, 볼륨과 부피감의 효과를 나타낼 수 있다.

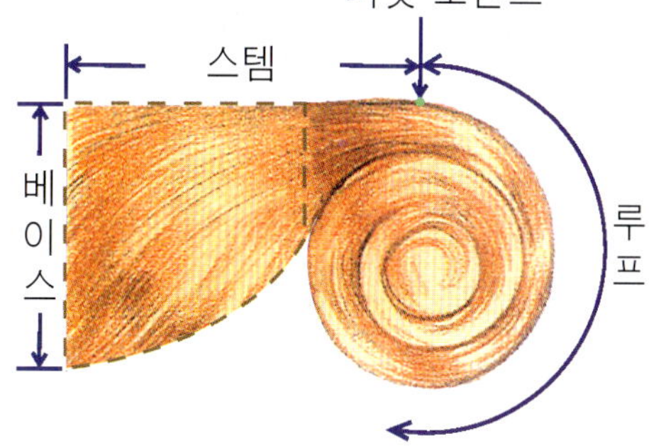

컬의 종류는 컬의 상태나 방향등에 의해 다양하게 분류되지만, 브로우 드라이에 있어서는 컬의 상태에 따라 스탠드 업 컬과 플랫 컬, 그리고 방향에 따른 리버스 컬과 포워드 컬 등의 용어가 주로 사용된다.

① 스탠드 업 컬(Stand Up Curl)
- 컬의 루프(Loop)가 두피에서 서 있는 것처럼 되어 있는 것으로 주로 볼륨감을 나타내기 위해 만들어진다. 머리 숱이 없거나, 풍성한 형태의 스타일링 연출을 하고자 할 때 사용한다. 브러시의 각도가 90° 이상 유지 되어야 하며, 각도가 커질수록 컬의 볼륨도 같이 커진다.

② 플랫 컬(Flat Curl)
- 루프가 두피에 평평하게 붙도록 되어 있는 컬(Curl)로 볼륨감이 없다.
- 머리 숱이 많거나, 뜨는 형태의 머리가 싫은 사람에게 시술한다.
- 각도는 거의 없다.

③ 포워드 컬(Forward Curl)
- 컬의 방향이 얼굴 쪽으로 향하고 있는 컬
- 페이스 라인을 갸름하게 보이게 하거나, 혹은 페이스 라인을 돋보이게 하고자 할때 사용한다.

④ 리버스 컬(Reverse Curl)
- 컬의 방향이 얼굴 반대 방향으로 향한 컬
- 바람 머리 스타일에 많이 사용하는 것으로 근간에 남녀 모두에게 유행하는 스타일이다.

(4) 웨이브의 명칭

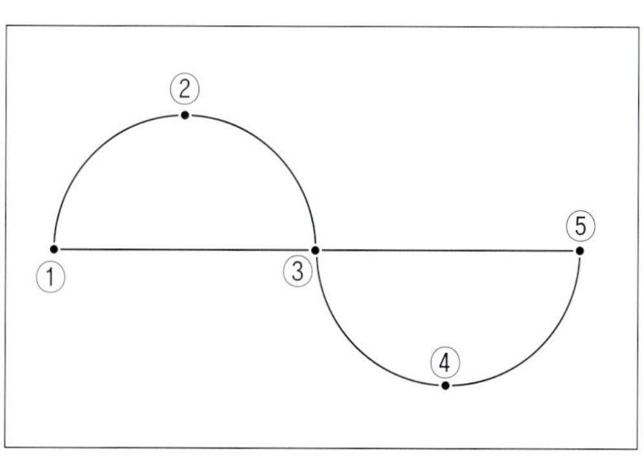

① 기시점 : 웨이브가 시작되는 지점
② 크레스트(Crest) : 정상 부분
③ 릿지(Ridge) : 크레스트와 드루가 만나는 곳
④ 골(Through) : 가장 낮은 부분
⑤ 종지점 : 웨이브의 끝부분

▶ 위치 변화에 따라 크레스트와 드루는 달라지기도 한다.

(5) 웨이브의 간격에 따른 구분

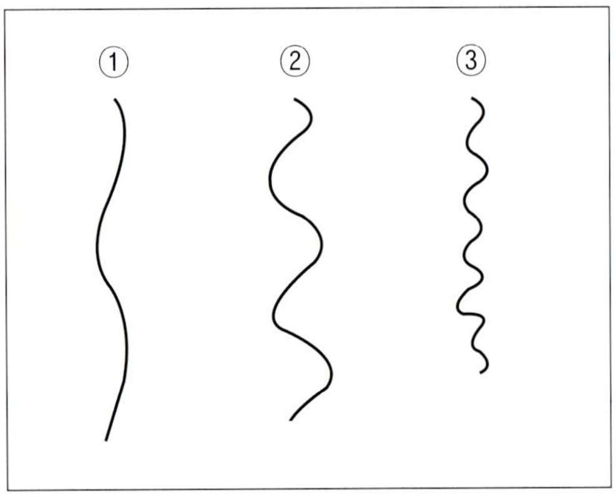

① 섀도우 웨이브(Shadow Wave) : 릿지와 크레스트가 확실하지 않은 느슨한 웨이브, 가장 자연스럽다.
② 와이드 웨이브(Wide Wave) : 릿지와 정상이 확실한 웨이브
③ 내로우 웨이브(Narrow Wave) : 릿지(Ridge)간의 간격이 좁아 물결상의 곱슬곱슬한 웨이브로 드라이 보다는 주로 퍼머에서 볼 수 있다.

(6) 드라이 시술 섹션에 따른 웨이브의 구분

① 호리존탈 웨이브(Horizontal Wave) : 수평섹션으로 드라이 했을 때 웨이브의 릿지가 수평이 이루어진다.
② 다이아거날 웨이브(Diagonal Wave) : 사선섹션으로 드라이 했을 때 웨이브의 릿지가 사선이 형성된다.
③ 버티컬 웨이브(Vertical Wave) : 수직섹션으로 드라이 했을 때 웨이브의 릿지가 수직으로 형성된다.

브로우 드라이의 시술 개요

CHAPTER 3

1. 브로우 드라이의 준비
2. 브로우 드라이 스타일링 기법의 정의
3. 브로우 드라이의 기본 공정
4. 브로우 드라이 시술시 유의 사항
5. 브로우 드라이시 규칙
6. 브로우 드라이의 시술 자세
7. 라운드 브러시(Round Blush) 테크닉
8. 볼륨에 따른 브러시의 각도
9. 드라이기의 각도
10. 프리 드라이(Pre Dry)
11. 오버 드라이(Over Dry)
12. 스트랜드 고정 테크닉

1. 브로우 드라이의 준비

커트의 상태, 모질, 모량, 얼굴형, 두상의 모양, 신장, 목의 굵기와 길이 등 고객의 전반적인 스타일과 라이프 스타일 등을 확인한 후 가장 어울리는 자연스러운 스타일을 구사할 수 있도록 한다.

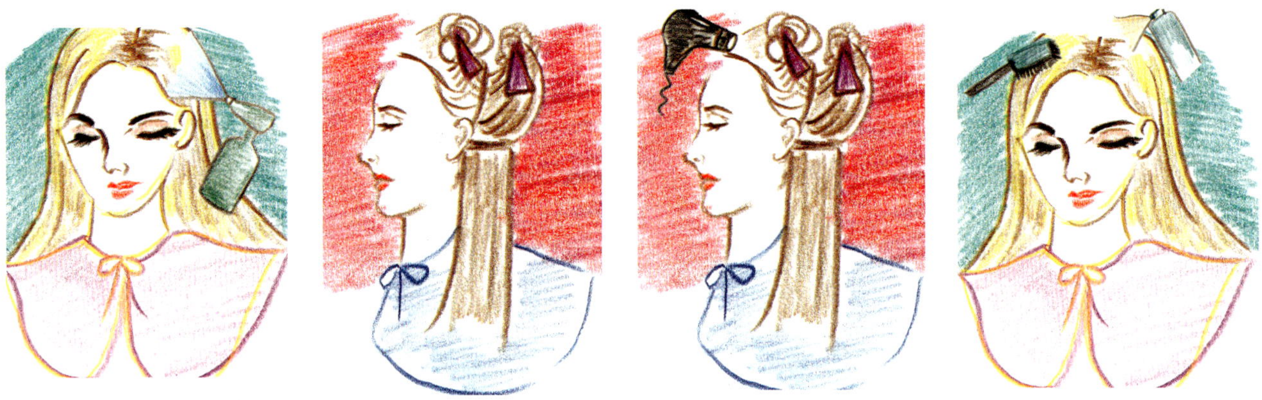

① 케이프 착용
고객의 어깨에 케이프를 착용해 고객의 맨살에 뜨거운 드라이 바람이 직접적으로 닿지 않게 하고, 머리카락이나 기타 이물질이 옷에 떨어지는 것을 방지해 준다.

② 모발에 물을 분무한다.
모발에 골고루 분사될 수 있도록 하고, 분무 후에는 손으로 모발을 만져 보아 물기가 베어나지 않는 정도여야 한다. 샴푸 직후 모발을 일차적으로 건조시켜야 할 때는 드라이기를 이용해 물기를 말리는 동작과 함께 헤어스타일을 손으로 조절해 가면서 모량과 모류 및 볼륨의 강약을 조절한다.

③ 브로킹 단계
고객의 얼굴 형태에 따른 스타일을 구사하기 위해서는 모발의 흐름에 맞는 브로킹과 파팅을 나눈 후 시술한다.

④ 브로우 드라이
과도한 브로우 드라이 스타일링은 건조함, 모발 끝의 갈라짐, 탄력이 없는 상태 등의 문제를 발생 시키므로 오버 드라이 되지 않도록 주의하고, 모발에 윤기를 부여하기 위해서는 지속적으로 컨디셔너를 사용한다.

⑤ 리세트
드라이 시술이 끝났으면 고객에게 잘 어울리게 되었는지 확인하고, 스타일링 제품 등을 사용하여 헤어스타일을 마무리 한다.

2. 브로우 드라이 스타일링 기법의 정의

건조된 모발에 적당한 수분을 공급한 다음 드라이 열과 바람을 이용하여 헤어 디자이너가 원하는 테크닉을 구사하는 것이다.

① 모발을 원하는 대로 방향의 전환을 꾀할 수 있다.
② 모발을 원하는 대로 펼 수도 구부릴 수도 있다.

③ 모발을 원하는 방향으로 와인딩하여 웨이브를 강하게 또는 약하게, 굵거나 작게도 만들어 T · P · O에 맞는 헤어 스타일링을 할 수 있다.
④ 모발에 윤기를 내고, 스타일을 정리하며 모발의 흐름을 만들어 주는 디테일한 선을 만들 수 있다.

3. 브로우 드라이의 기본 공정

① 일차적인 스타일링 시술(샴푸, 트리트먼트, 펌, 염 · 탈색 등) 종료 후 시술한다.
② 필요량의 컨디셔너제를 도포한다.
③ 드라이기 준비와 브러시 등의 도구를 선정한다.
④ 모류와 목적에 맞게 쉐이핑과 드라이를 시술한다.
⑤ 최종적인 스타일을 점검한다.

4. 브로우 드라이 시술시 유의 사항

① 모발의 형태(스타일)를 체크한다.
② 모발에 때나 먼지, 기름기가 많은 모발, 린스나 트리트먼트제의 세척이 덜 된 모발은 샴푸 시술 후 스타일링에 들어간다.
③ 모발 자체의 수분은 10~15% 정도이나 샴푸 후에는 30% 정도의 수분을 함유하고 있으므로 이 경우에는 먼저 타올 드라이를 해준 후 스타일링한다. 적당한 수분은 모발의 질에 따라 약간의 차이가 있을 수 있다.
④ 스타일은 고객과 상담을 충분히 한 후에 모발과 목적에 맞게 결정한다. 스타일이 결정된 후에는 신속하고 정확한 작업이 이루어지게 한다.
⑤ 스타일링 로션이나 컨디셔너를 모발에 바른다.
⑥ 드라이의 가열 온도는 60~90℃ 정도로서 모발로부터 약간의 간격을 둔 상태에서 라운드 브러시, 덴멘 브러시, 벤트브러시 등의 도구를 따라 다닌다.
⑦ 모발로부터 드라이기의 간격이 많이 떨어진 경우에는 드라이기의 열이 방산되어 오히려 모발이 손상되거나 윤기를 잃을 수도 있다. 또한 모발이 흩어지고, 탄력을 잃는다.
⑧ 일반적인 드라이의 경우 섹션의 폭은 2~3cm 정도로 가로와 세로의 폭은 브러시의 폭보다 약간 작게 잡는다. 섹션은 정확하게 하며 롤러나 브러시를 사용할 때 당김 등의 자극이 없도록 한다.
⑨ 브러시의 회전과 동작의 속도는 긴장력과 탄력정도, 그리고 윤기의 강 · 약에 따라 조절한다.
⑩ 모발 끝부분은 텐션이 잘 주어지지 않으므로 브러시를 회전하여 조절시킨다.
⑪ 굵기가 다른 브러시를 여러 개 준비하여 모발의 길이나 볼륨의 유무에 따라 선택하여 사용한다. 브러시로 모발을 와인딩 할 때는 억지로 잡아당기지 말고 자연스럽게 감았다 풀었다 할 수 있는 연습이 필요하다.
⑫ 브러시를 잡을 때는 회전하기 쉽게 해야 하며, 엄지와 검지로 조절하고 나머지 세 손가락은 가지런히 옆에 붙여 잡는다.
⑬ 모발이 브러시의 빗살 사이에 곱게 들어가 있을 때 모발이 브러시에 엉키지 않으면서 윤기 있는 드라이가 된다. 빗살 사이로 모발이 겉돌면 모발은 부시시해지고 꺼칠해져 스타일이 매끄럽지 못하다.
⑭ 부분의 정확한 시술이 이루어지는 것은 기본이다. 그러나 헤어 스타일의 전체적인 형(Foam)의 흐름을 파악해서 드라이가 이루어져야 한다.

5. 브로우 드라이시 규칙

① 고객의 얼굴형에 따라 연령, 직업, 장소 등에 어울리면서 고객의 의사가 반영된 스타일을 구사해야 한다.
② 드라이 전과 후에 모질에 맞는 제품을 사용하여 모발의 손상을 예방한다.
③ 스타일이 설정되면 고객이 지루하지 않도록 신속, 정확하게 작업한다.
④ 섹션을 정확하게 하여 롤러나 브러시를 사용할 때 당김에 의한 자극을 주지 않도록 한다.
⑤ 모류, 모질, 모량 등에 맞추어 열 조절을 해야 한다.
⑥ 숙달된 테크닉을 구사해야 한다.

6. 브로우 드라이의 시술 자세

양발은 어깨 넓이만큼 벌리고 한쪽 발은 앞으로 약간 내밀어 균형된 동작을 취하고, 팔 동작은 어깨보다 높이 올라가지 않도록 하며 허리는 굽히지 않으면서 팔 동작으로 움직임을 준다. 고객과 적당한 거리를 유지하며, 너무 가깝거나 떨어져 있으면 작업자세가 바르지 못하여 좋은 스타일을 만들어 낼 수 없다. 좋은 자세는 정확한 기술을 연출해 줄 뿐만 아니라 습득되는 속도 또한 빠르다. 편안하고 무리 없는 자세로 작업한다.

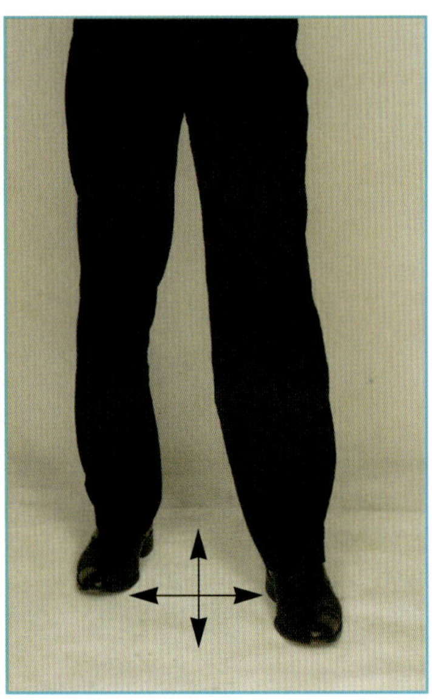

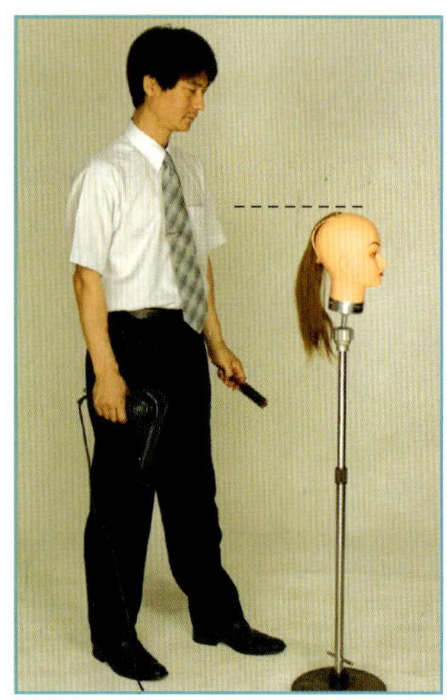

7. 라운드 브러시(Round Blush) 테크닉

① 웨이브를 많이 내고자 할 때는 두 바퀴 이상 감기는 브러시를 선택하고, 자연스러운 웨이브를 원할 때는 한바퀴 정도 와인딩 되는 브러시를 선택한다.
② 볼륨을 내고자 할 때
모류에 대해서 업 스템으로(Up Stem) 브러시를 동작시켜 두피 부근의 모발에 열을 가해준 후 잠시 식혀 텐션을 강하게 주고 회전을 해줘야 한다.

③ 볼륨 다운의 경우

다운 스템(Down Stem)으로 브러시의 회전을 적게 하고 라운드 브러시보다 S-브러시, 덴멘 브러시, 벤트 브러시 등을 이용한다.

④ 컬을 만들 때

라운드 브러시에 모발을 와인딩한 상태에서 열풍을 양쪽으로 가한 뒤에 충분히 열을 식힌 후 브러시의 원통형 모양을 그대로 유지하면서 브러시를 회전시키고, 브러시를 빼기 전 컬의 형태를 곱게 고정시키기 위해 가했던 열이 식을 수 있도록 잠시 그대로 두거나 냉풍을 가해준다.

8. 볼륨에 따른 브러시의 각도

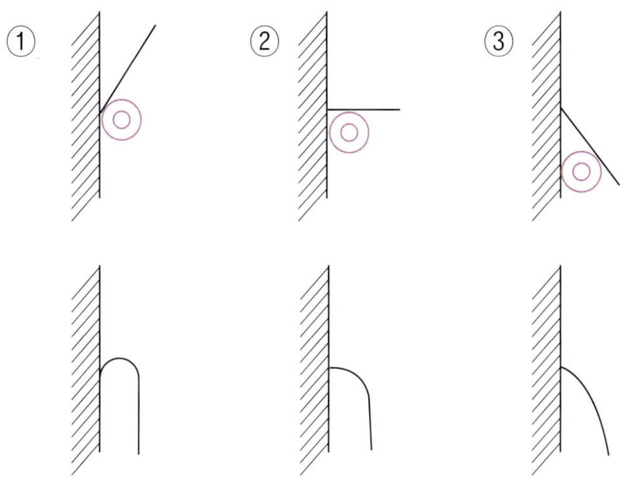

① 135°
많은 볼륨감을 주고자 할때

② 90°
보통의 볼륨을 줄때

③ 45°
볼륨을 적게 줄때

9. 드라이기의 각도

브러시의 움직임과 헤어 스타일에 따라 조절한다.

① 두피 부분에 볼륨을 주고자 할 때 : 브러시에 대해 드라이기의 각도는 45°

② 모발의 흐름을 정리하고자 할 때 : 브러시에 대해 드라이기의 각도는 0°로 대고 바람이 브러시의 면에 따라서 모선을 따라 드라이기는 내려간다.

③ 모발에 윤기를 내고자 할 때 : 모표피의 방향을 따라 45° 정도의 각도를 유지하면서 일정하게 열을 가하면 규칙적이고 아름다운 윤기를 얻을 수 있다.

이와 같이 헤어 스트랜드에 대하여 브러시와 드라이어의 움직임에 의해 머리카락에는 윤기를 갖게 하면서 잘 정리된 헤어스타일을 얻을 수 있다.

10. 프리 드라이(Pre Dry)

브로우 드라이 스타일링의 전단계로서 프리 드라이가 잘 되어야 제작 과정으로서 브로우 드라이하기가 쉽고 작업 시간도 단축시킬 수 있다. 드라이기가 주는 열의 방향에 주의해야 하며, 적당히 모발의 습기를 남기도록 하고, 컷에 의해 표현되는 스타일과 같은 모양으로 머릿결의 흐름을 주어야 한다. 형에 따라 볼륨의 유무를 결정하는데 그 목적이 있다.

모근 → 모선 → 모선 끝부분의 순서로 모발 전체를 말려 나간다.

모발이 완전히 마른 상태를 10%로 볼 때 모근은 9%, 모선은 8%, 모선 끝을 7% 정도 말린다고 보면 된다. 즉 두피 부분부터 말린 후 모선 쪽으로 진행한다. 특히 귀 뒷 부분은 잘 마르지 않는 부분으로 다른 부분과 균일한 상태가 되도록 주의해서 말린다. 만약 샴푸가 필요한 상태의 모발이라면 샴푸 후 타올 드라이를 충분히 한 후, 드라이기를 사용해야 모발에 무리가 없다. 모발을 비비거나 마찰을 주게 되면 모발의 손상 원인이 되므로 살짝 두드리거나 누르는 동작으로 물기를 제거해야 한다. 타올 드라이가 충분한 정도는 물기 제거 후 손으로 모발을 만졌을 때 물기가 손에 베어 나오지 않는 상태가 바람직하다.

모근 부분을 볼륨 업 할 경우에는 손가락으로 섹션을 넣고 헤어 스트랜드를 위쪽으로 135° 정도 유지한 후 드라이기로 모근 가까이 열을 가해준다. 많은 볼륨을 원할수록 섹션을 여러 번 나눈다.

볼륨을 다운 시키고 싶다면 손가락을 두피에 가지런히 대고 위에서 아래의 방향으로 움직인다.

11. 오버 드라이(Over Dry)

지나치게 오랜 시간 작업할 경우 모발의 수분량이 과도하게 손실되므로 모발은 윤기를 잃기 쉽다. 특히 모선의 끝 부분과 모발의 표면과 페이스 라인 근처의 전두부와 측두부 부분에선 이러한 현상이 현저하게 나타난다. 따라서 두상 가운데서 두피에 열이 적은 편에 해당하는 네이프 부분부터 시작하여 건조되기 쉬운 부분을 나중에 시술한다.

드라이 작업 시 나중 시술 순서가 되는 프론트 부분은 약간 더 젖은 상태로 두는 것이 좋은데, 이는 시간차에 의한 것과 흩어진 주변의 바람에 의해 프론트 부분이 건조되는 것을 미리 고려해 준 것이다.

12. 스트랜드 고정 테크닉

드라이를 하기 위해서는 섹션을 나누어 핀셋으로 고정해야만 한다. 만약 스트랜드 고정을 정확하게 하지 않는다면 모발이 얼굴을 가린다거나 드라이 시술에 방해가 되므로 스트랜드의 핀셋 고정은 정확하고 깔끔하게 이루어져야 한다.

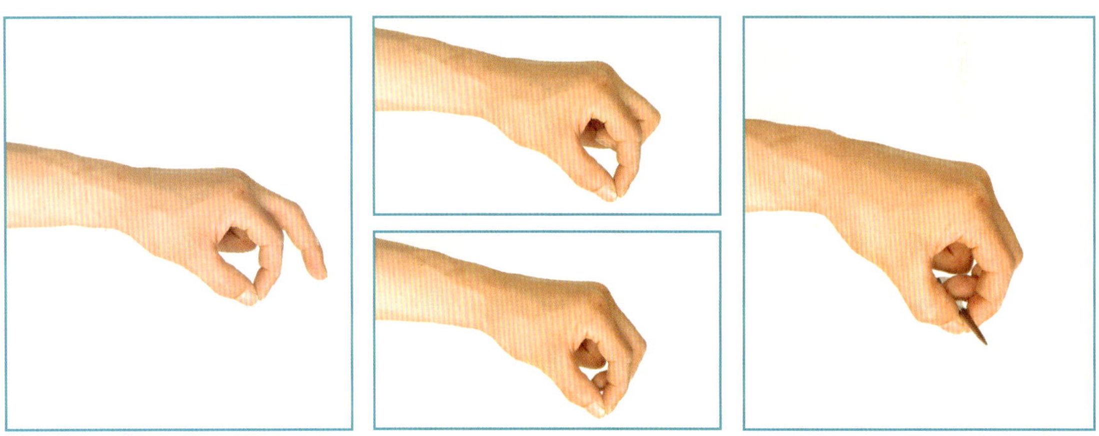

스트랜드 고정시의 손동작

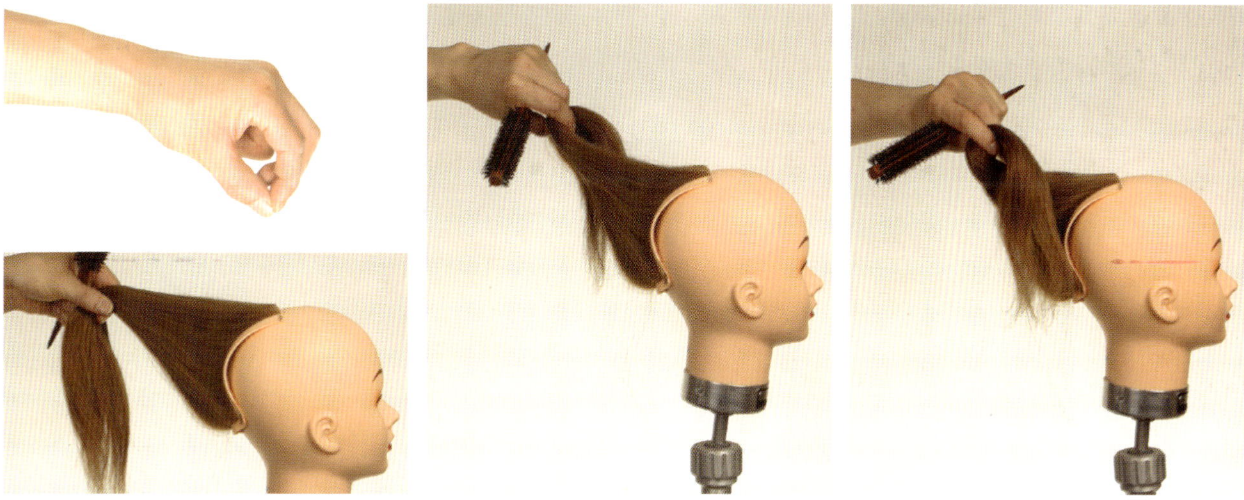

1. 스트랜드를 90° 각도로 길이 중간 부위를 엄지와 검지에 넣고 중지로 눌러 스트랜드가 빠져나가지 않게 한 다음 빠른 속도로 손목을 회전하여 모발의 끝 부분을 반대편으로 이동시킨다.

2. 스트랜드의 각도를 위로 밀어 탑 부분에 위치시킨다.

3. 핀셋으로 고정한다. 핀셋을 가능한 탑 부분에 고정시켜 주어야만 흘러내리지 않는다.

브로우 드라이 테크닉

Blow Dry Technique

CHAPTER

4

1. 스트레이트
2. 인컬
3. 아웃컬 지라시
4. 에스컬
5. 버티컬 웨이브

1. 스트레이트

찰랑 찰랑한 스트레이트(헤어스타일은)드라이는 동양 여성들이 많이 하는 스타일로서 웨이브가 형성된 모발을 직선으로 펴거나 보통 생머리를 더 매끄럽고 단정한 느낌의 생머리로 펴는 테크닉을 말한다.

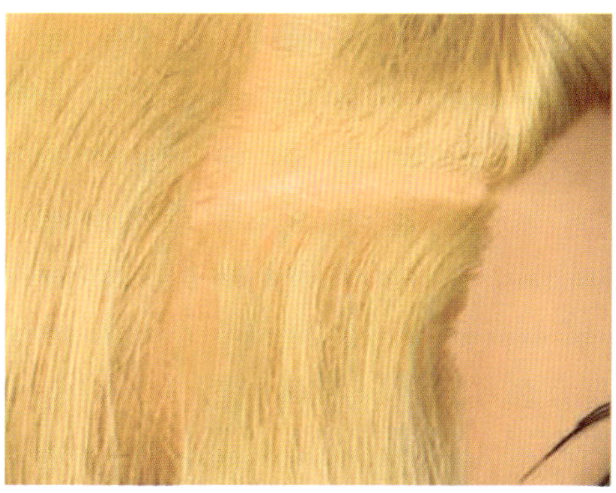

모근(뿌리) 수정하기

사람마다 각기 다른 모류가 있다. 특히 두정부의 가마 부분과 양 사이드의 귀 윗부분에 두드러져 나타나는데, 이것은 대부분 그 사람의 습관에 의해서 형성되거나, 선천적인 것에 그 원인이 있다. 이 모류를 무시하고 스타일링에 들어가면 원하는 스타일의 디자인을 얻기가 힘들다.
뿌리를 수정하는 방법은 모류의 방향 반대로 드라이어의 열풍과 브러시의 물리적인 동작을 주면 된다. 항상 본격적인 블로우 드라이 스타일링에 들어가기에 앞서 먼저 모류를 정리하는 작업을 해야 한다.

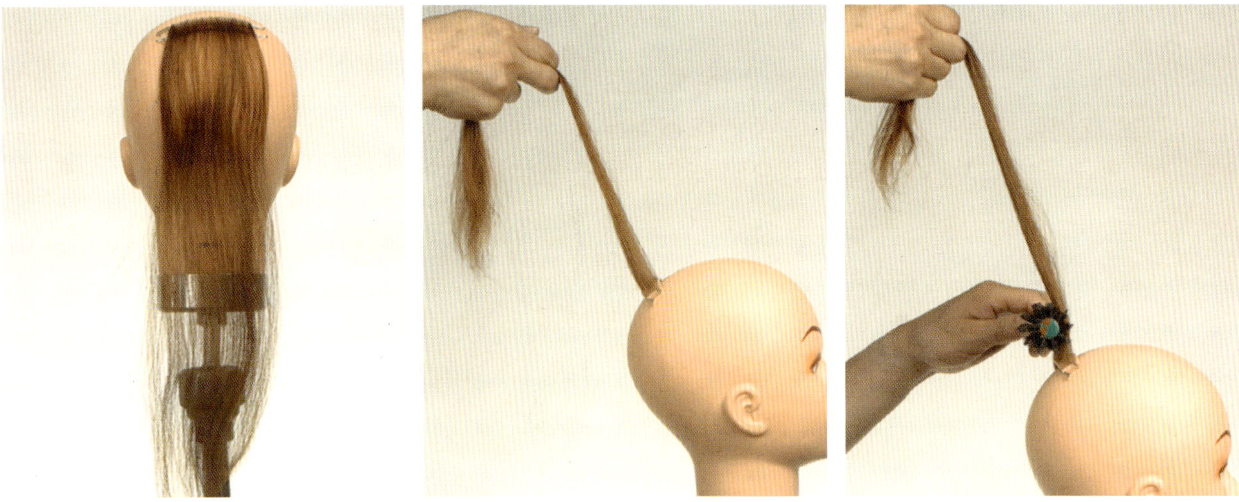

1. 각도를 90° 이상 들어주어 드라이 롤이 잘 들어가게 한다. 두피에서 1~1.5cm 떨어진 곳에 드라이 롤을 위치시킨다.

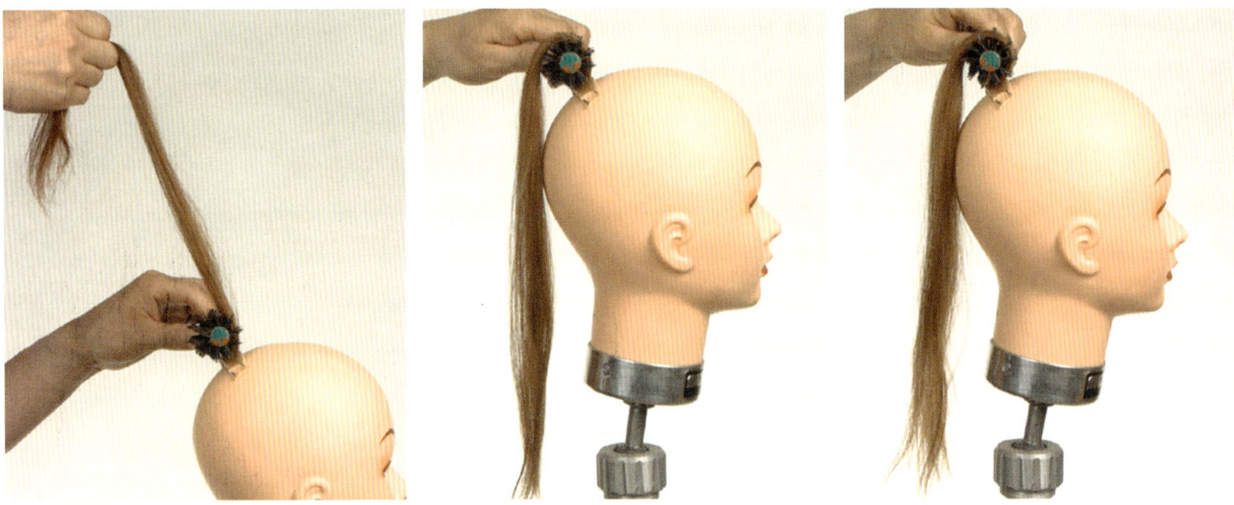

2. 드라이 롤을 두피쪽으로 회전하여 모발을 감아준다.

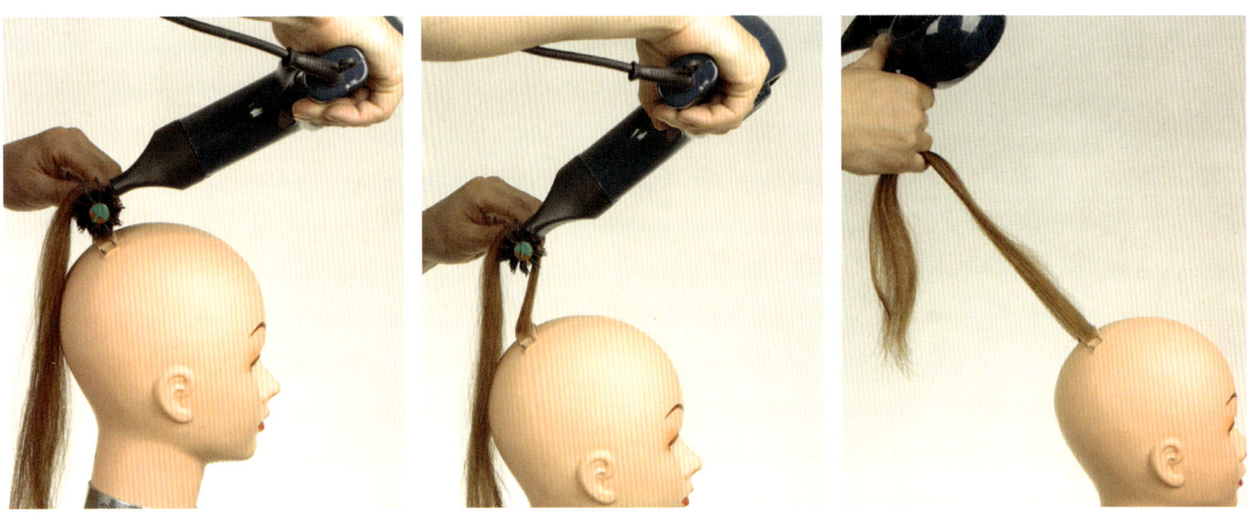

3. 두피의 모발에 볼륨감을 주기 위해 드라이 열을 주고 각도를 유지하여 올려준다.

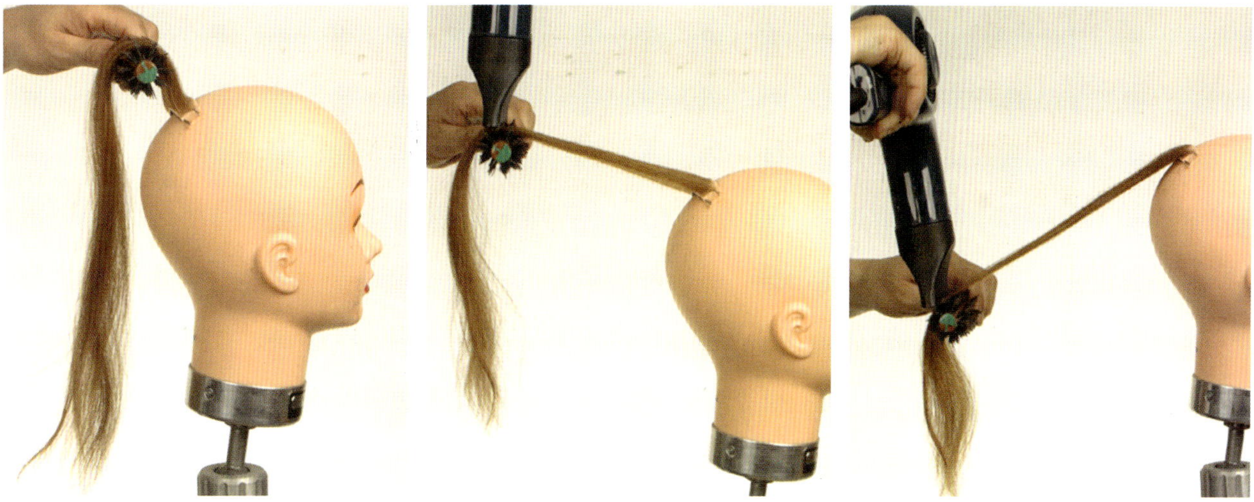

4. 서서히 각도를 내려준다. 동일 구간을 2~3회 반복하여 시술하고, 모발 끝으로 가면서 각도를 서서히 다운한다.

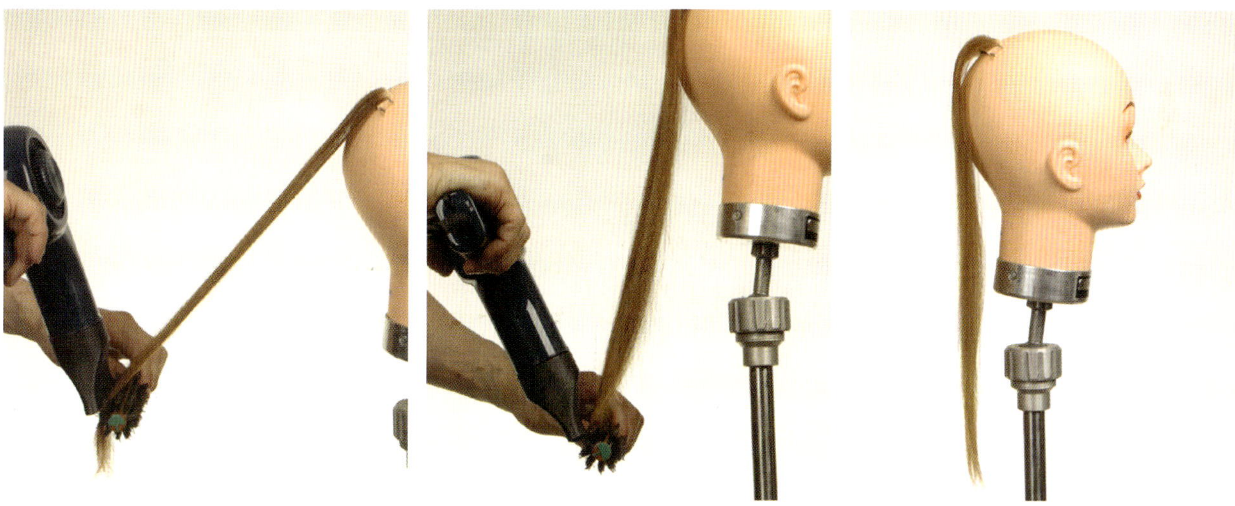

5. 모발 끝까지 정성을 다하여 드라이한다.

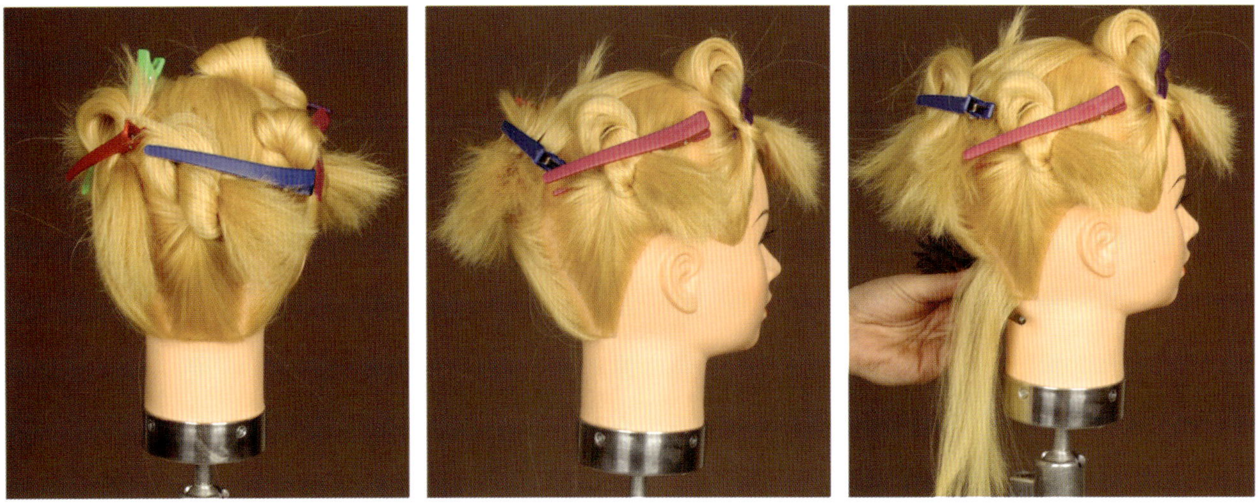

1. 브로킹은 5등분하고 섹션은 2cm 정도 뜬다(섹션의 크기는 디자인, 브러시 등에 따라 달라진다).

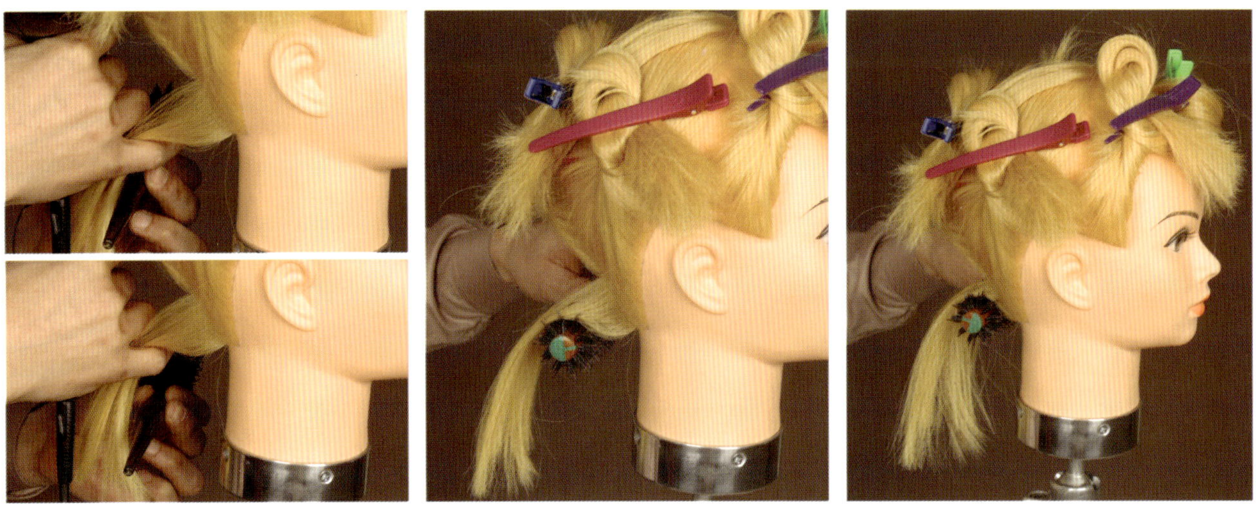

2. 각도를 들어 롤 브러시를 두피로부터 약 1cm 띄운 곳에 위치시킨다.

3. 모근의 모발을 감기 위해 브러시를 1/2~1회전시키며 두피에 대고 볼륨 및 두피의 모발 방향을 콘트롤 하기 위하여 드라이 열을 가해준다.

4. 모발방향 및 볼륨을 위해 드라이한다. 뜨거운 열로 인한 화상에 주의한다.

5. 2~3회 반복하여 드라이한다.

6. 모발의 끝 부근에 오면 브러시를 회전시키면서 드라이기가 브러시를 따라 이동한다. 브러시 회전시 모발이 감겨 인컬이 형성되지 않도록 주의한다.

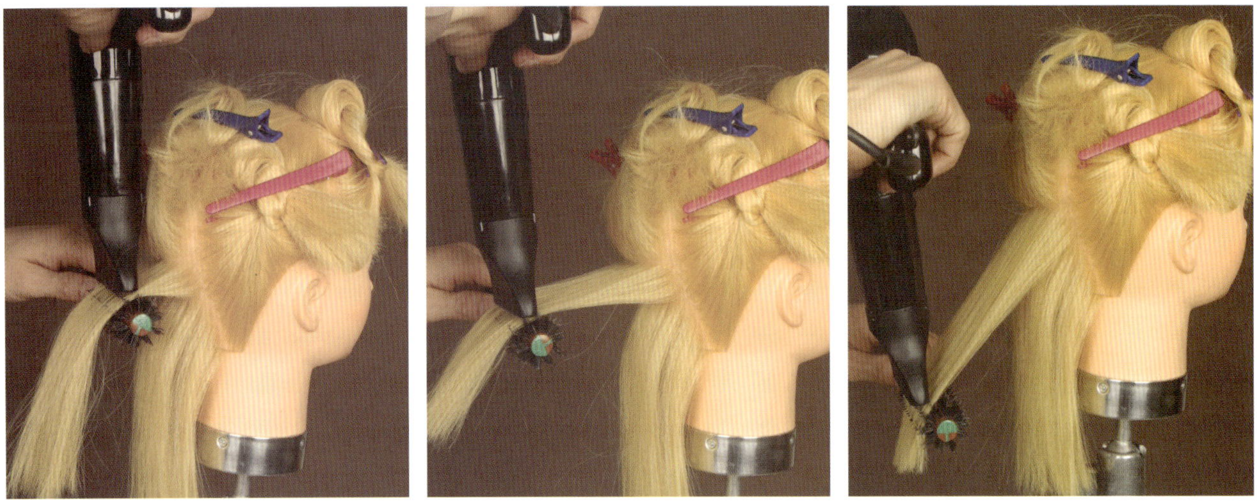

7. 한 섹션을 드라이하기 위해서는 2~3회 구간별 반복을 해준다.

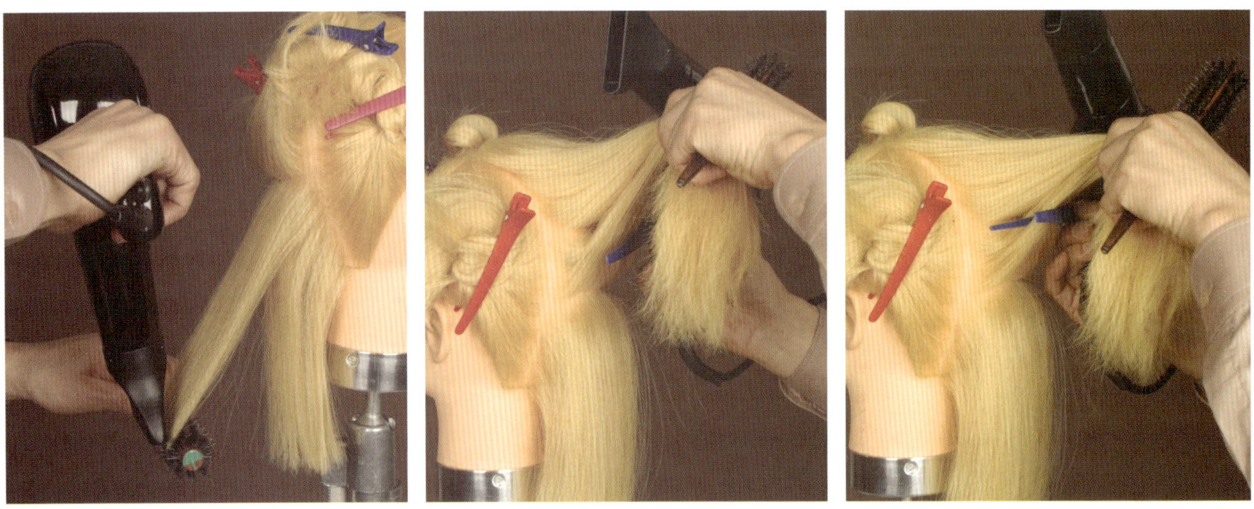

8. 섹션은 브러시의 몸체 또는 핀셋으로 나눈다.

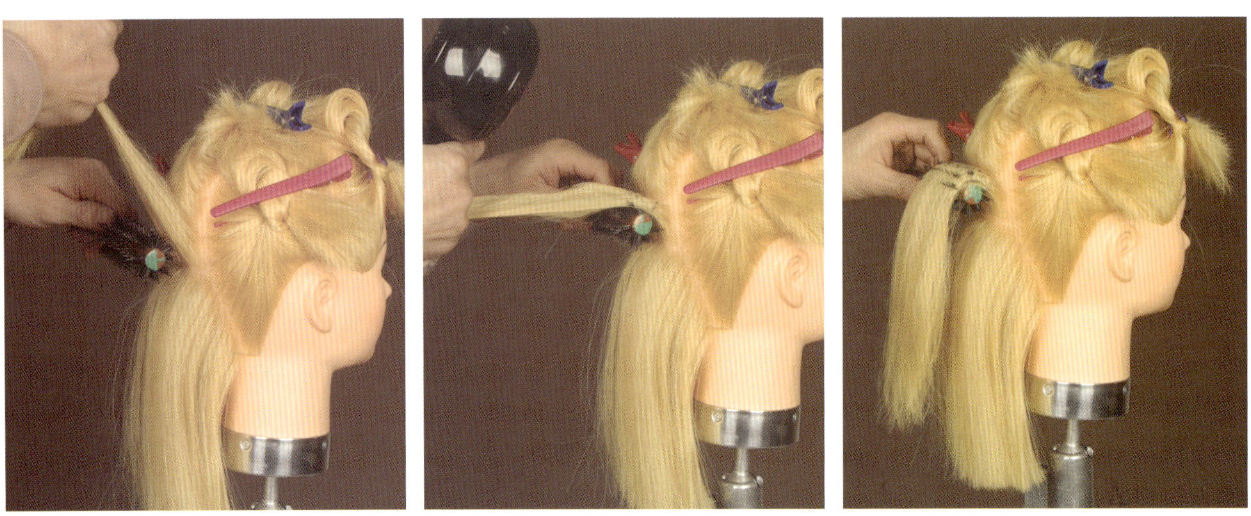

9. 두피의 모발을 정확히 들어 드라이 롤을 회전하여 댄다.

10. 롤에 드라이기를 정확하게 위치시킨다.

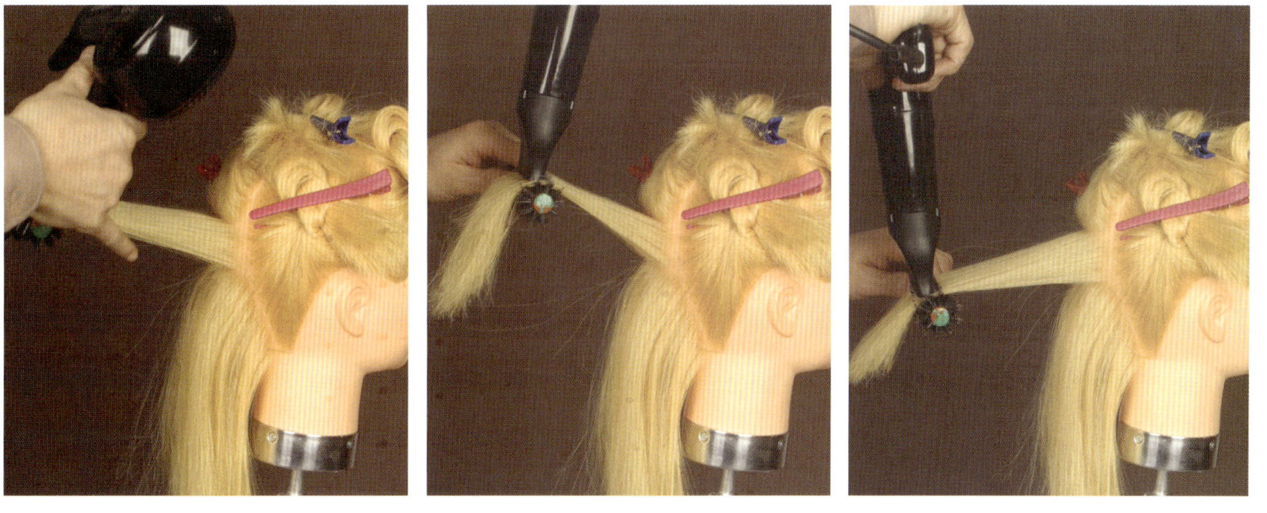

11. 한 섹션을 정확히 드라이하기 위해서는 2~3회 구간별 반복을 해준다.

12. 모발 끝에서는 각도를 내려 드라이한다.

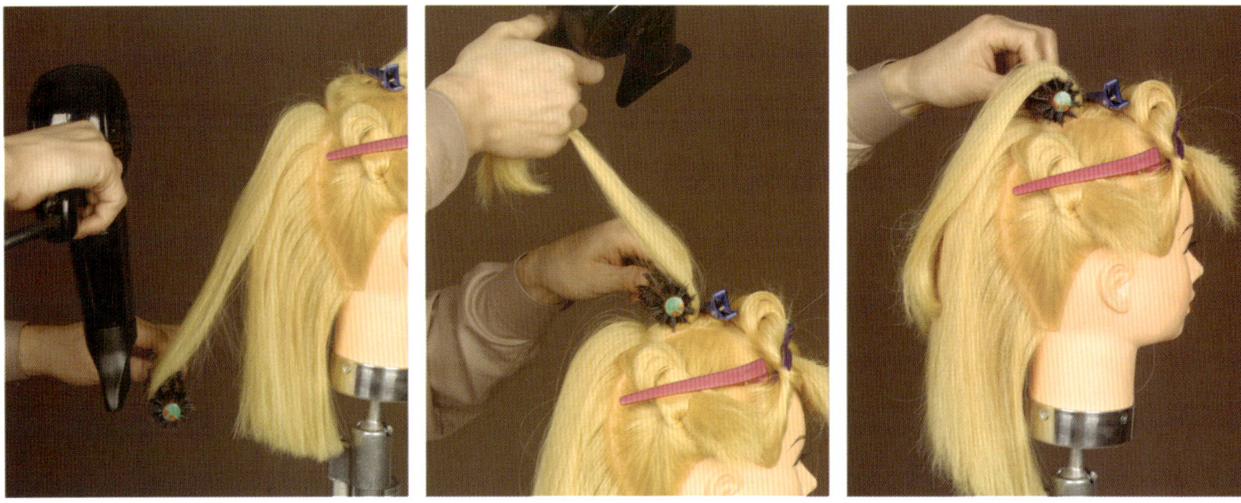

13. 드라이 롤을 두피에 정확히 댄다.

14. 두피의 볼륨 각도를 유지하여 드라이한다.

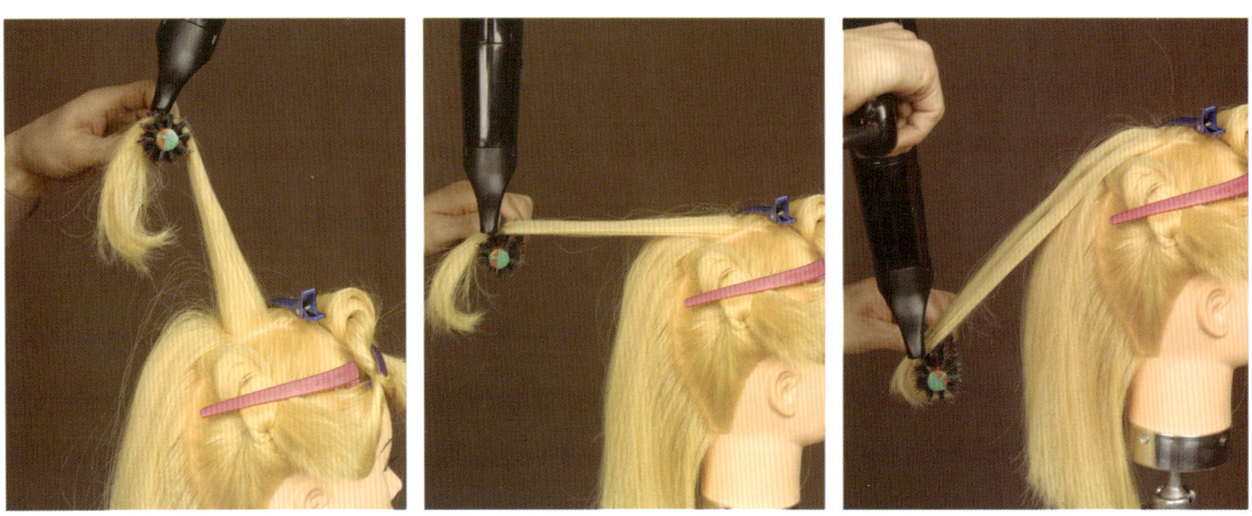

15. 모발의 중간 부위부터 서서히 다운한다.

16. 볼륨을 유지한다. 볼륨을 주기 위해 모발 길이의 약 1/3 부위까지는 볼륨 각도를 유지해야만 원하는 볼륨감을 얻을 수 있다.

17. 롤을 두피에 정확히 위치시킨다.

18. 모발 끝까지 스트레이트한다.

19. 핀셋은 드라이 시술에 방해가 되지 않도록 깨끗하게 고정시킨다.

20. 확실한 드라이 효과를 얻기 위해서는 2~3회 반복한다.

21. 각도를 들어 롤을 회전하여 모근의 모발을 감고 드라이를 댄다.

22. 볼륨을 위하여 90˚ 이상의 각도를 유지하고 서서히 각도를 내린다.

23. 볼륨감을 주기 위해 각도를 유지한다.

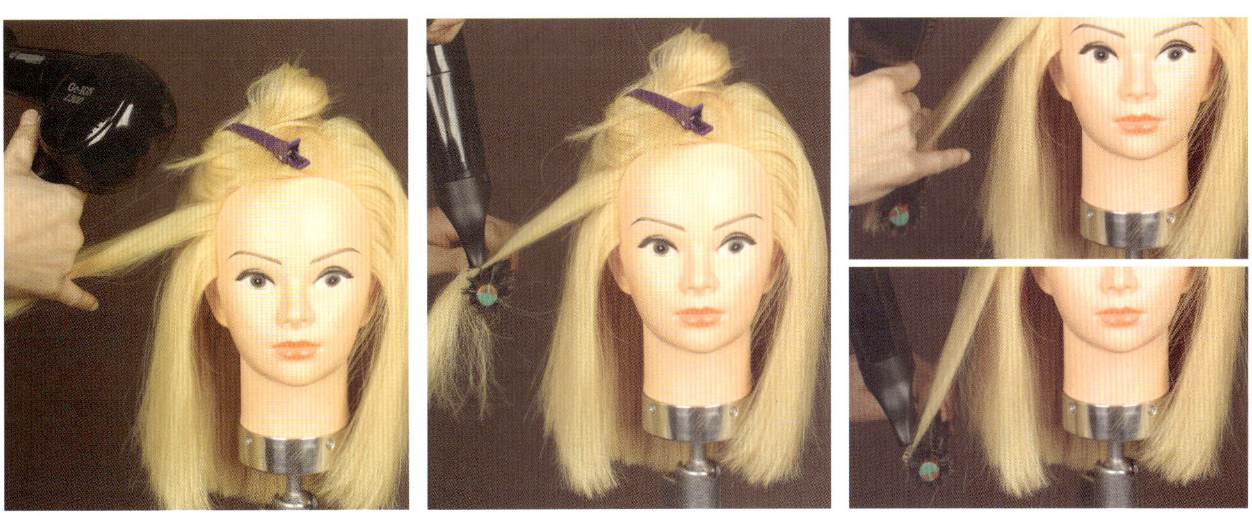

24. 한 섹션을 드라이하기 위해서는 2~3회 반복한다.

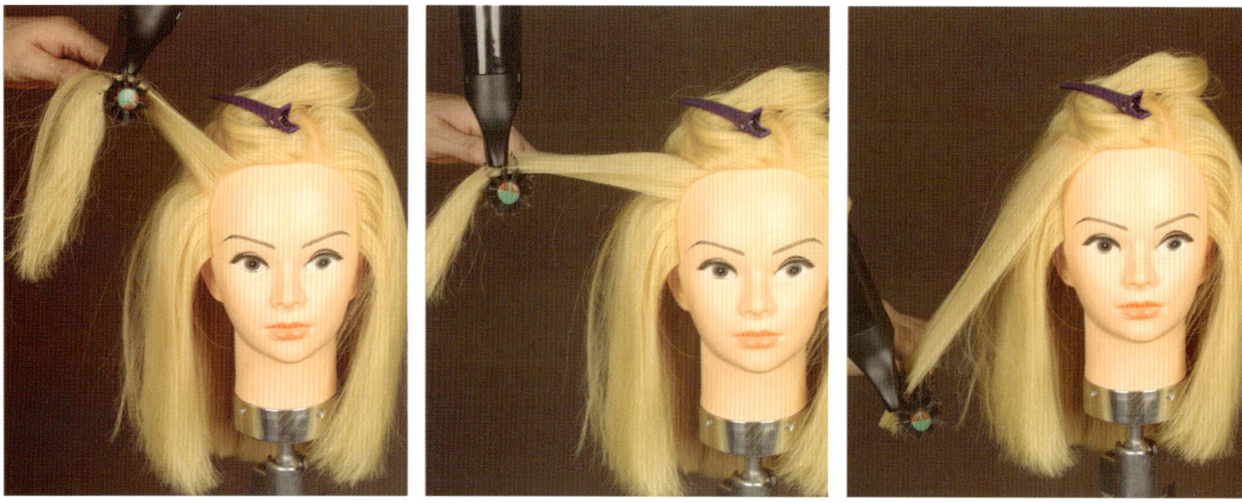

25. 모발의 각도는 서서히 변한다.

26. 큰 볼륨을 주기 위하여 앞에서 시술 할 수도 있다.

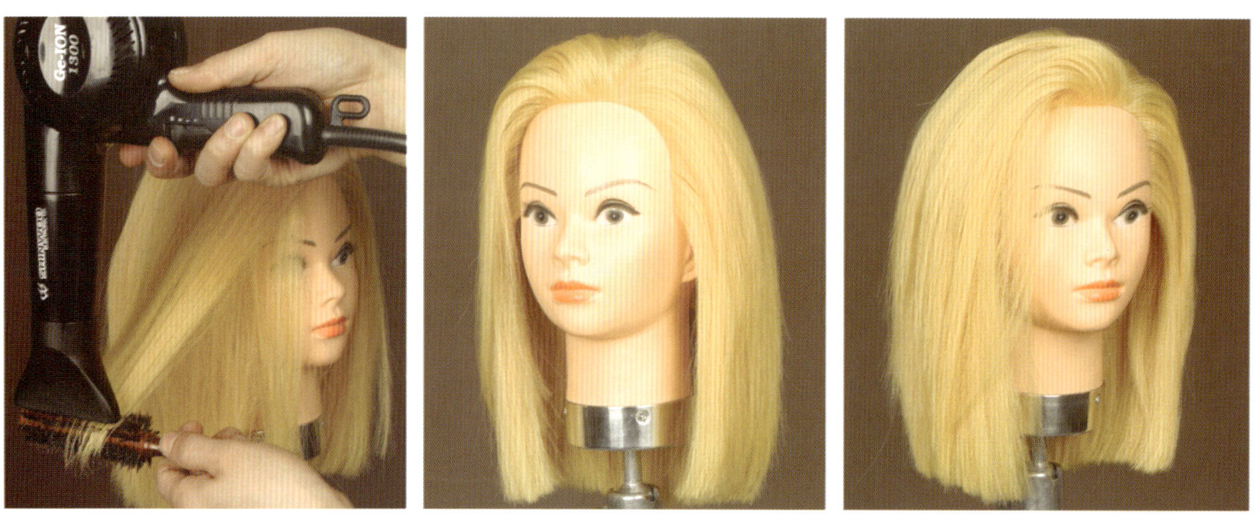

27. 모발의 끝 부위에서는 각도를 다운시켜 완성한다.

2. 인컬

안으로 들어가는 헤어스타일로 어려 보이고, 세련된 이미지의 헤어스타일로 가르마를 여러 형태로 변화해 다양하게 이미지 변화를 줄 수 있는 헤어스타일이다.

시술 개요

- Hair Root를 Up시켜 Volum을 준다.
- 4등분 브로킹 한다. 이때 버티컬 라인은 지그 재그로 탈 수도 있다. 이유는 버티컬 라인에 비해 호리존탈 라인은 브로우 드라이 스타일링시 열풍의 방산으로 인한 자국이 덜 생기기 때문이다.
- 라운드 브러시의 크기는 모발의 기장에 맞추어 선택한다. 네이프 부분에서 2~3cm의 폭(웨이브의 머리이거나, 이상모일 경우에는 섹션을 좀 더 작게 뜬다.) 을 가이드로 설정하고, 나머지 머리는 시술시 방해가 되지 않도록 핀셋을 이용해 잘 고정해 놓는다. 이때 핀셋을 꽂는 모발을 너무 단단하게 고정시킬 경우 모발에 자국을 남길 수 있으므로 주의한다.
- 헤어 스트랜드를 브러시와 드라이기를 이용해 스트레이트로 진행한다.
- 모근 볼륨을 업 시켜 주면서 다시 서서히 스트레이트로 빼 준다. 이때 드라이기의 열풍을 주는 방향을 조절해서 모발이 거꾸로 바람에 날리지 않게 주의 한다.
- 스트랜드의 2/3까지 진행한 후, 모발의 끝 부분으로 갈수록 패널의 위치를 다운 시켜 모발에 브러시를 회전시키면서 드라이한다(브러시에 모발을 감아주는 정도의 차이에 따라 인컬의 느낌이 달라진다). 이때 스트랜드의 텐션이 균일하도록 주의한다.
- 열을 식히면서 브러시 아웃한다.
- 인 컬이 형성된 것을 확인하고, 다음 섹션의 시술로 넘어간다. 컬의 형성이 잘 안 되었다면, 물 스프레이 후 다시 시술한다.
- 두상의 뒷 부분 중 한 파트를 끝낸 후, 다음 파트를 시술할 때는 이미 끝낸 부분의 모발을 1cm 정도 끌어와서 같이 드라이 해주므로 해서 갈라진 자국이 남는 것을 방지한다.
- 탑 부분을 시술할 때는 모류와 방향에 주의해서 시술하여야 한다. 섹션의 간격과 폭을 좀 더 작고 세심하게 시술한다.
- 대부분의 사람들이 귀 윗 부분의 모발은 한쪽으로 치우쳐서 어떤 방향을 형성하고 있는데, 사이드 부분 드라이 시술 시 먼저 모근 부분의 방향을 똑바로 잡아주고 난 후 시술을 하도록 한다. 누운 모발 교정은 모류의 반대 방향으로 해준다.

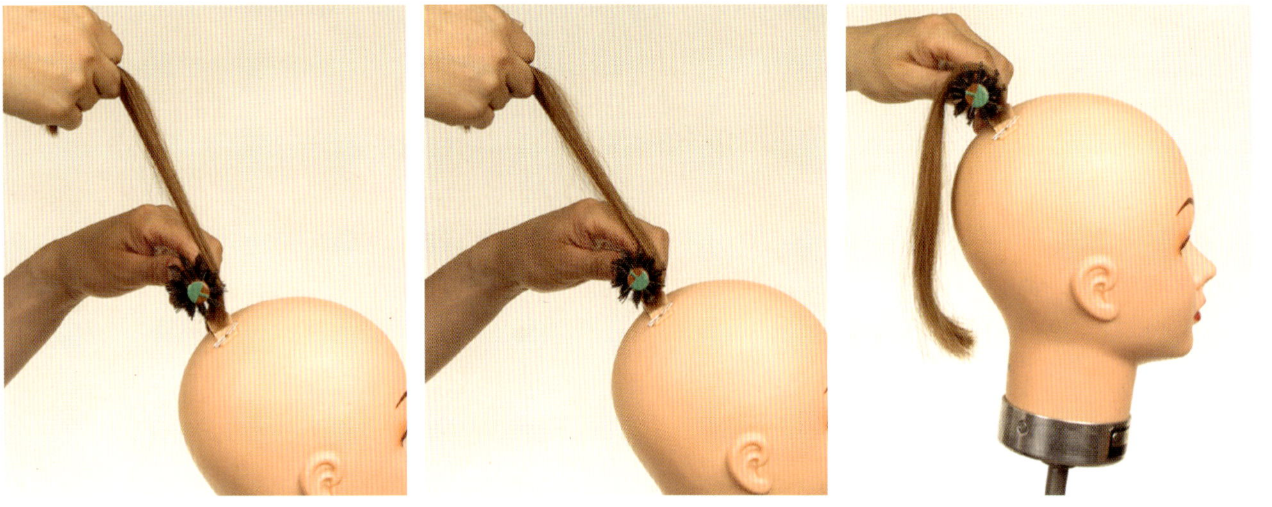

1. 드라이 롤에 모발을 감기위해 드라이 롤을 회전하여 두피에서 멈춘다.

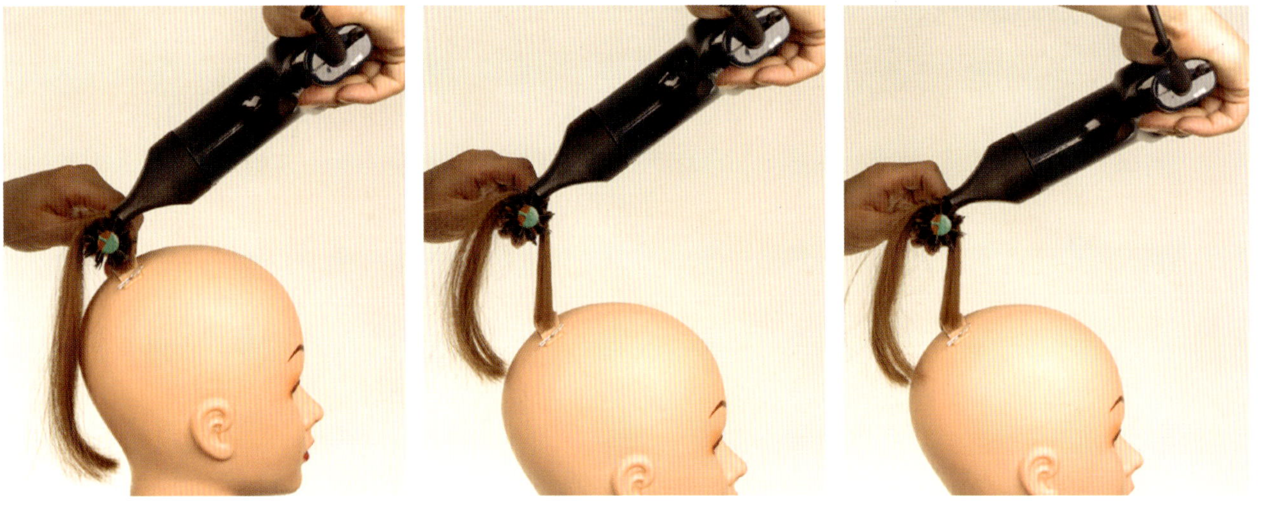

2. 볼륨감을 주기 위하여 열을 주고 각도를 유지하면서 드라이한다.

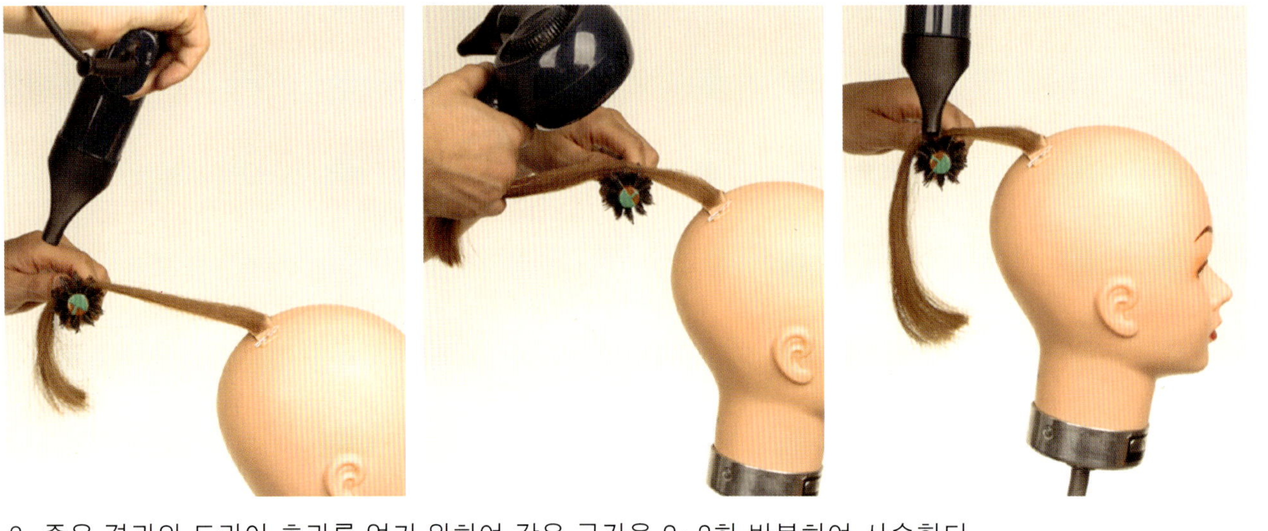

3. 좋은 결과의 드라이 효과를 얻기 위하여 같은 구간을 2~3회 반복하여 시술한다.

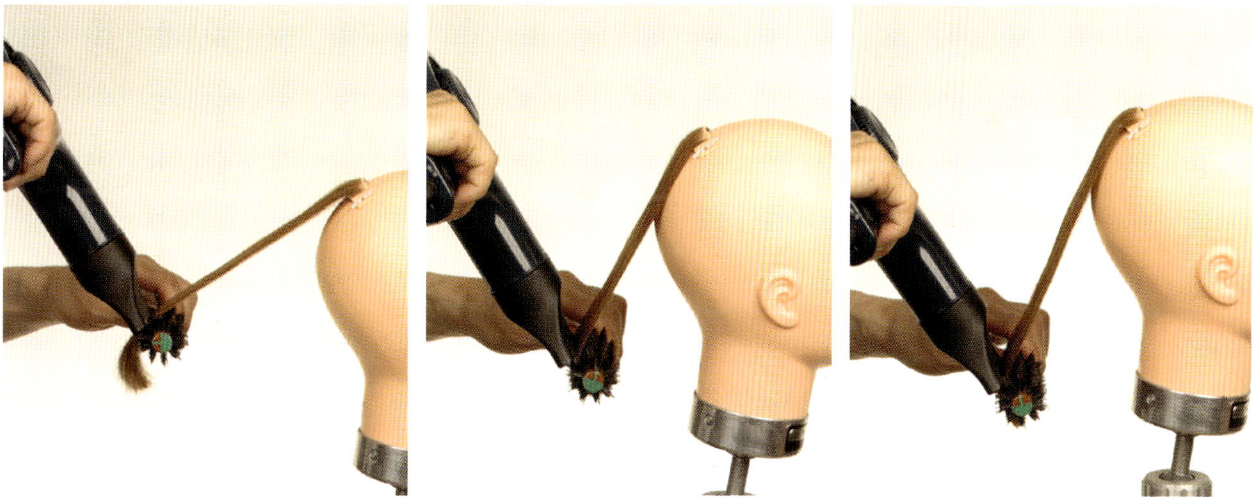

4. 모발 끝에서는 드라이 롤을 돌려가며 시술한다.

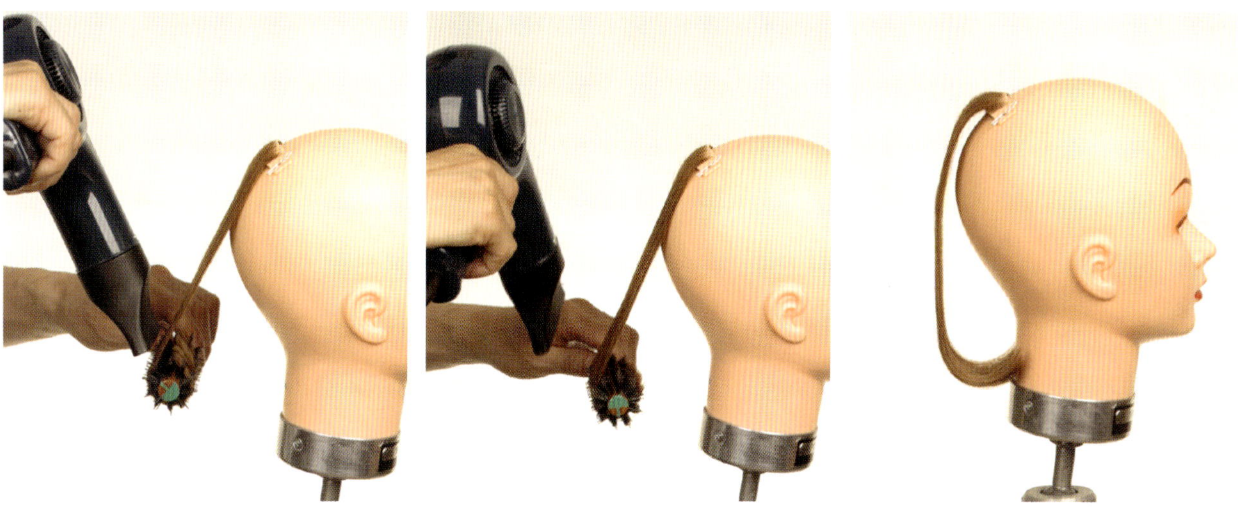

5. 모발 끝에서 드라이 롤을 조심스럽게 빼낸다.

1. 센터 라인을 중심으로 브로킹은 5등분이며 네이프의 드라이를 위해 고개를 숙이고 모질 및 모량을 고려하여 섹션을 떠 시작한다.

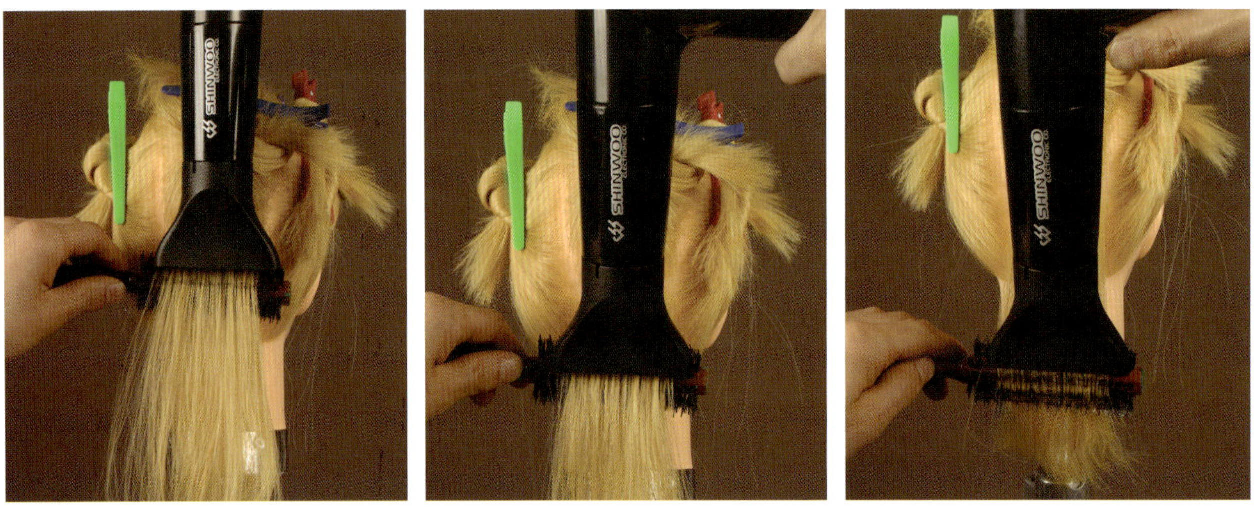

2. 모근의 방향을 잡아주기 위하여 모근부위부터 드라이를 시작하여 점차적으로 모발 끝으로 드라이를 진행한다.

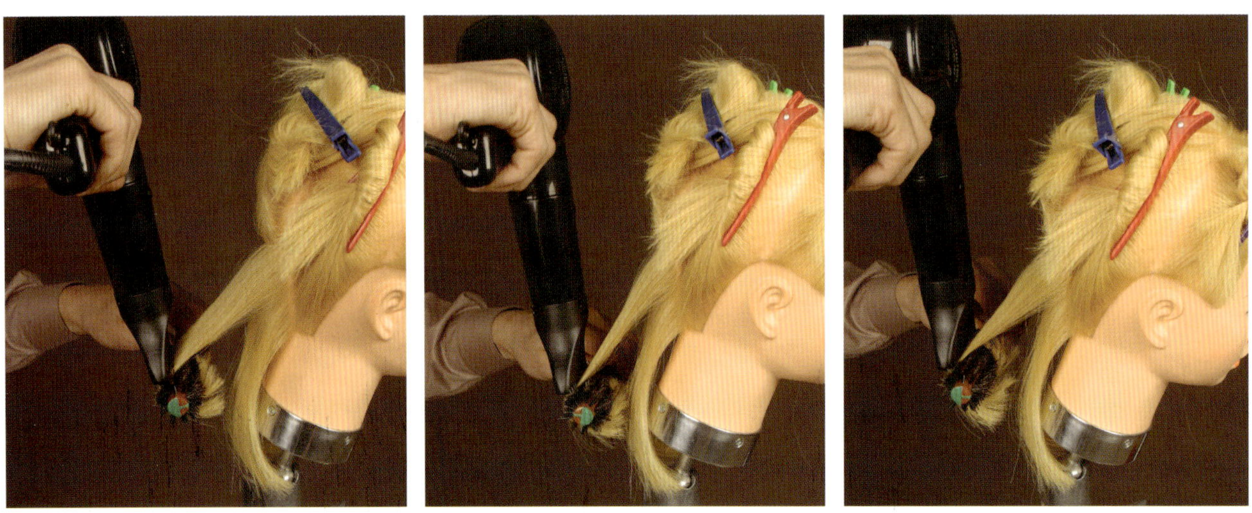

3. 인컬을 하기 위하여 모발 끝 부위에서 드라이 롤을 회전해준다.

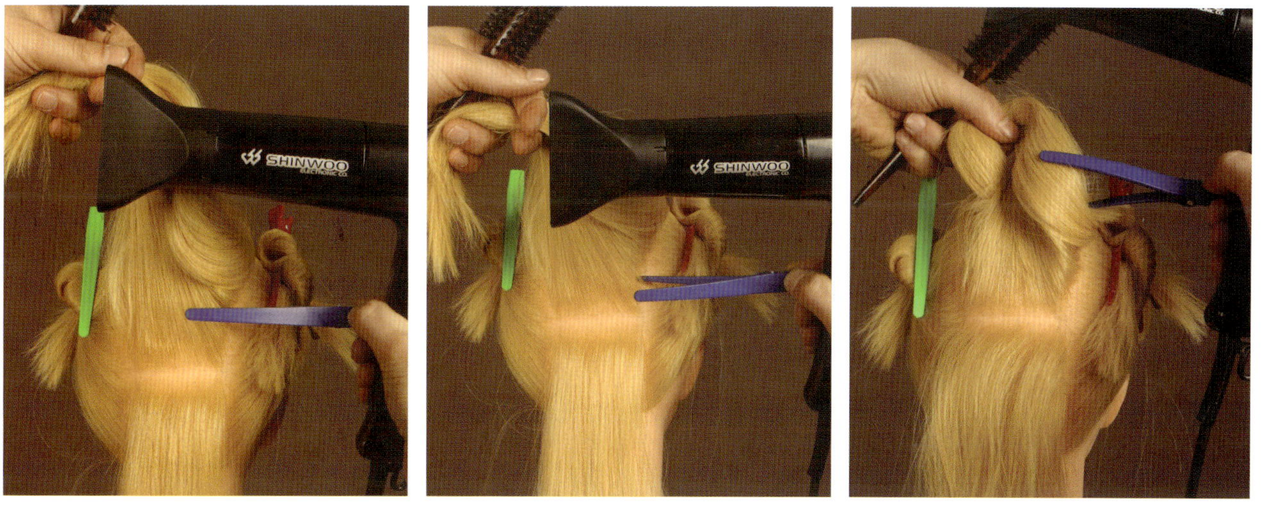

4. 섹션을 깨끗이 나누어 핀셋으로 고정한다.

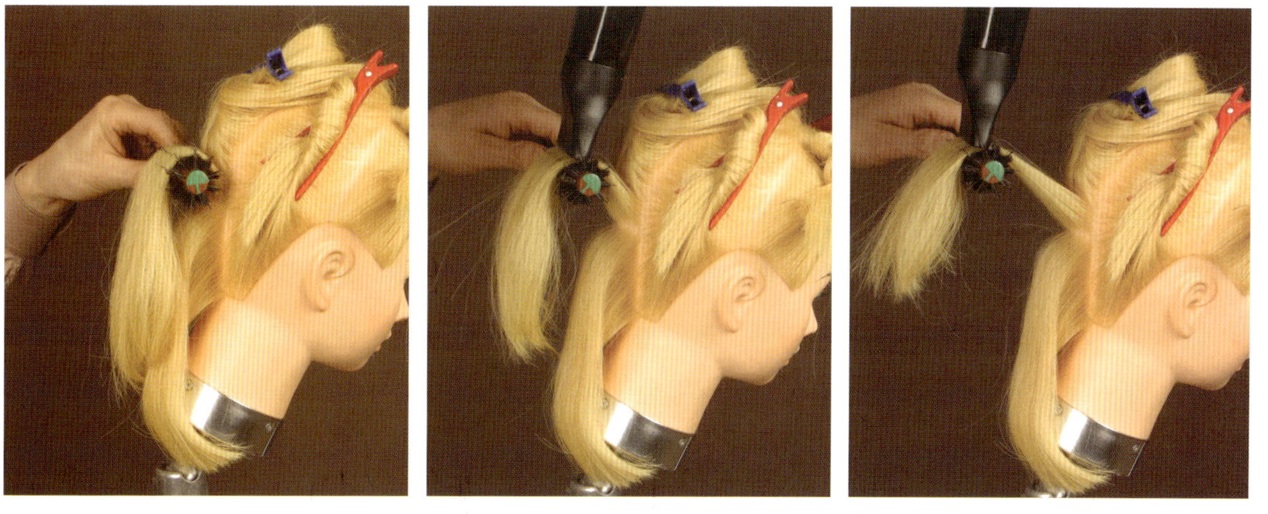

5. 두피에서부터 진행하며 볼륨감을 주기 위해 각도에 주의한다.

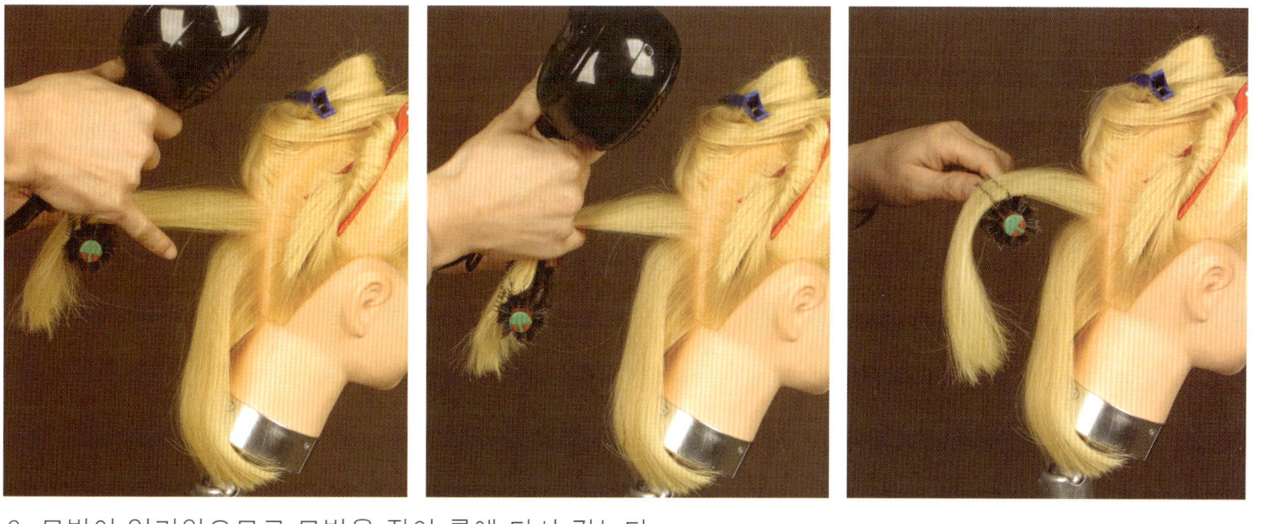

6. 모발이 엉켜있으므로 모발을 잡아 롤에 다시 감는다.

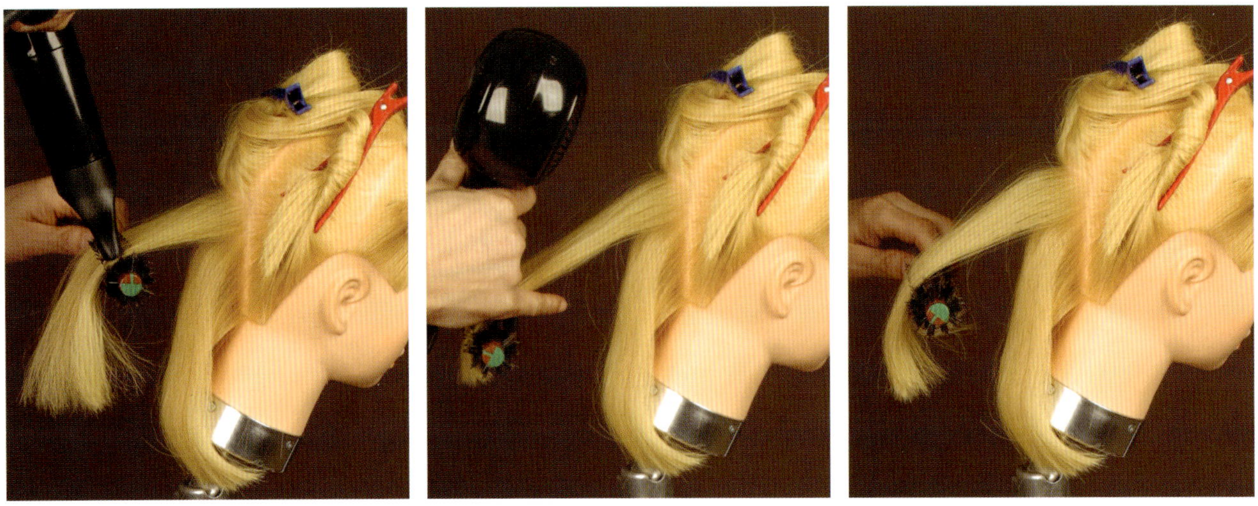

7. 모발의 중간 부위에서 각도를 점차적으로 내려 진행하며, 모발 끝이 엉켜 있으므로 다시 롤에 감겨있는 모발을 빼 롤에 감는다.

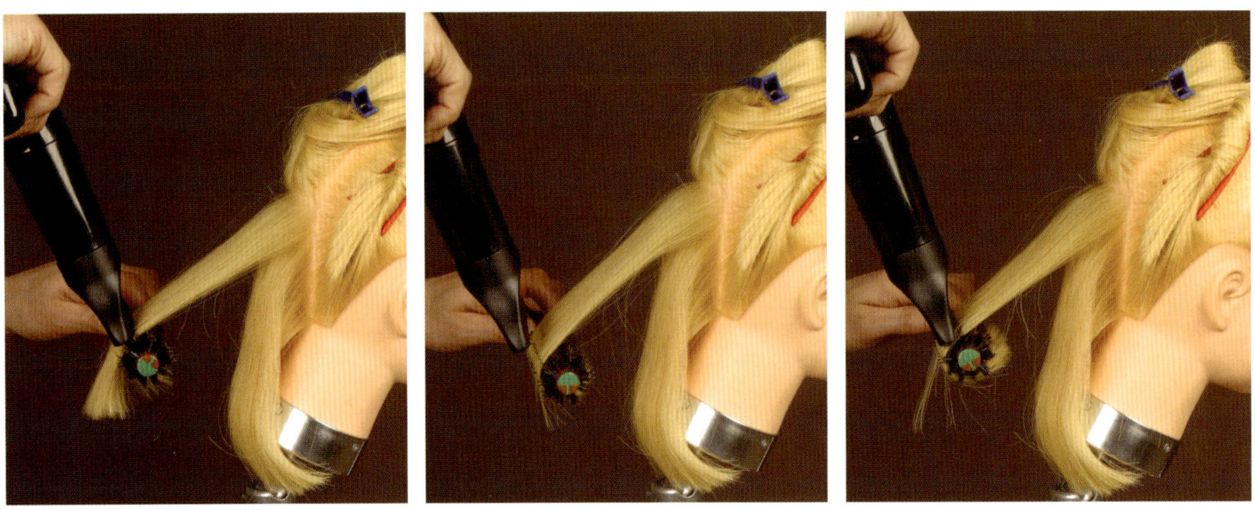

8. 인컬을 위하여 브러시를 회전시키고 드라이기도 따라 움직인다.

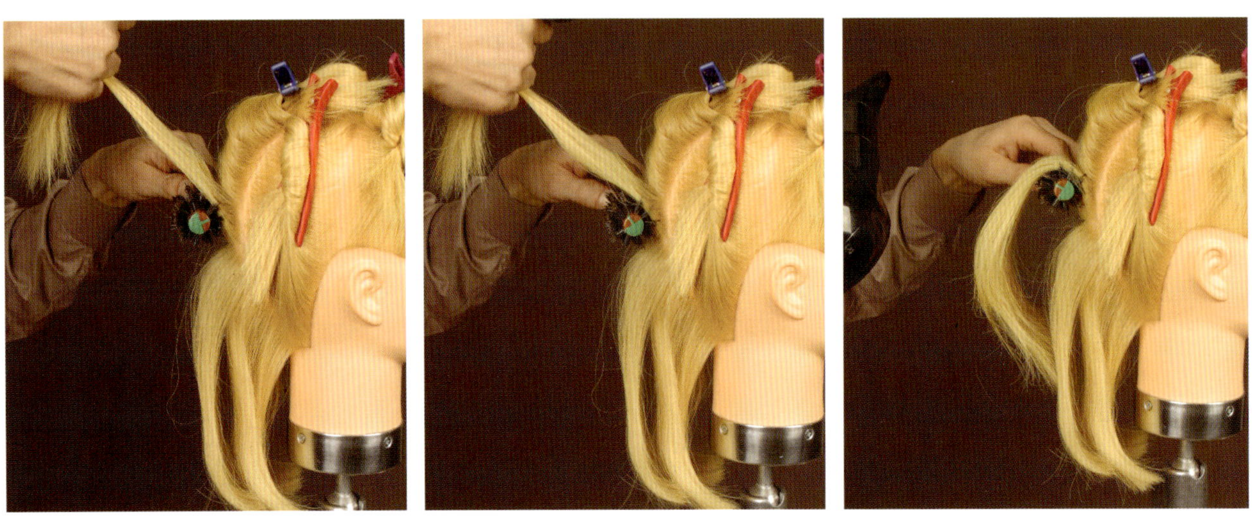

9. 모근의 방향성을 잡아주기 위하여 모발의 각도를 들고 롤 브러시를 두피에서 약 1~1.5cm 띄운 곳에 위치시켜 롤 브러시를 1/2~2/3회전시켜 두피에 댄다.

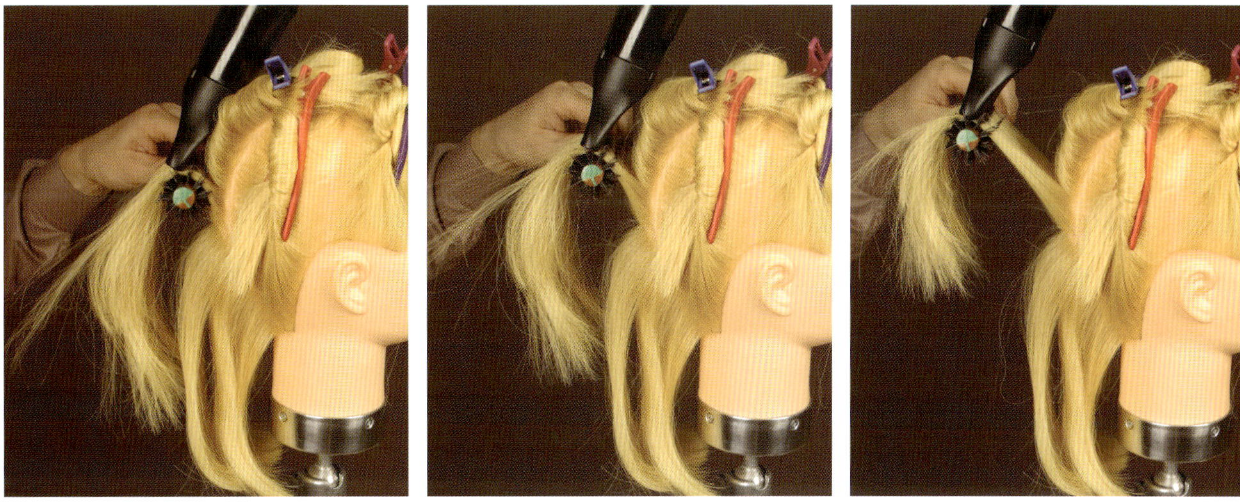

10. 볼륨을 유지하기 위하여 모발 길이 중간 부위까지 각도를 유지한다.

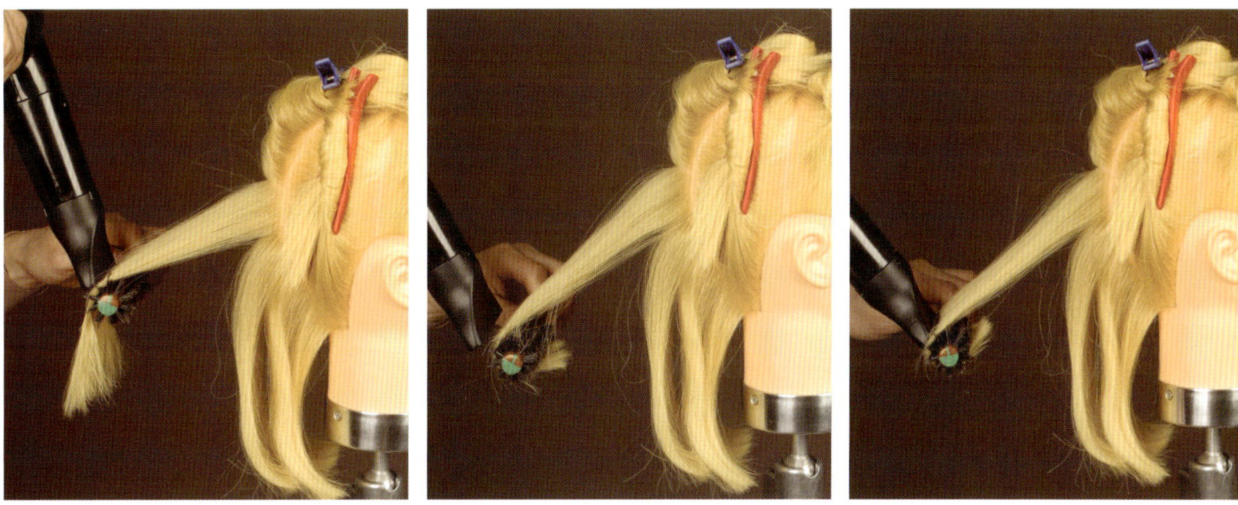

11. 중간부위에서 서서히 모발 각도를 다운한다.

12. 위치에 따라 드라이어의 송풍구가 드라이 롤에 닿는 곳이 다르다.

13. 볼륨감을 위하여 각도를 들어준 후 서서히 다운한다.

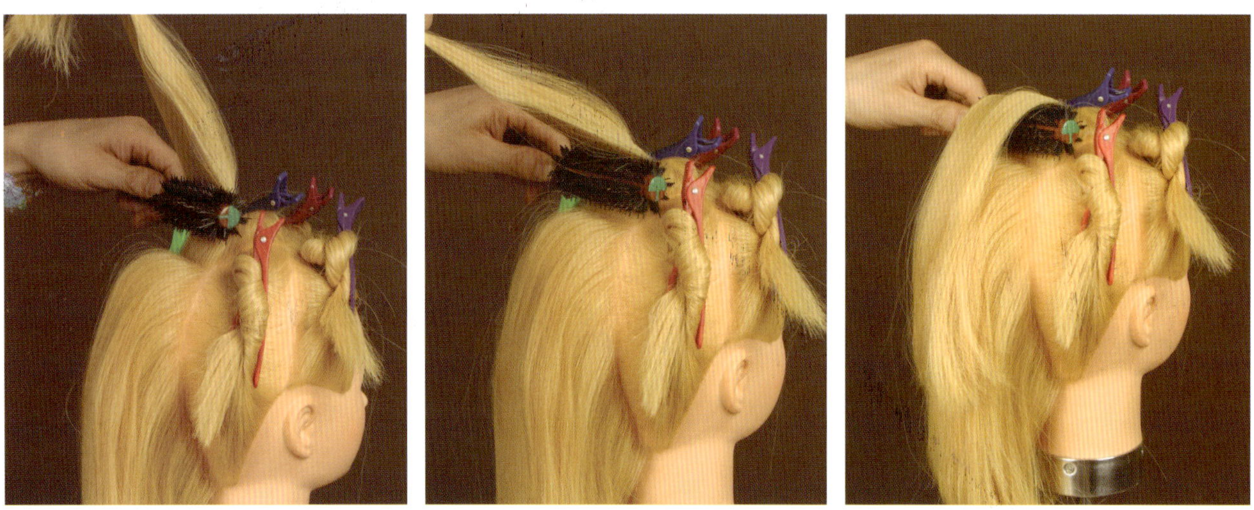

14. 드라이 롤이 들어갈 수 있도록 섹션을 들어주고 롤을 회전하여 모발을 롤에 감아준다.

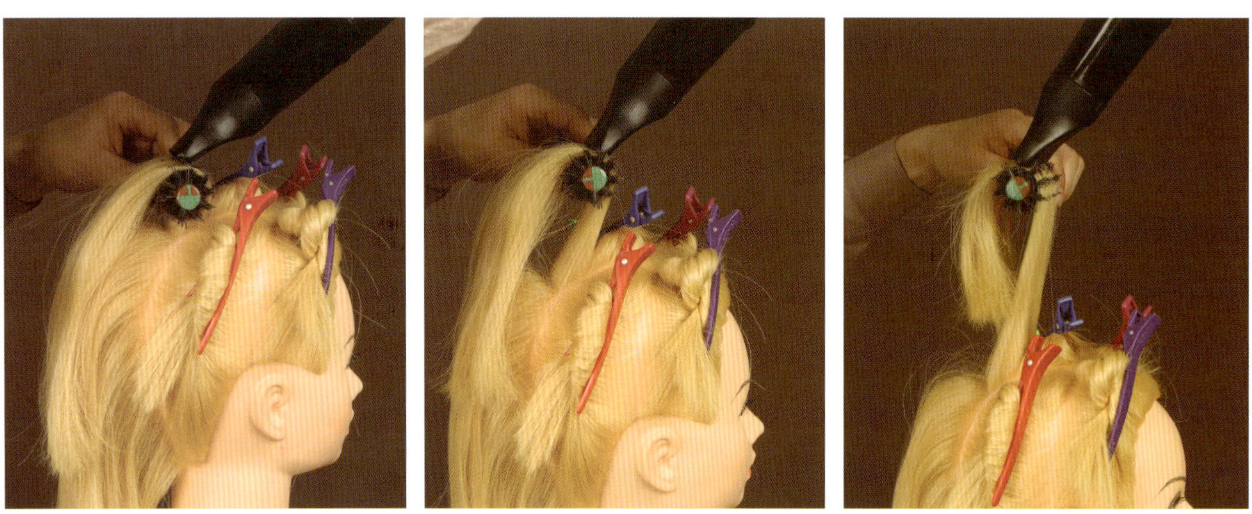

15. 크라운 부분으로 갈수록 많은 볼륨감을 위하여 각도를 들어준다.

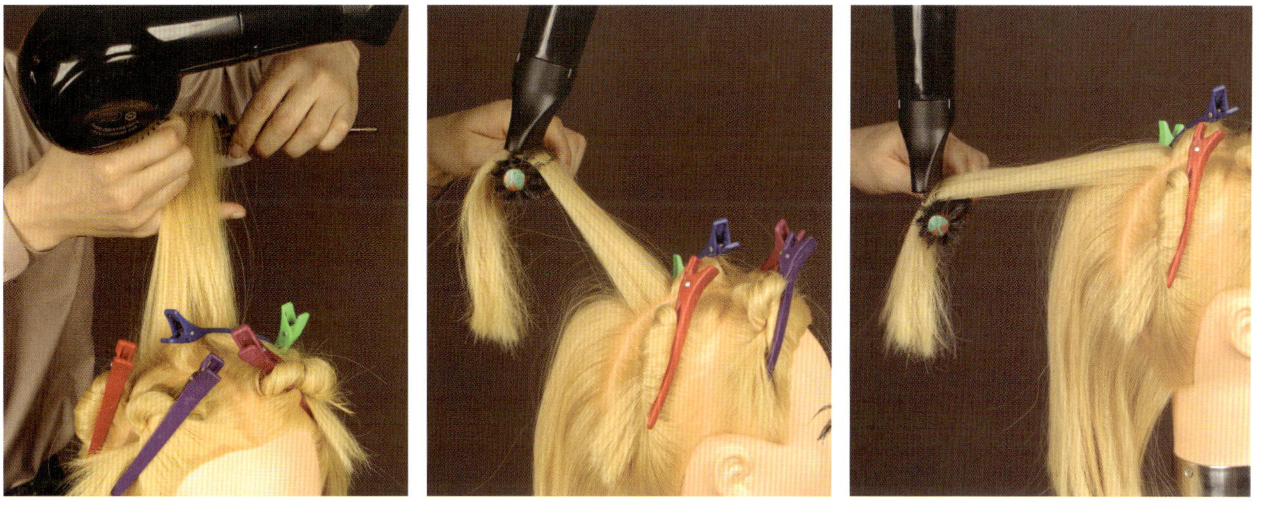

16. 모발의 중간 부위에서 각도를 서서히 낮춰준다.

17. 탑 부분의 볼륨을 위해 시술자에 따라 사이드로 이동하여 드라이 할 수도 있다.

18. 서서히 다운하여 모발 끝까지 드라이한다.

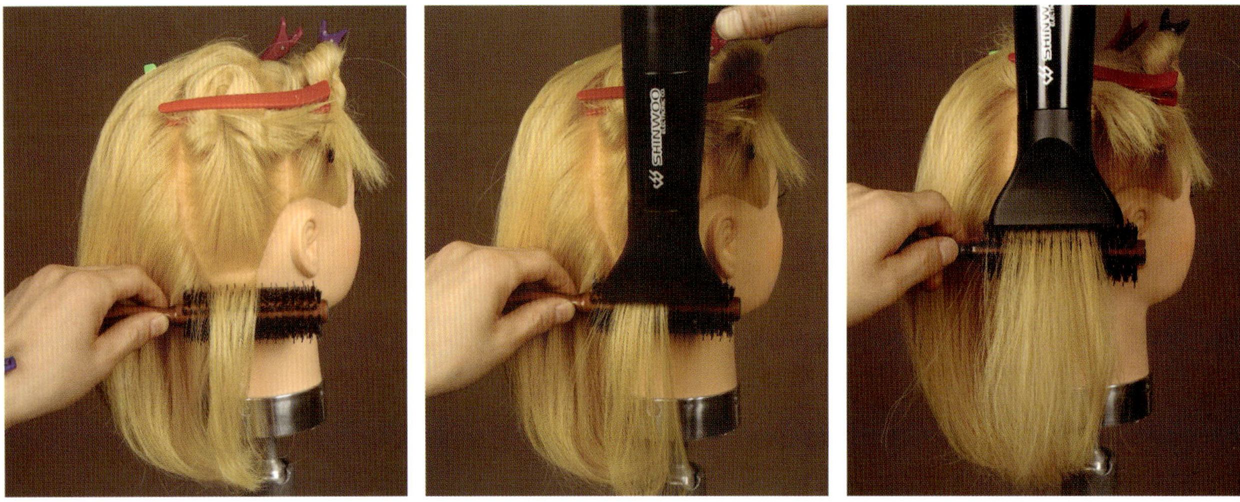

19. 백 사이드로 이동하여 드라이를 계속한다.

20. 모발의 끝에서 드라이 롤을 돌려준다.

21. 모발 끝에서 드라이 롤을 회전하여 모발을 감는다.

22. 스타일과 두상의 모양에 따라 볼륨감의 유무를 결정한다.

23. 반대편 백 사이드 파트로 이동하여 드라이한다.

24. 모발 끝에서 드라이 롤을 회전하여 완성한다.

25. 사이드로 이동하여 호리존탈 섹션을 깨끗이 나누어 핀셋으로 고정한 후 모발의 방향을 바로잡아 드라이를 진행한다.

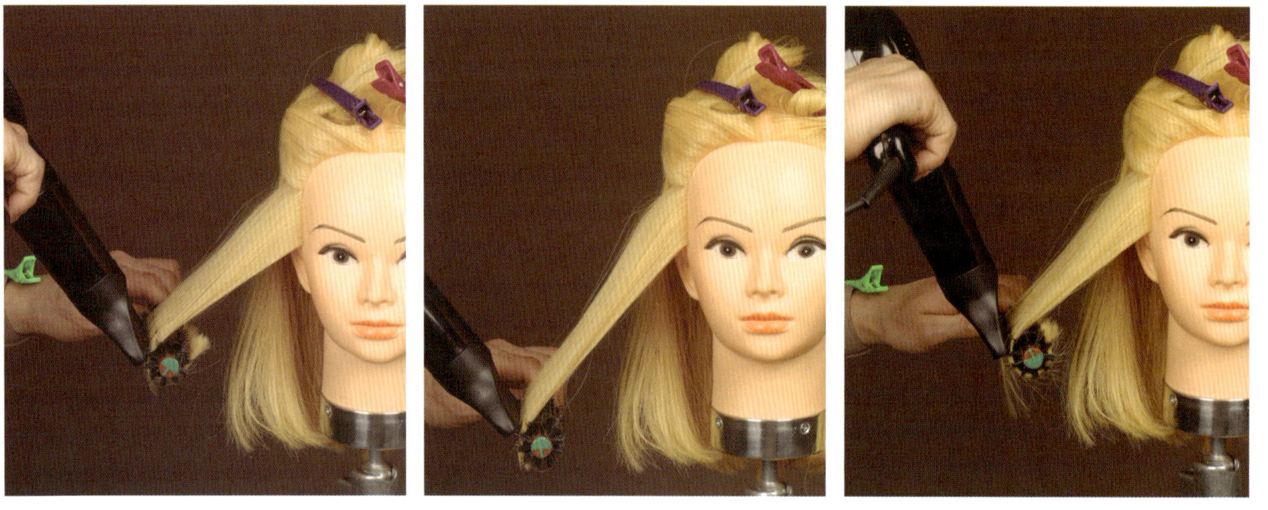

26. 모발 끝에서 드라이 롤을 돌려 인 컬을 한다.

27. 깨끗이 드라이 하기 위하여 모발의 각도를 들어 두피에 드라이 롤을 위치시킨다.

28. 모발 중간 부위부터는 각도를 다운시키면서 롤과 드라이어를 함께 천천히 움직여 드라이한다.

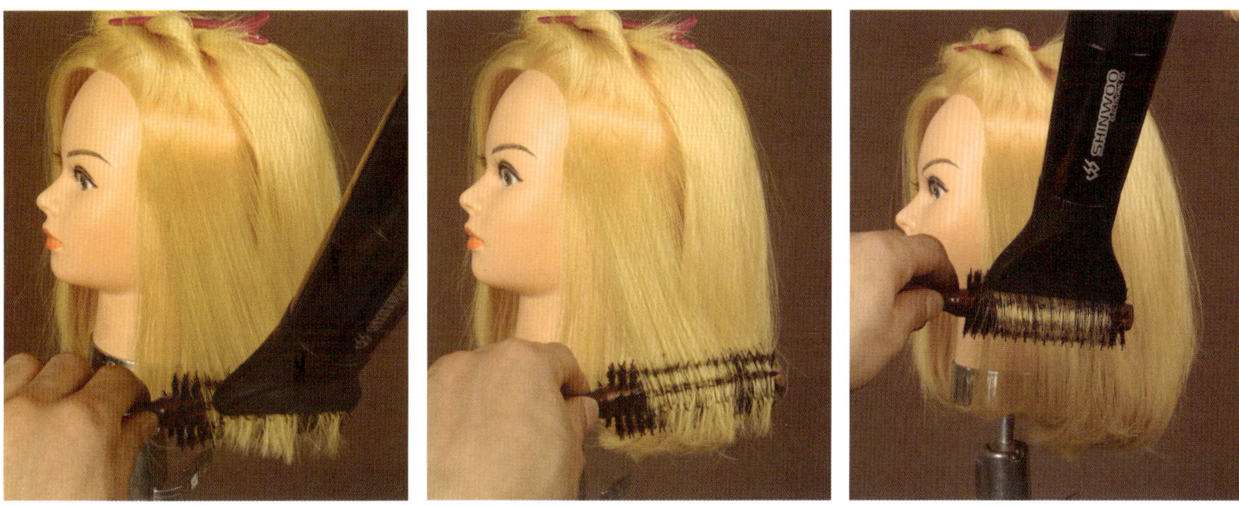

29. 드라이어로 열을 끝까지 가하고 롤을 회전시키면서 모발에서 빼낸다.

30. 반대편 사이드도 23~29와 같이 드라이하여 완성시킨다.

3. 아웃컬 지라시

모발 끝이 밖으로 향하는 헤어스타일로 강한 아웃컬 지라시 스타일과 약한 아웃컬 지라시 스타일이 있다. 강한 아웃컬 지라시 스타일은 그라데이션 헤어의 중년 여성에게 잘 어울리며 약한 아웃컬 지라시 스타일은 미듐 및 롱 헤어스타일의 젊은 여성에게 잘 어울린다.

시술 개요

- 4등분, 또는 5등분 Blocking한다.
- 뿌리 볼륨은 Up해주고, 네이프 부분부터 시술한다.
- 롤 브러시를 두피에 확실히 댄 후, 업 스템(Up Stem)으로 뿌리 볼륨을 Up시켜 주고, 브러시를 회전시키면서 내려온다.
- 두 세 번 같은 동작을 반복해서 모선 윗 부분을 잘 정리하고, 모선 끝 부분에서 한 바퀴 인컬로 감아준다.
- 브러시를 감은 것과는 반대 방향, 즉 윗 쪽을 향해서 돌려 빼준다.
- 브러시 아웃 상태에서 보면 아웃 컬이 형성 되었다.
- 컬을 확실하게 하기 위해 브러시를 바깥 방향으로 한 바퀴 감아 준다.
- 열이 식은 후 그대로 브러시 아웃한다.
- 컬이 완성된다.
- 컬에 방향성을 주어 다른 이미지로의 스타일링이 가능하다.

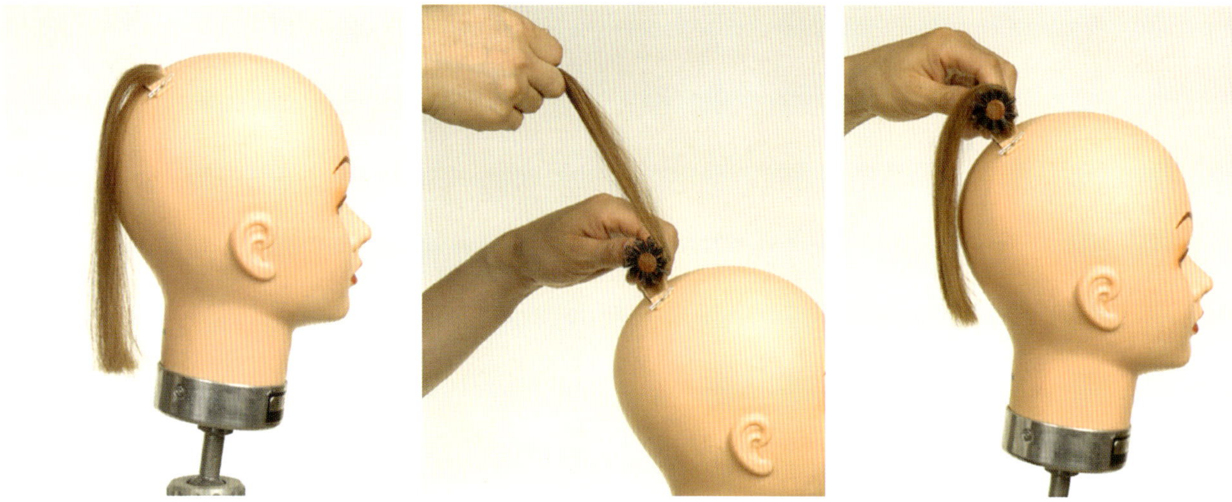

1. 각도를 90° 이상 들어 드라이 롤을 위치 시킨 후 드라이 롤을 돌려 모발을 감는다.

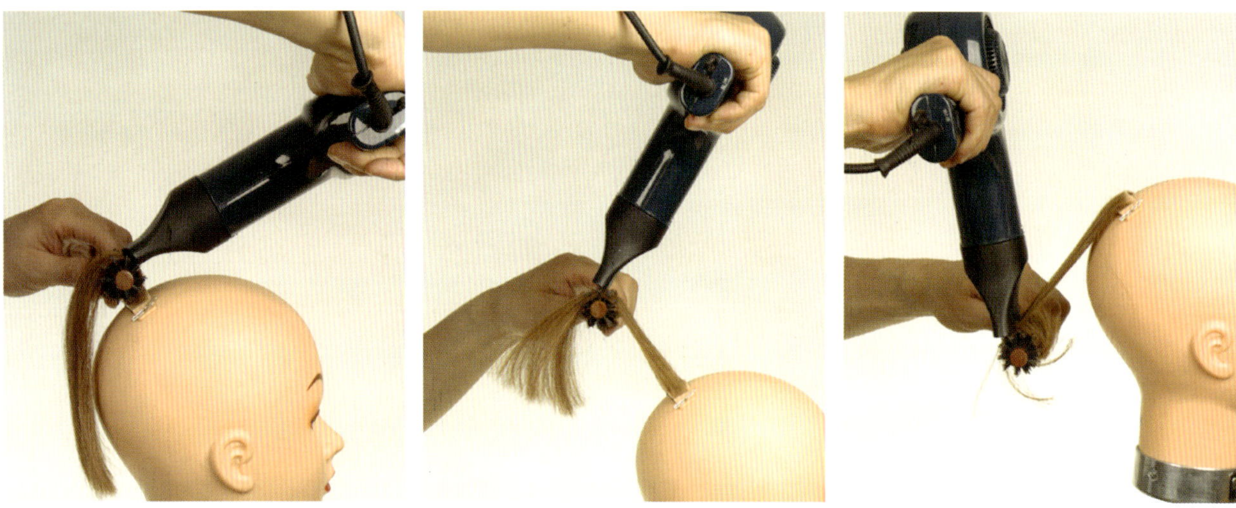

2. 강한 인컬을 한다.

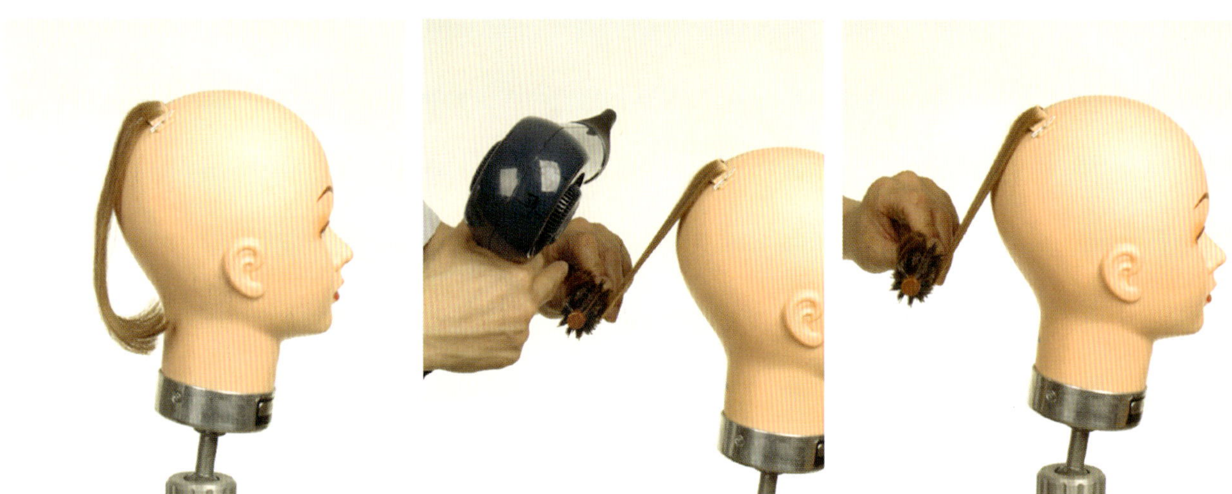

3. 인컬을 반대로 감아 드라이한다.

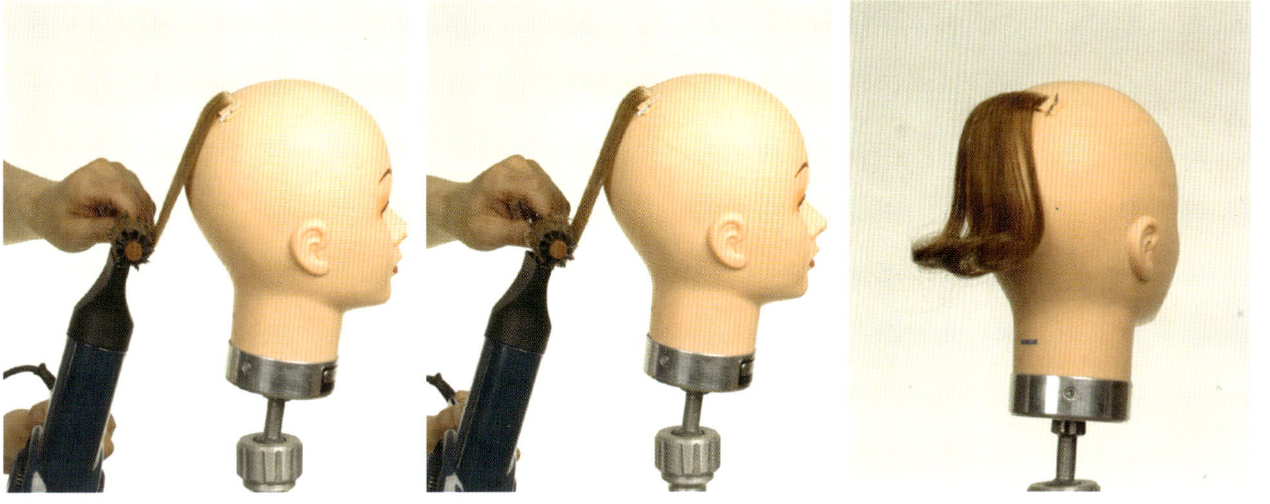

4. 조심스럽게 드라이 롤을 빼 완성한다.

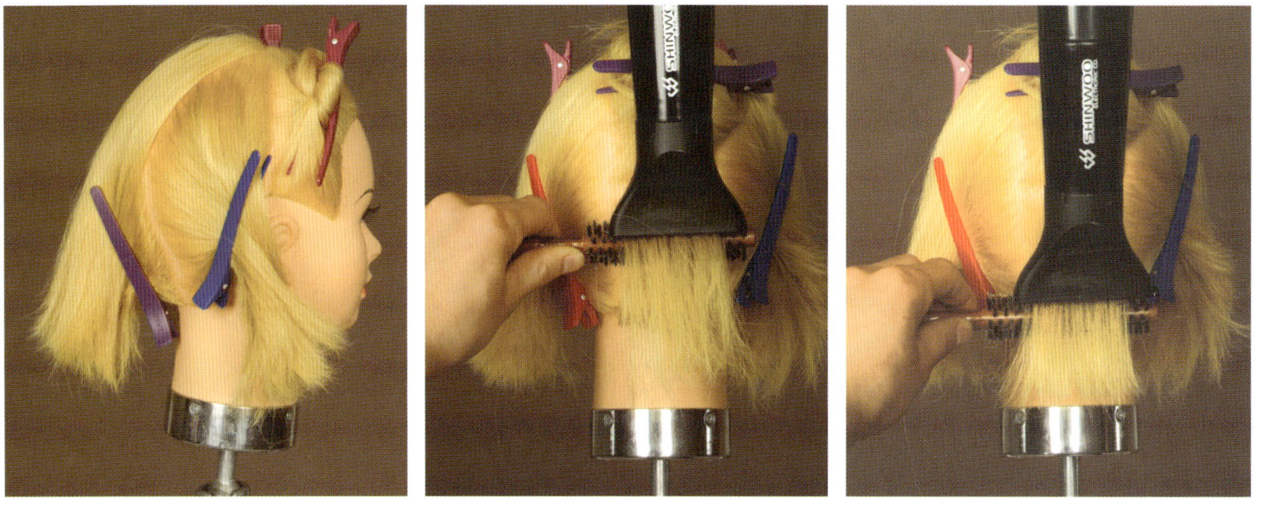

1. 브로킹은 5등분이며 네이프의 드라이를 위해 고개를 숙이고 섹션은 2cm가 적당하나 모질 및 모량을 고려하여 시술을 시작한다.

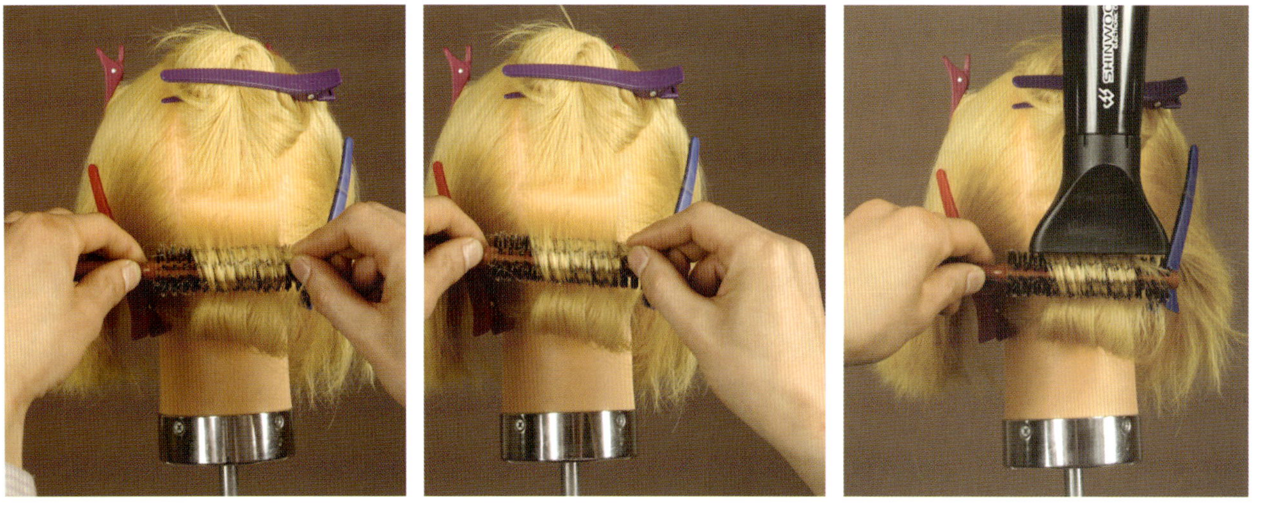

2. 모발의 방향을 잡아주기 위해 두피로부터 드라이를 시작하고 아웃컬이 나올 모발 끝 부분은 드라이어 열기만 가해 준다.

3. 모발의 끝 부분을 인커브로 와인딩 후 드라이어로 열을 가해 드라이 롤을 푼다.

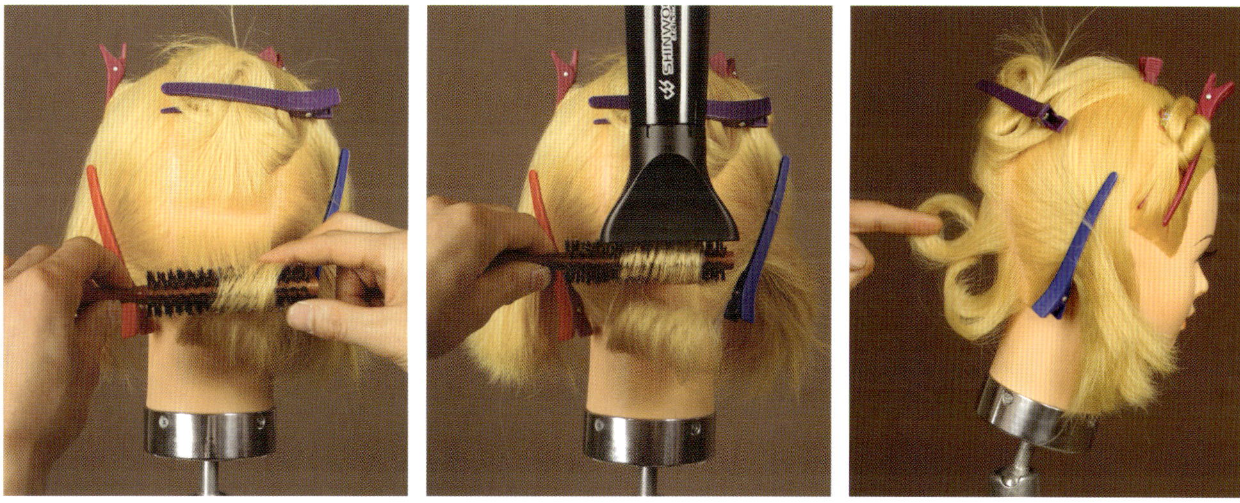

4. 다시 인커브로 드라이 된 모발을 아웃커브로 와인딩해서 위 · 아래 골고루 열을 가하고 충분히 식힌 후 드라이롤을 살며시 아웃커브로 회전시켜 빼낸다.

5. 볼륨을 주기 위해 새로운 모발에 드라이롤을 두피에 대고 시술동작이 전체적으로 큰 C자를 그리듯 드라이를 진행하며 두발 끝을 깨끗이 정리하여 인커브로 와인딩한다.

6. 인커브로 와인딩한 모발에 열을 가한 후 드라이롤을 빼서 모발 끝 부분이 꺽이지 않게 하여 아웃컬로 와인딩한다.

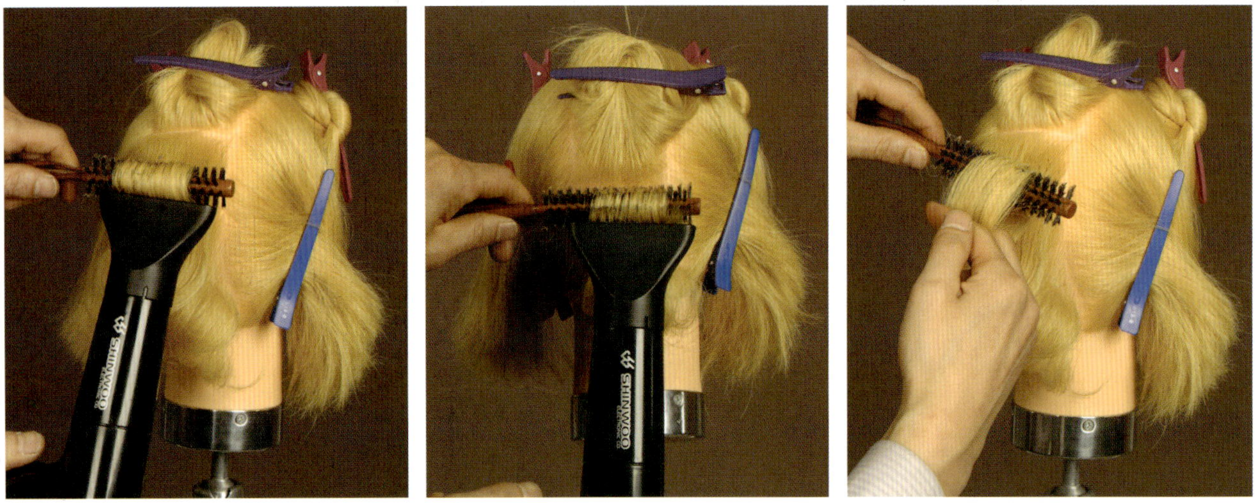

7. 아웃 컬로 와인딩한 모발에 열을 골고루 가하고 식힌 후 스타일이 흐트러지지 않게 손으로 모발을 고정하고 드라이롤을 바깥쪽으로 회전시키면서 빼낸다.

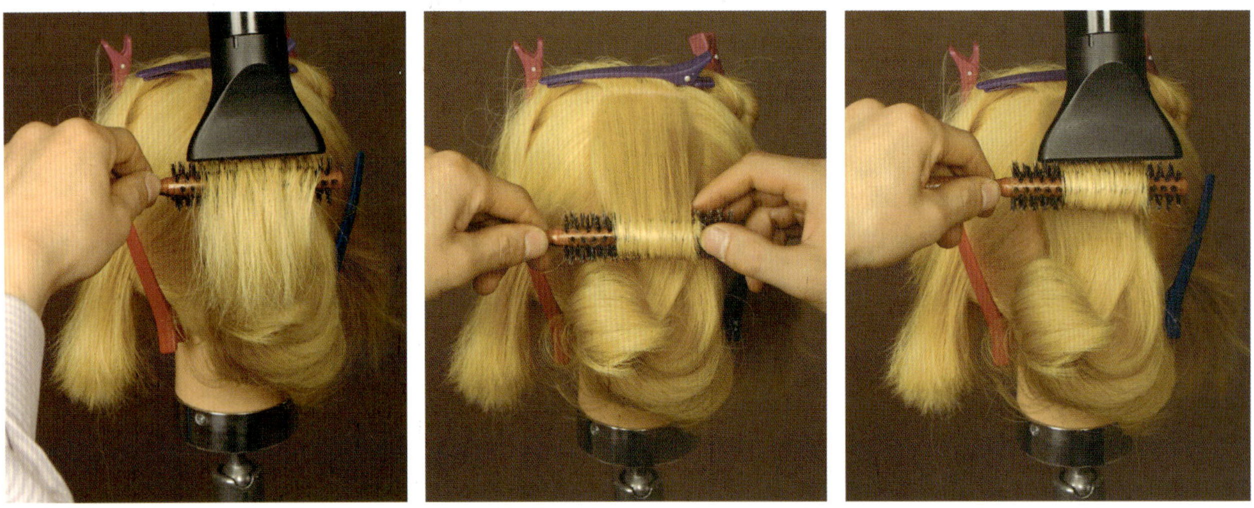

8. 모발의 드라이롤을 천천히 회전시키면서 드라이어로 열기를 주어 모발 끝 부분을 인커브로 와인딩하여 드라이한다.

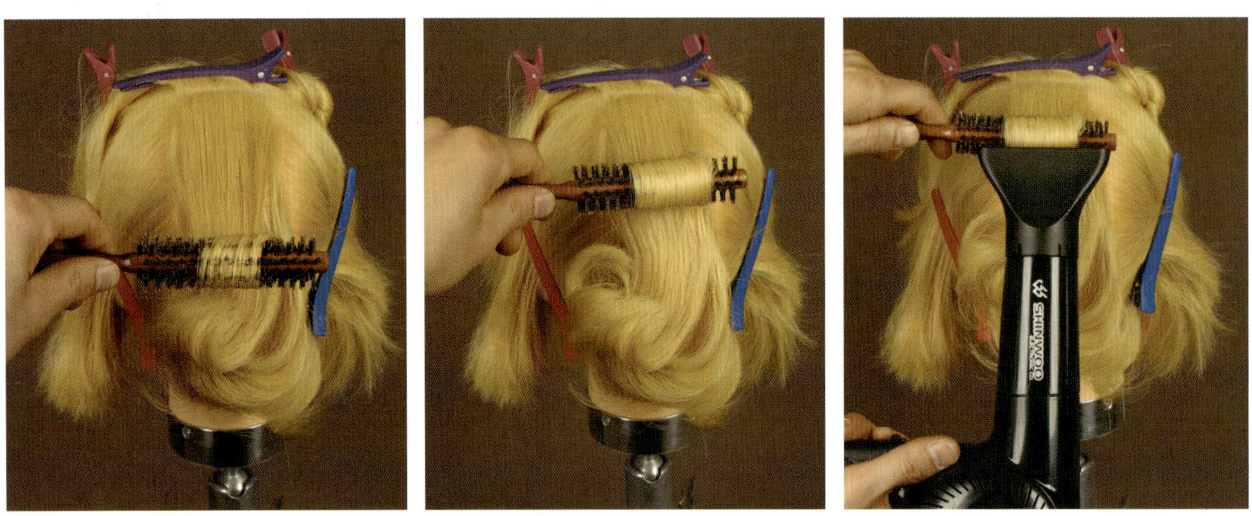

9. 와인딩시 모발을 너무 당겨 머리 뿌리의 볼륨이 없어지지 않게 하고 모발이 엉키지 않도록 하여 드라이어를 와인딩한 모발에 직접 갖다 대지 않도록 한다.

10. 목덜미에 뜨거운 열이 가해지지 않도록 주의하고 백 사이드 부위도 시술을 진행한다.

11. 섹션을 사선으로 나누고 롤도 같은 방향이 되도록 한다.

12. 사선으로 아웃커브 와인딩한 드라이롤은 백 센터 쪽으로 드라이롤을 회전시켜 뺀다.

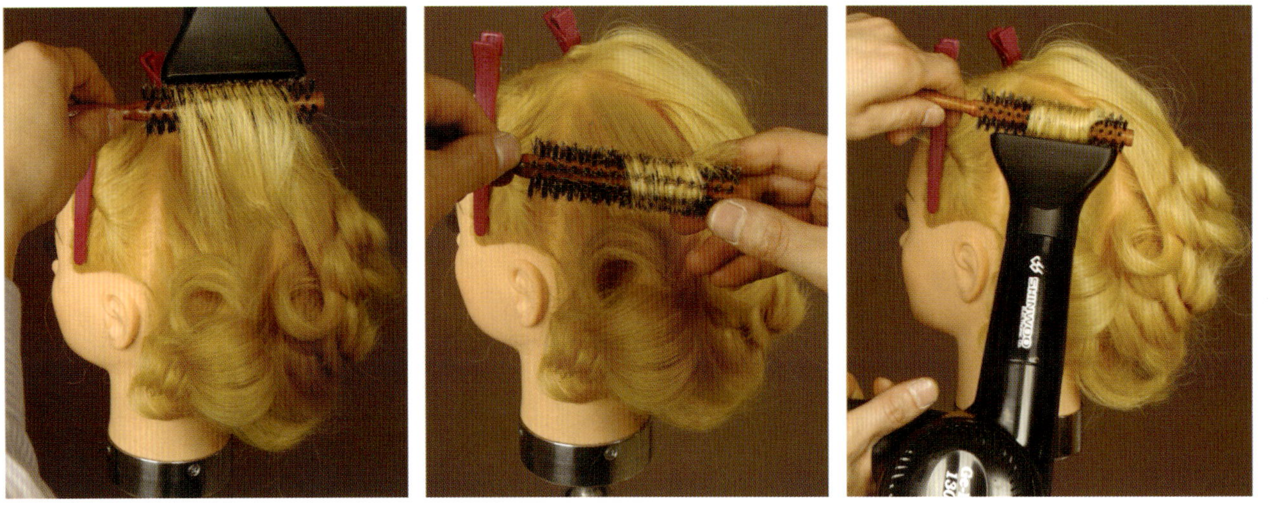

13. 모발을 차분하게 보이기 위해서 드라이어 송풍구를 모발 바깥쪽으로 향하게 하여 시술한다.

14. 사이드는 수평 섹션으로 인커브 와인딩하여 드라이어로 모발에 열을 골고루 가해 준다.

15. 다시 아웃커브로 와인딩하여 열을 골고루 가해준다.

16. 잘못된 모류의 방향을 두피 부위에서 드라이롤로 바로 잡아준다.

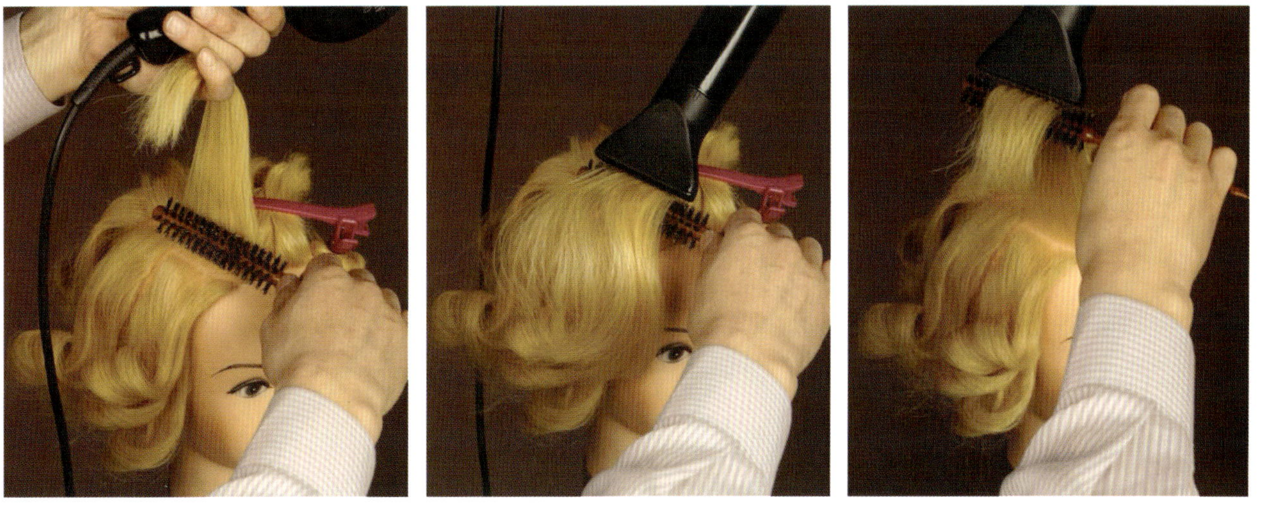

17. 모발의 각도를 들어 드라이롤이 두피에 닿도록 하여 드라이한다.

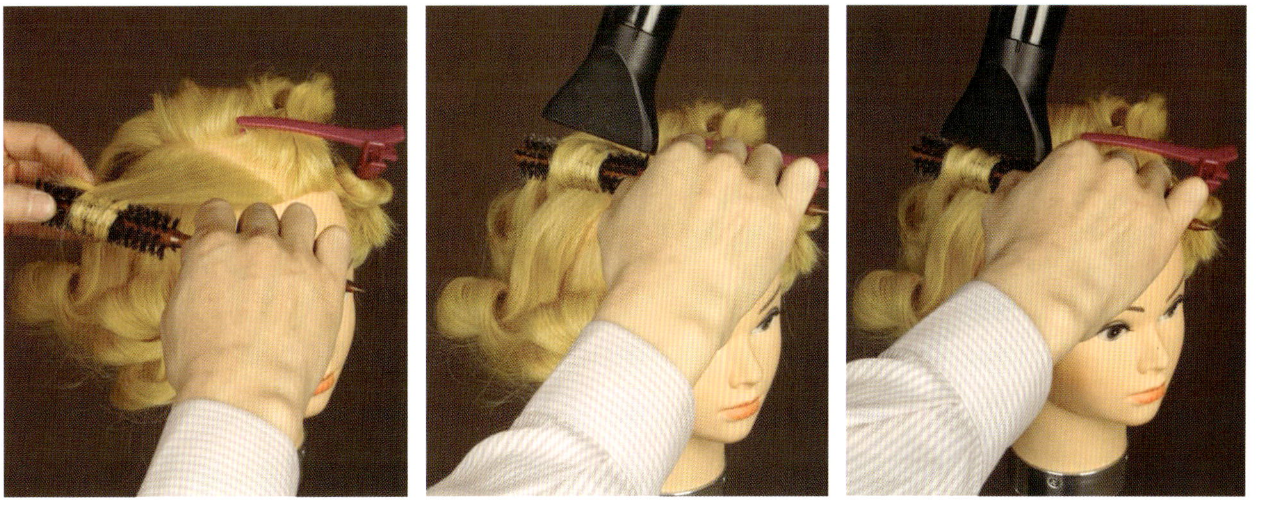

18. 모발을 정리하여 와인딩해서 열을 가한다.

19. 한 손으로 모발을 고정하고 인커브로 드라이한 컬을 아웃컬로 감는다.

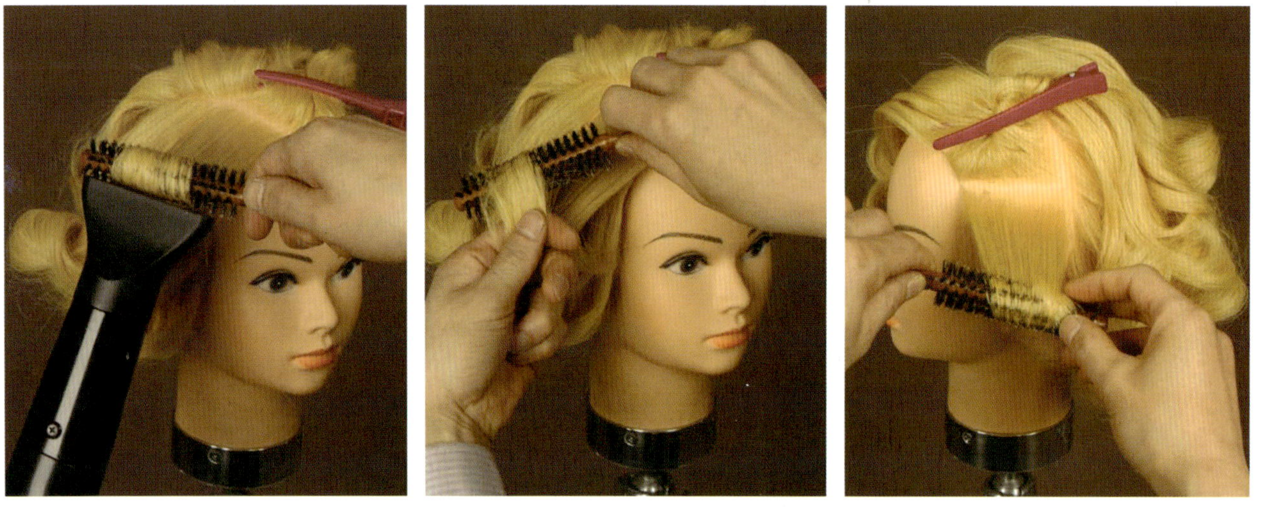

20. 다시 아웃커브로 드라이한 롤을 백 중심 쪽으로 빼낸다.

21. 반대편 사이드도 섹션을 수평으로 하여 모발을 사선으로 잡아 아웃커브로 드라이한다.

22. 아웃커브로 드라이 한 다음 웨이브가 고정될 수 있게 손으로 모양을 잡아준다.

23. 아웃커브로 웨이브된 모발을 자연스럽게 빗질한다.

4. 에스컬

S자의 물결모양으로 여성스러운 이미지를 한층 부각시킬 수 있는 헤어스타일이다.

시술 개요

- 모발의 하단에 S컬이 모아지므로 고객의 연령과 모발의 길이에 따라서 변화를 줄 수 있다.
- 웨이브 C컬이 릿지가 하나 S컬은 릿지가 두개가 형성된다.
- 모발의 길이가 어느 정도 긴 형태이어야 확실한 형태의 S컬 웨이브를 볼 수 있다.
- 브러시의 선택은 모발의 길이에 맞추어 세바퀴 회전 될 수 있는 것을 고른다.
- 두 바퀴 반 정도 감아서 드라이 한 후 풀어 줘도 S컬은 형성되지만 모발의 길이가 일정하지 않다거나, 모선 끝이 지나치게 가볍게 컷트 된 경우 컬의 형성이 균일하지 않을 수 있다.
- 섹션은 가능한 작게, 그리고 일정한 사이즈로 조절하여 웨이브의 크기가 균일하도록 한다.
- 모근 부분은 자연스러운 스트레이트 형태로 하여주고, 모선 끝 부분에는 지나친 열 가열을 삼가한다.
- 모선 끝 부분부터 브러시에 와인딩한다.
- 될 수 있는 한 잔머리가 빠지지 않도록 주의한다.
- 와인딩한 스트랜드의 균일한 텐션을 유지한다.
- 열을 가한 후 쿨링 타임을 갖고, 한 바퀴 풀어, 살짝 밀어 올려 릿지를 확인한다.
- 이 상태에서 드라이기를 이용하여 다시 열과, 식힘을 되풀이하거나, 충분이 뜸을 들이며 브러시 아웃 하여야 컬이 안으로 말려 들어가지 않는다.
- 또 한 바퀴 풀어 릿지를 확인한다.
- 모선 끝 부분을 브러시 아웃할 때 머리 끝이 아랫 쪽을 향하도록 천천히 빼 준다.
- 모발 끝의 방향을 브러시 아웃의 단계가 결정하므로 항상 신경 쓰도록 한다.
- 모발 하단의 웨이브 볼륨 정도에 따라 두정부 부위의 볼륨 유무를 결정한다.
- 패널이 상단으로 진행 될수록 모발 층의 변화에 따라 웨이브를 조절한다.
- 모량이 모선 끝으로 갈수록 감소하는 형태의 헤어 스타일이라면, 열 조절에 신경을 써 윗 부분의 웨이브와 아랫부분의 웨이브의 강약이 크게 다르지 않도록 한다.

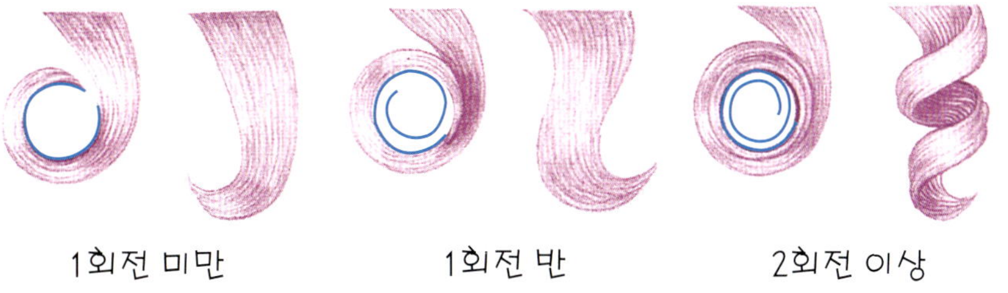

회전수에 따른 컬 형성

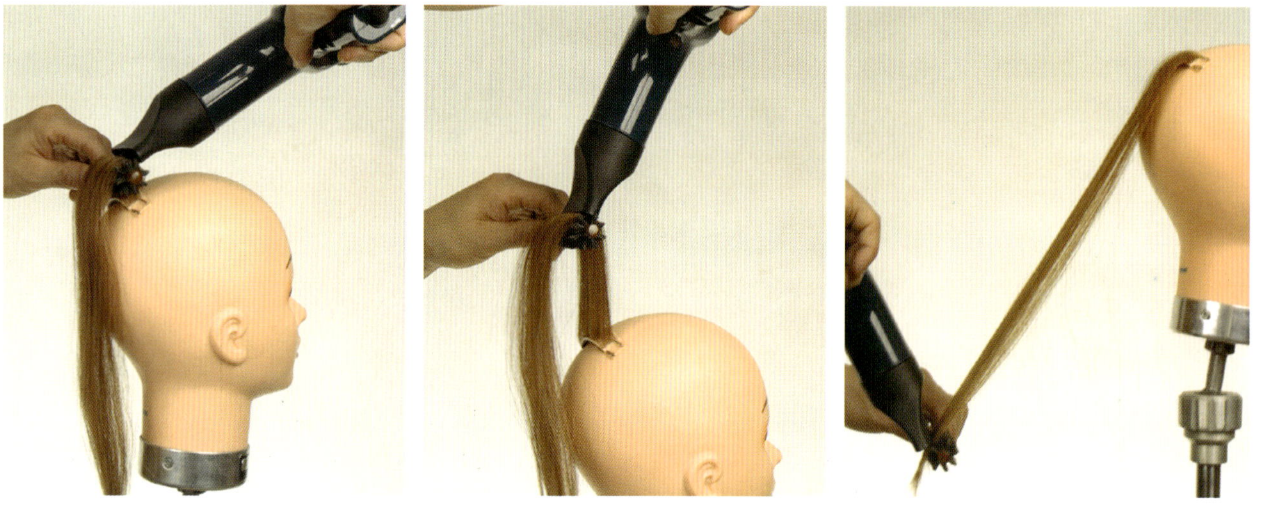

1. 볼륨을 주고 모발 끝까지 약하게 스트레이트로 펴준다.

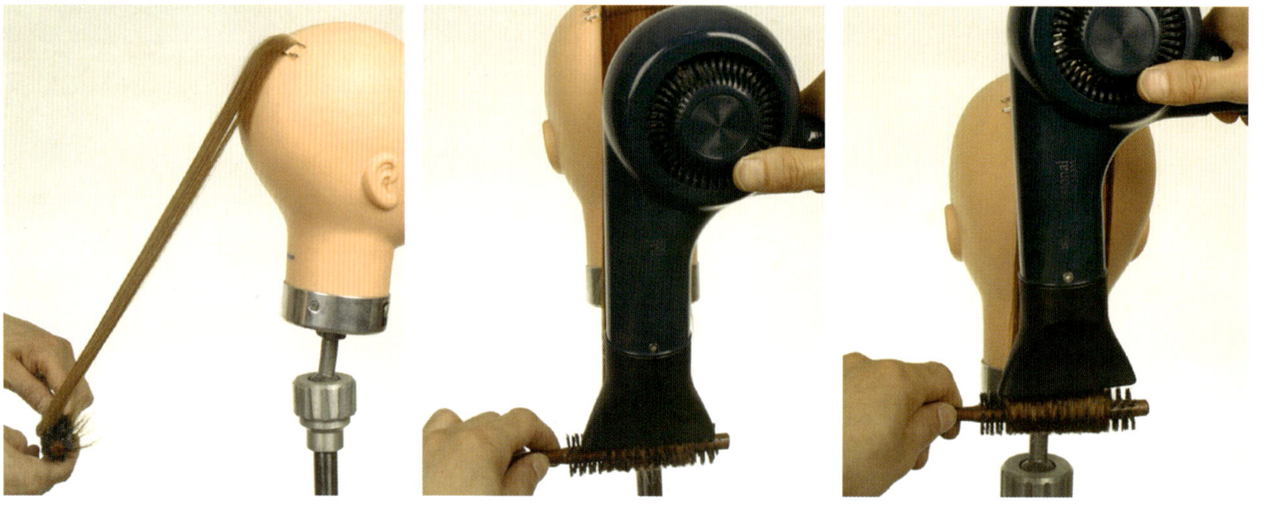

2. 모발 끝에서 부터 감아 올라가면서 드라이 열을 준다.

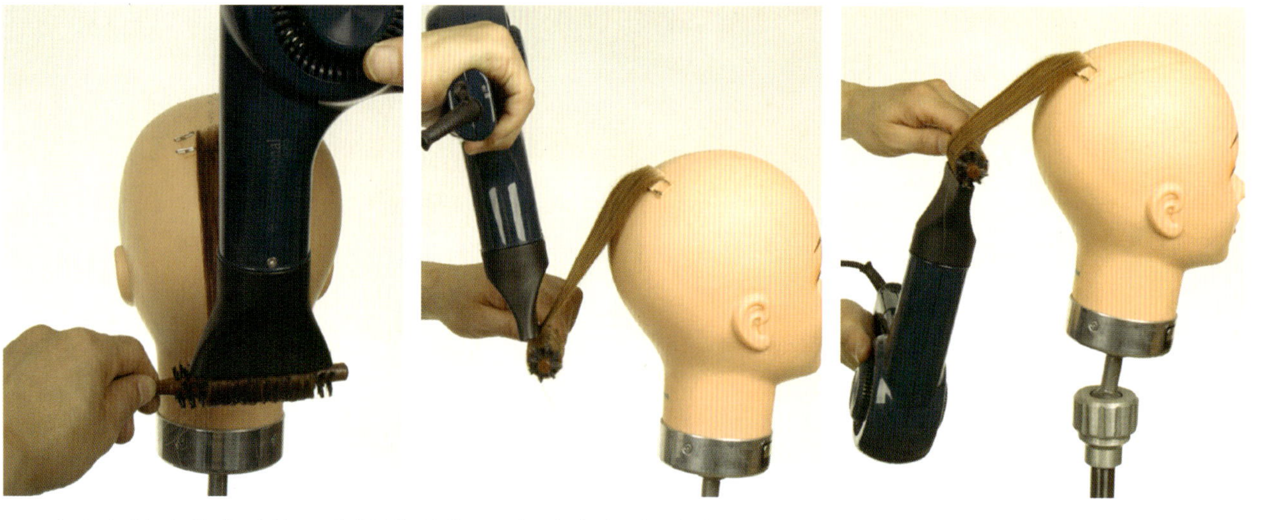

3. 디자인 위치에서 멈추고 충분한 열을 주기 위하여 위 아래 모두 열을 가한다.

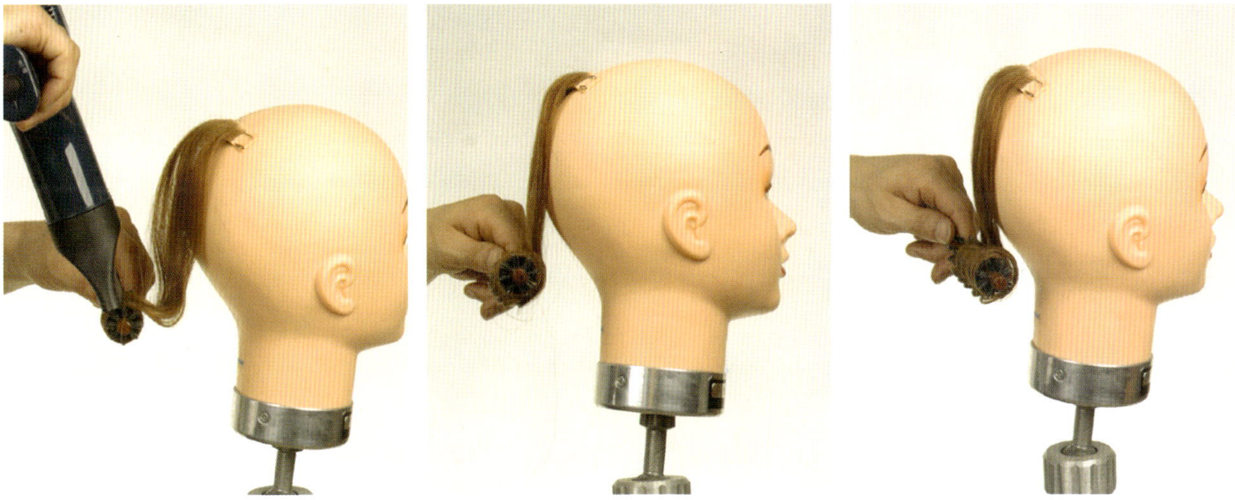

4. 드라이 롤을 반대로 풀면서 드라이 롤 밑으로 뒤집어 감는다.

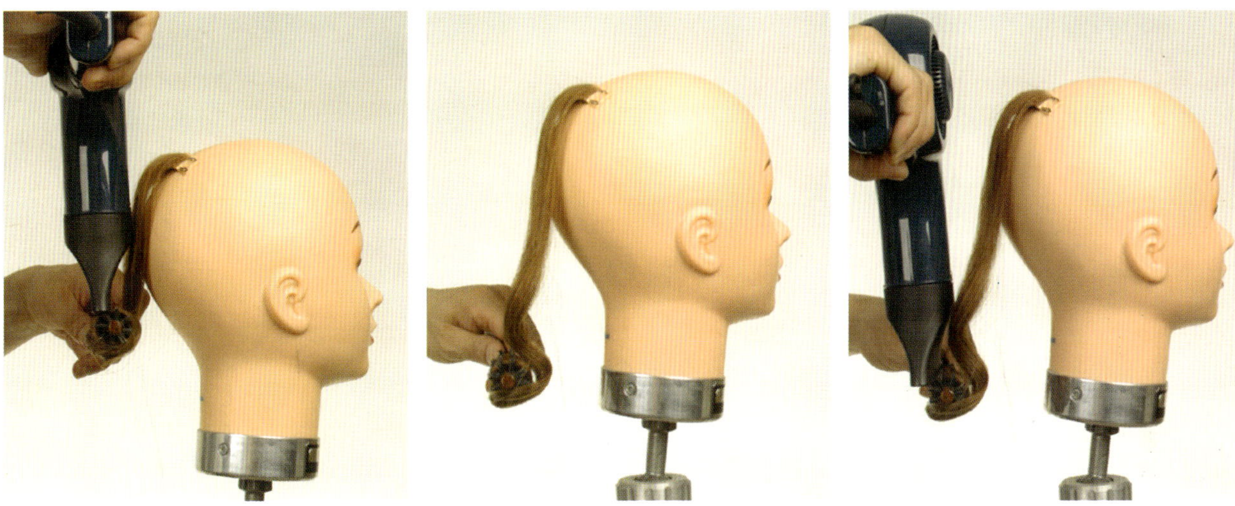

5. 드라이기를 드라이 롤에 대주면서 서서히 풀면서 드라이 롤 밑으로 뒤집어 감는다.

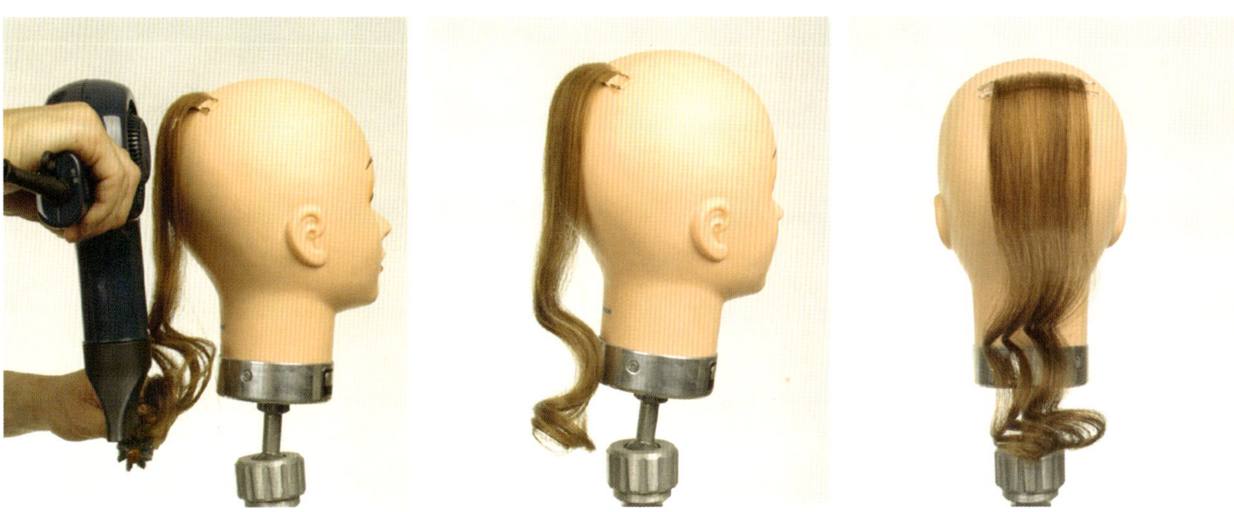

6. 조심스럽게 드라이 롤을 빼 완성한다.

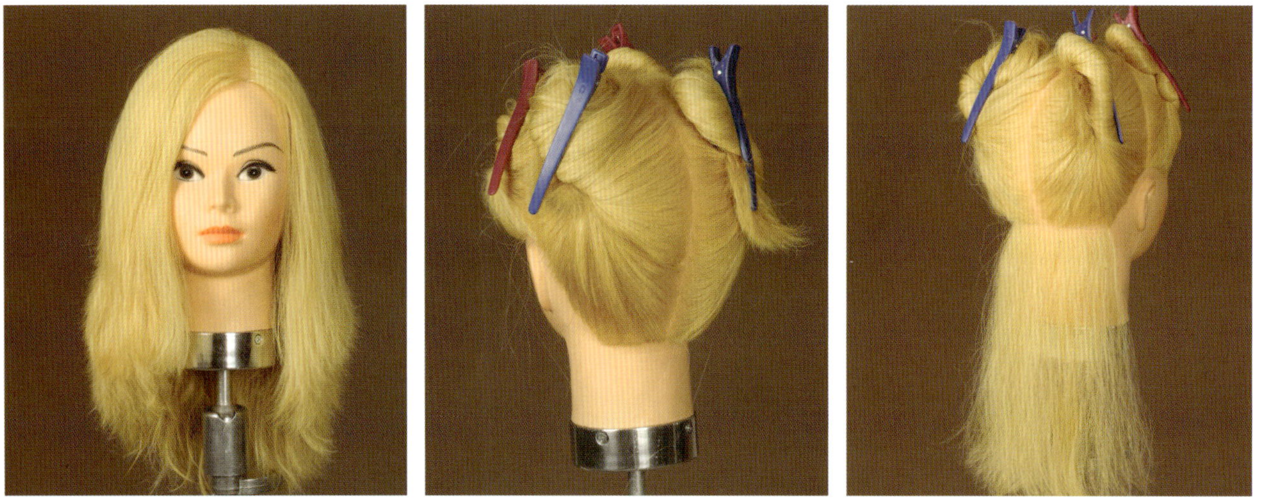

1. 브로킹을 4등분하여 네이프 부분부터 개인의 모질 및 모량을 고려하여 섹션을 나눈다.

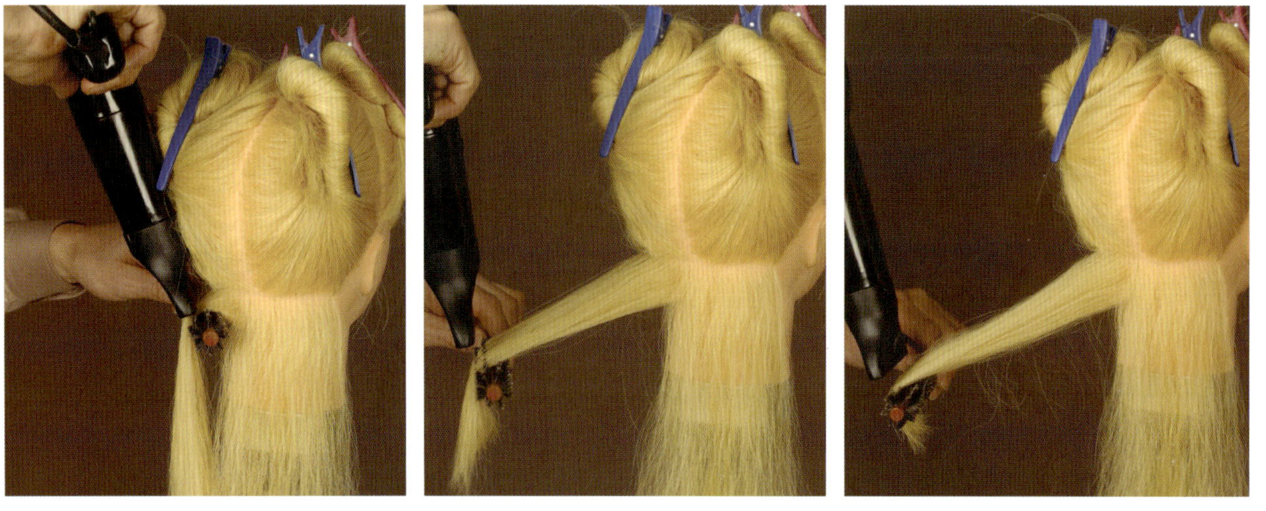

2. 두피에 드라이 롤을 대어 모발 끝까지 약한 열로 스트레이트한다.

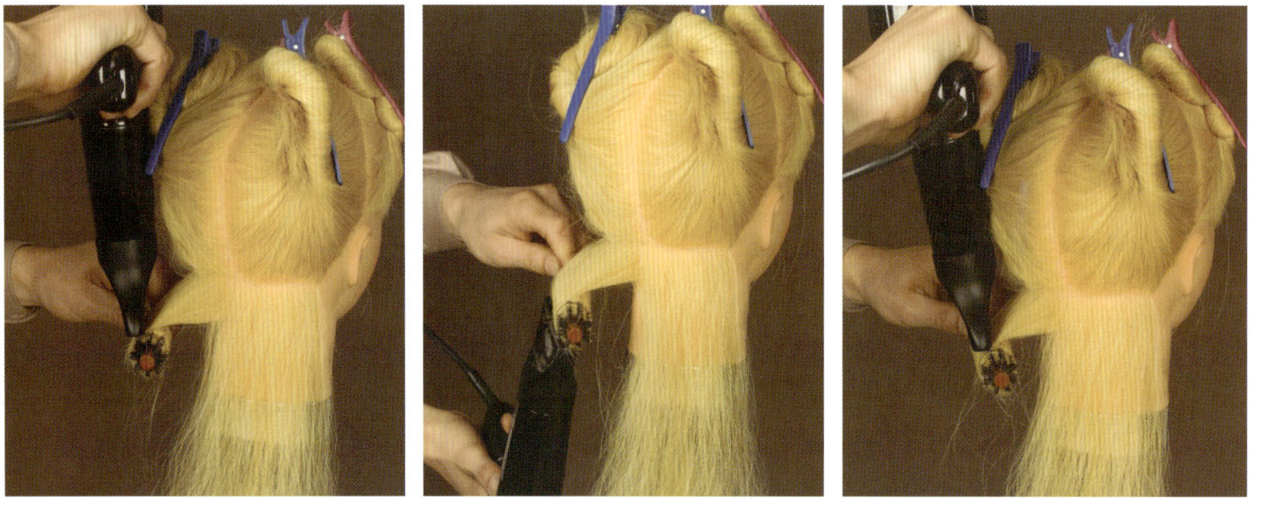

3. 인컬로 와인딩한 드라이롤에 위 · 아래 골고루 열을 가한다.

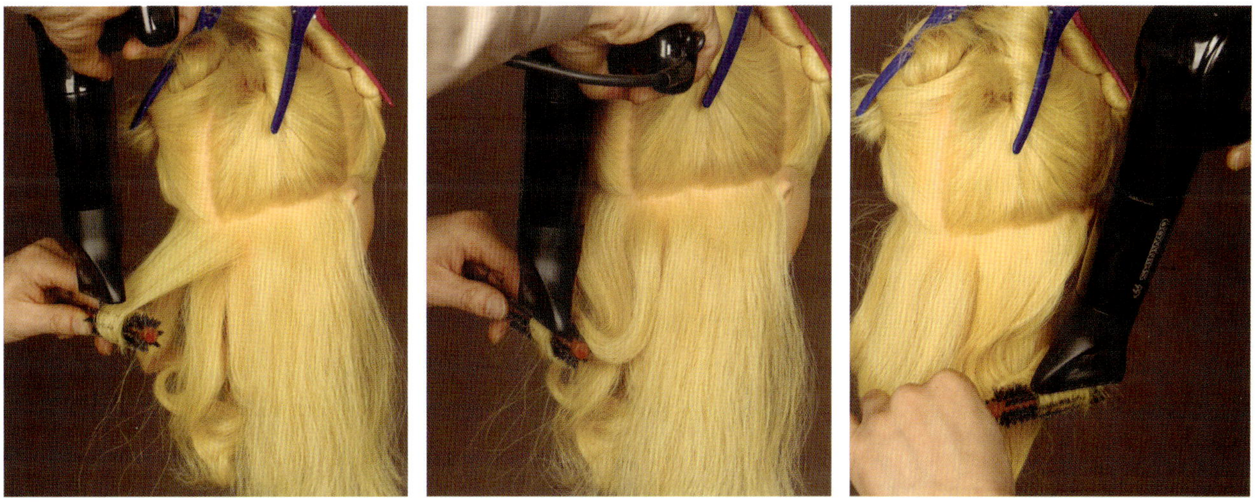

4. 와인딩 된 드라이롤을 풀어가면서 웨이브를 만든다.

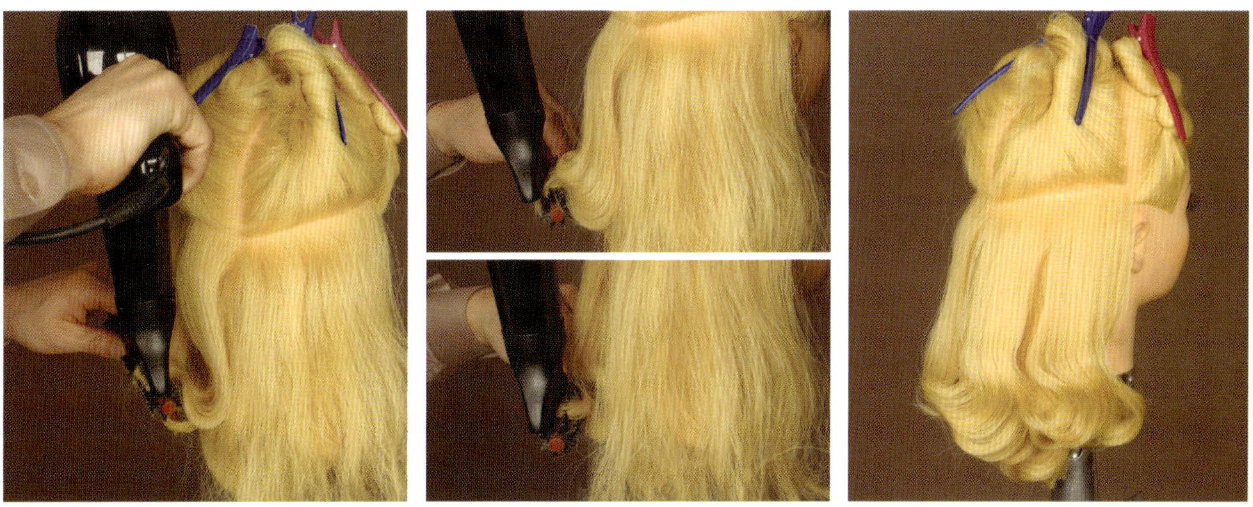

5. 드라이 롤을 한 바퀴씩 풀어가면서 롤을 두피 쪽으로 살짝 밀어 웨이브를 형성한다.

6. 강한 웨이브를 원한다면 드라이 롤을 반대로 뒤집어 모발을 꺾어준다.

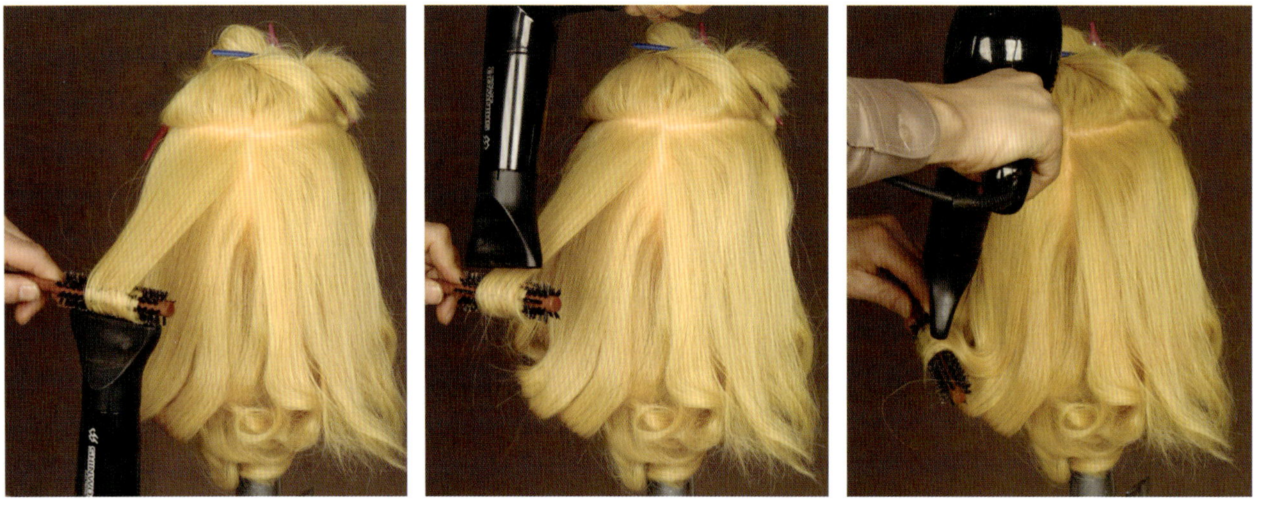

7. 인커브로 와인딩하고 풀면서 롤을 두피 쪽으로 밀어 C컬이 나오는 지점마다 모발을 구부려 열을 다시 가한다.

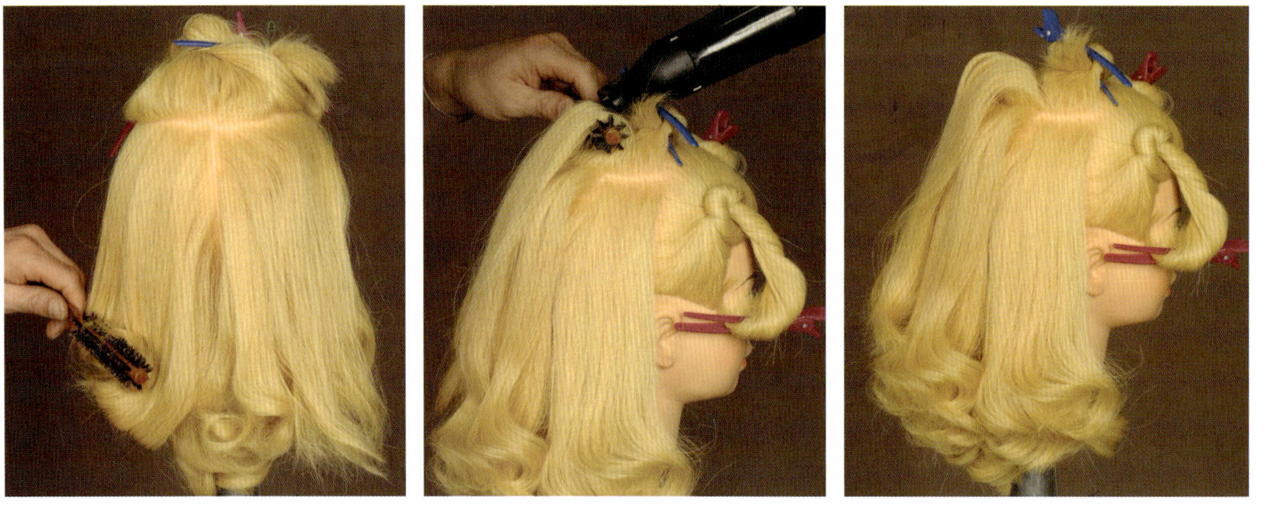

8. 모발의 각도를 올려 드라이롤을 두피에 위치시켜 볼륨을 살린다.

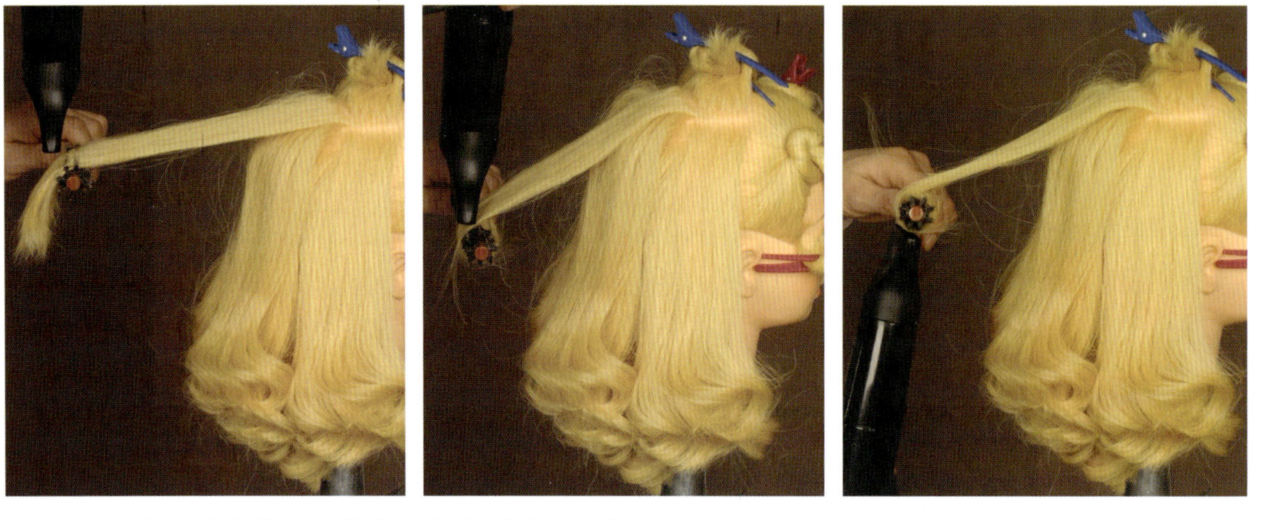

9. 모발 끝까지 약하게 스트레이트 한 후 와인딩한다.

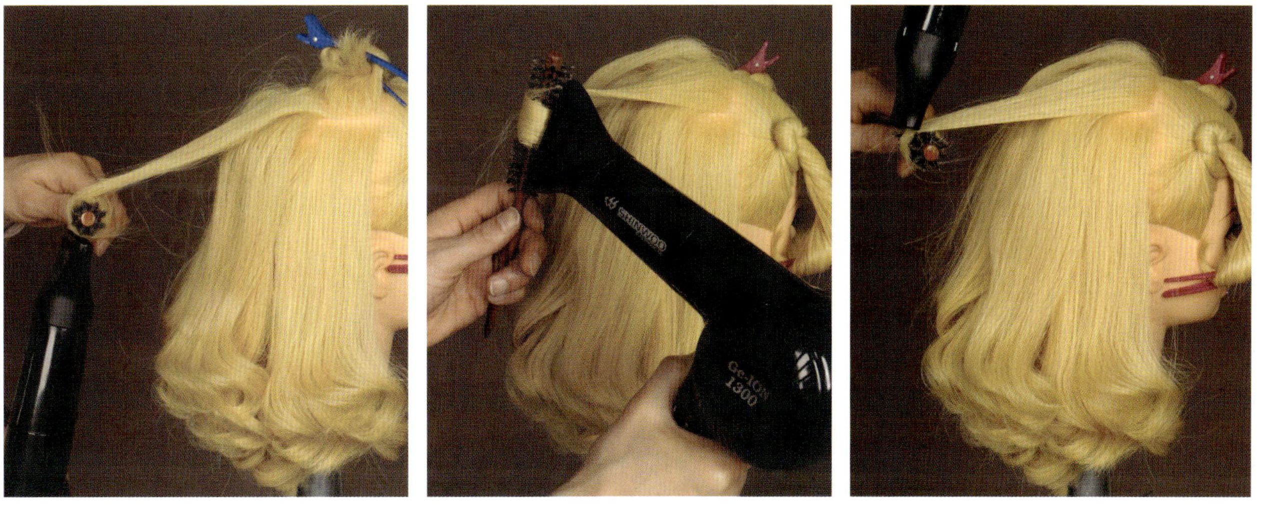

10. 모발의 끝에서 열을 주어 와인딩한다. 와인딩 된 모발을 풀면서 열을 가하는 동작을 몇 번 반복하여 드라이한다.

11. 사이드도 사선으로 섹션을 떠 모발 끝까지 열을 골고루 가하여 인커브 와인딩한다.

12. 인커브 와인딩된 롤을 얼굴 쪽으로 당겨 사선으로 세워서 열을 가한다.

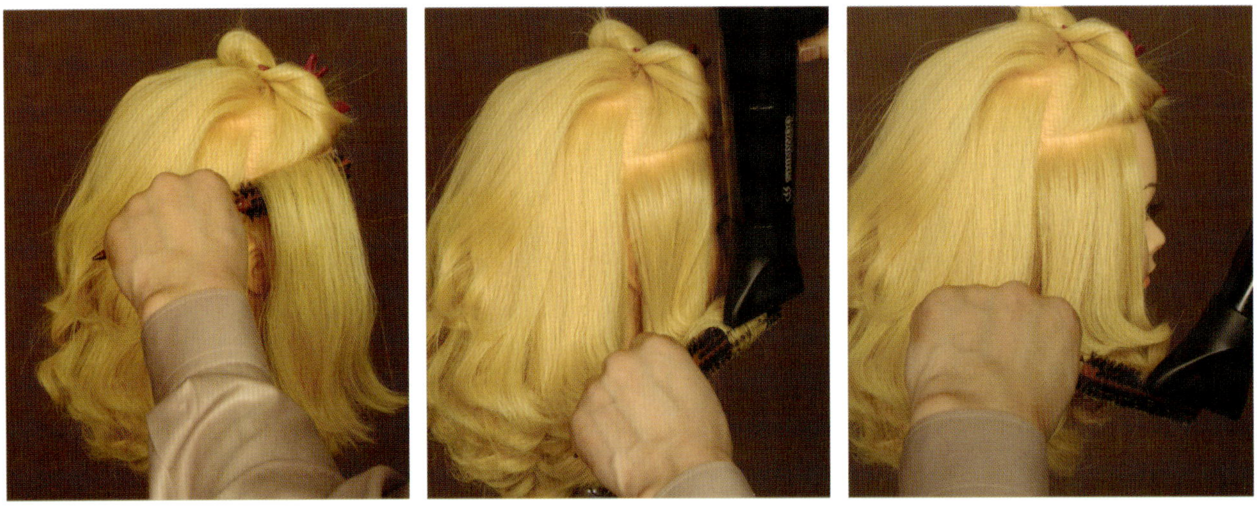

13. 컬은 턱 선에서 시작하여 모발을 당기지 않고 만들며 롤을 풀면서 옆으로 빼낸다.

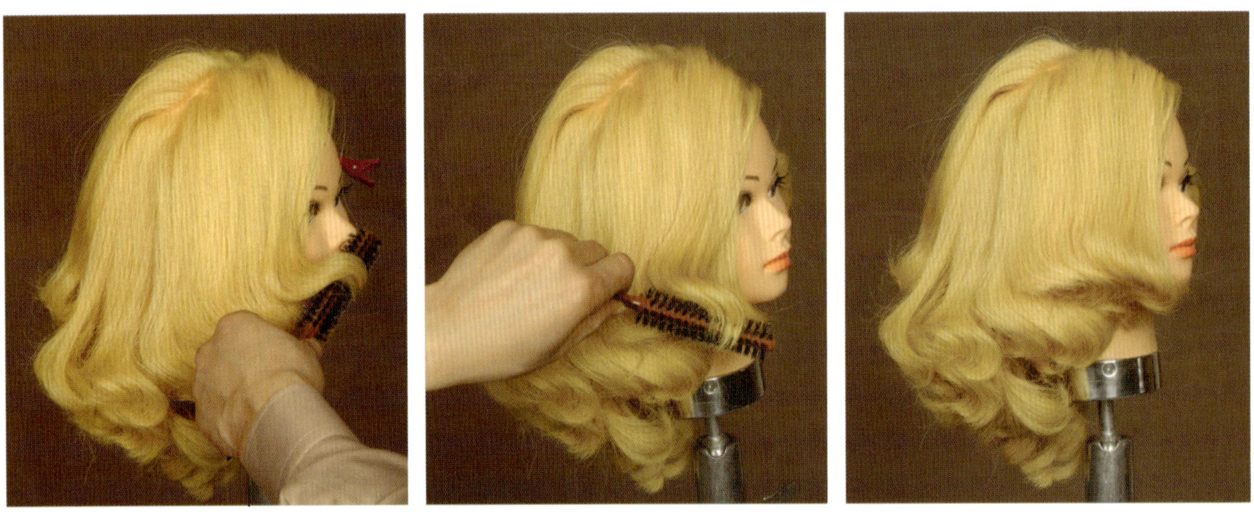

14. 사이드 윗쪽 부분은 사선 섹션을 하며 S컬은 얼굴 쪽으로 하고 모발 끝은 뒷쪽을 향하게 한다.

15. 반대편 사이드의 모발도 텐션을 주어 인커브 와인딩 드라이하고 너무 당기지 않는다.

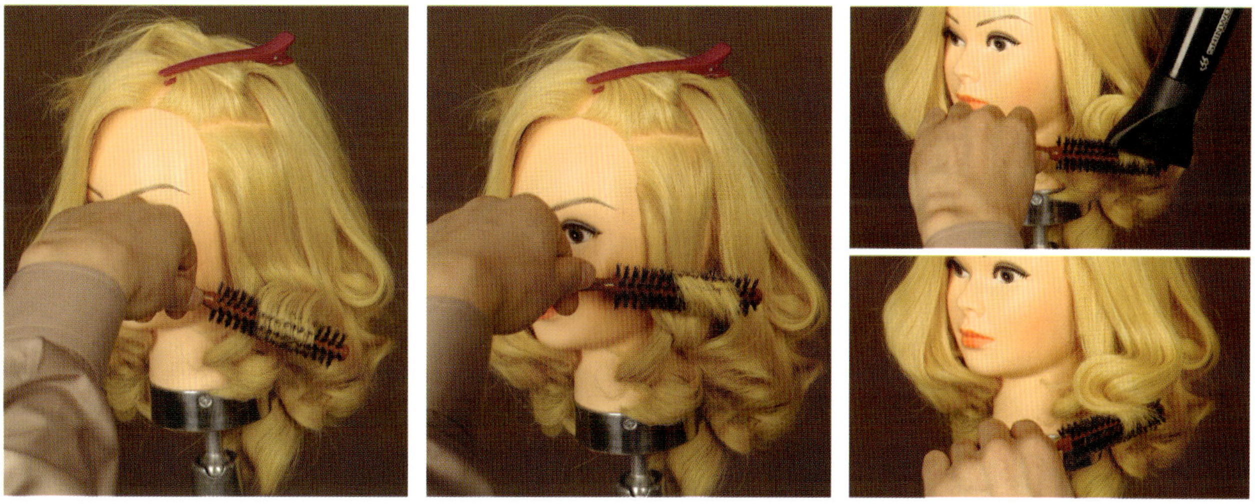

16. 컬마다 열을 주고 식히는 동작을 반복하면서 컬을 만든다.

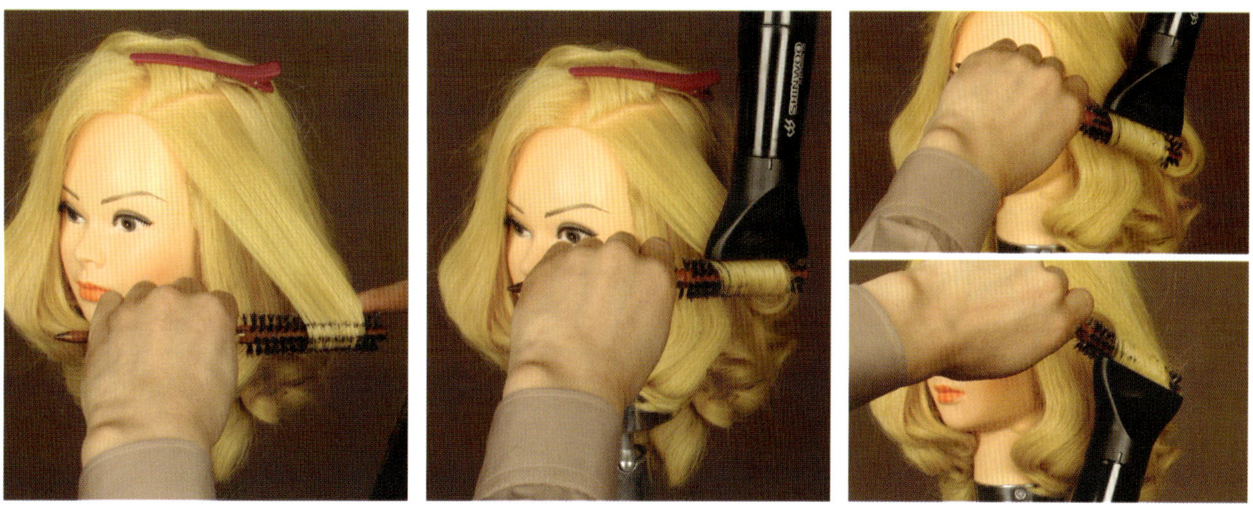

17. 모발 끝을 잘 감은 후 위 아래로 드라이 롤에 송풍구를 댄다.

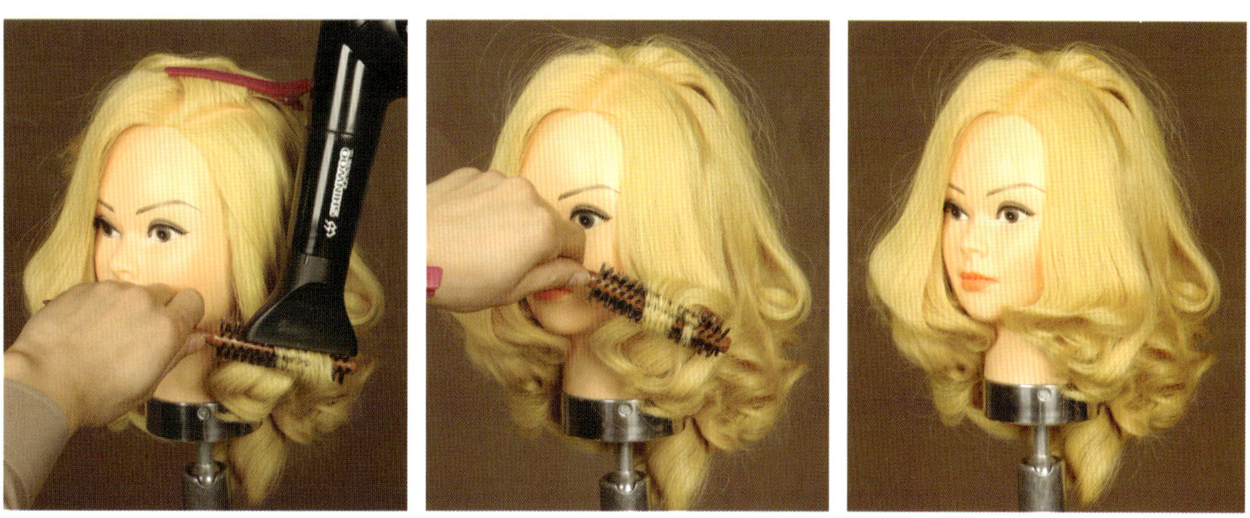

18. 서서히 풀어 컬을 만든다.

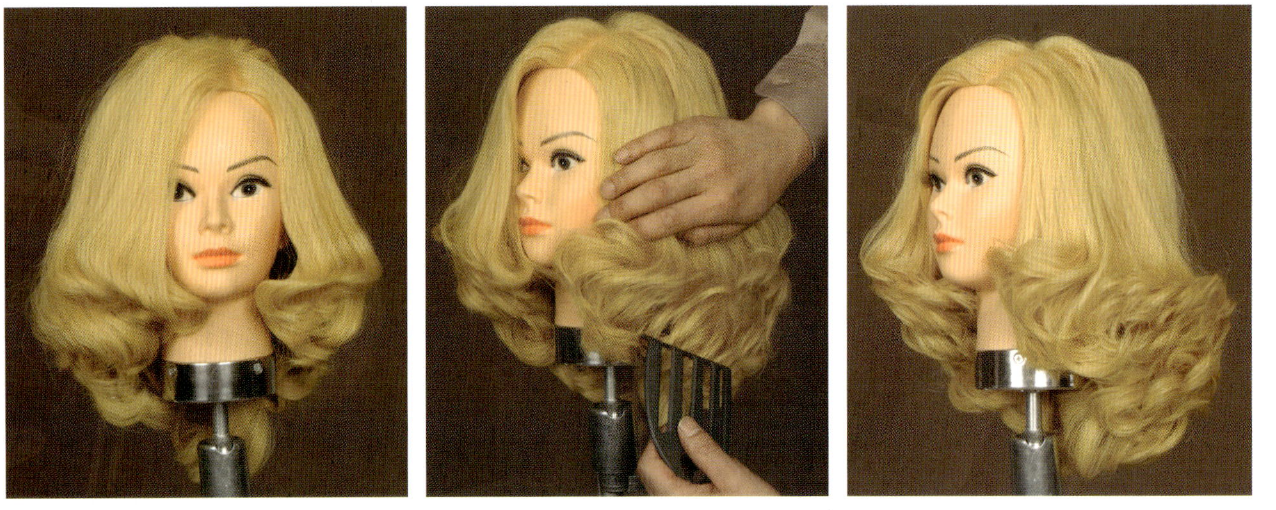

19. 빗살이 넓은 빗으로 코밍하여 스타일을 만든다.

5. 버티컬 웨이브

컬이 나사와 같은 형태를 이루고 있어 큐트한 이미지를 표현할 수 있고, 리세트 방법에 따라 다양한 분위기로 연출이 가능하다.

시술 개요

- 버티컬 지라시 혹은 다데 지라시라고도 하며, 세로 방향의 웨이브로서 릿지도 수직의 형태를 나타낸다.
- 여성스런 이미지를 연출하고, 이브닝에 적합한 스타일이다.
- 텐션이 균일하게 이루어져야 한다.
- 섹션은 내고자 하는 웨이브와 같은 형태로 한다(버티컬 섹션).
- 따라서 가로의 폭보다는 세로의 폭을 더 크게 한다.
- 여러 개의 브러시를 준비해서 쿨링 타임 동안에 다음 섹션으로 넘어가도록 하여 빠른 작업이 이루어지도록 한다.
- 전체의 웨이브 형태를 흐트러지지 않도록 하여 리세트 하는 방법은 여성스런 이미지를 강조한다.
- 손가락을 이용하여 웨이브를 자연스럽게 흐트러뜨려 부드러운 이미지를 연출할 수 있다.

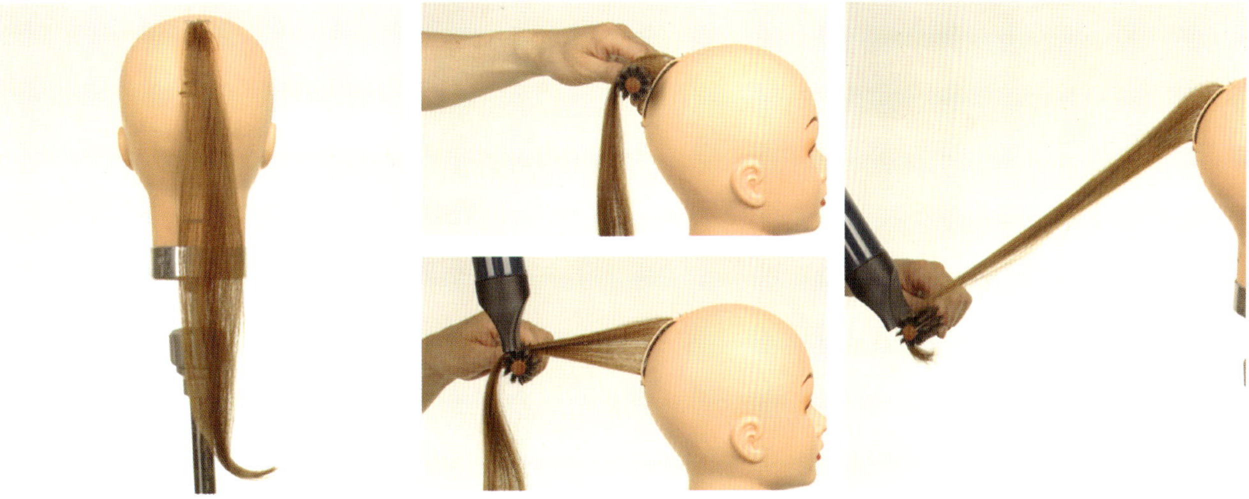

1. 버티컬 섹션의 스트랜드를 약간만 스트레이트 드라이한다.

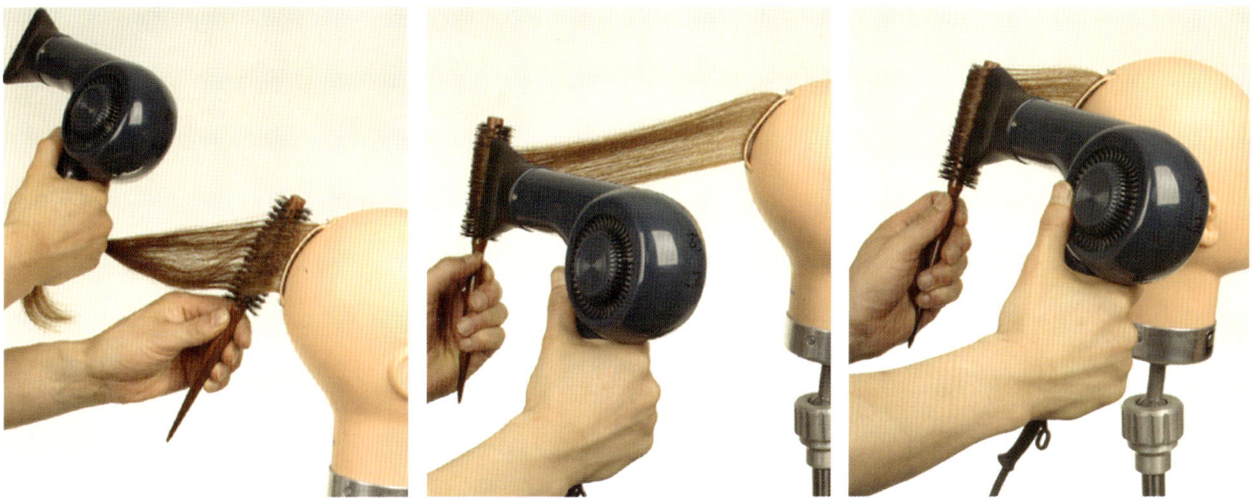

2. 빗질 후 모발 끝에서 와인딩 하면서 드라이한다.

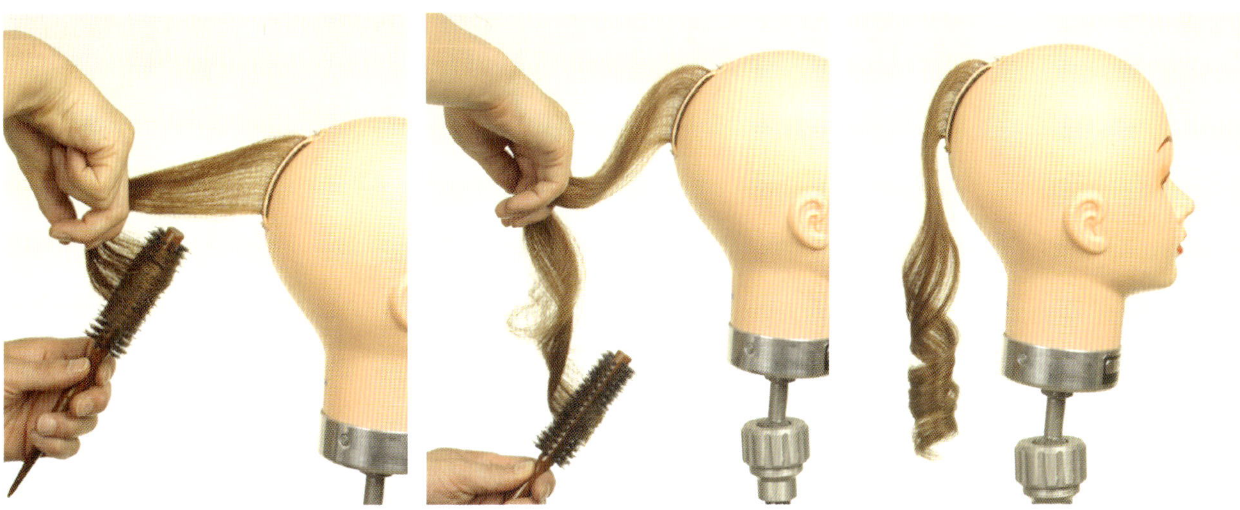

3. 손가락으로 잡고 드라이 롤을 돌려가며 풀어 헤어스타일을 완성한다.

1. 핀셋이나 사용하는 브러시의 몸체 부분을 이용하여 섹션을 나눠준다. 웨이브가 버티컬의 형태이므로 섹션을 나눌 때도 이것을 염두에 두어야 한다. 웨이브를 형성하지 않을 부분은 스트레이트로 펴 준다.

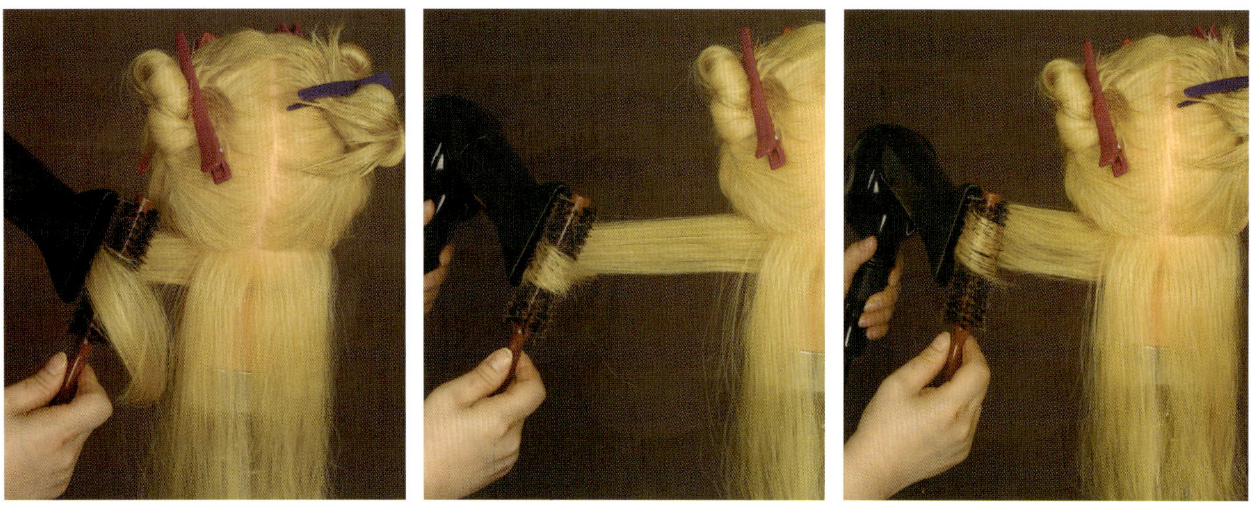

2. 섹션을 더 작게 나눈 후, 모선 윗 부분에서부터 자연스럽게 드라이하면서 내려와 모선 끝부분부터 브러시에 와인딩 해 나간다.

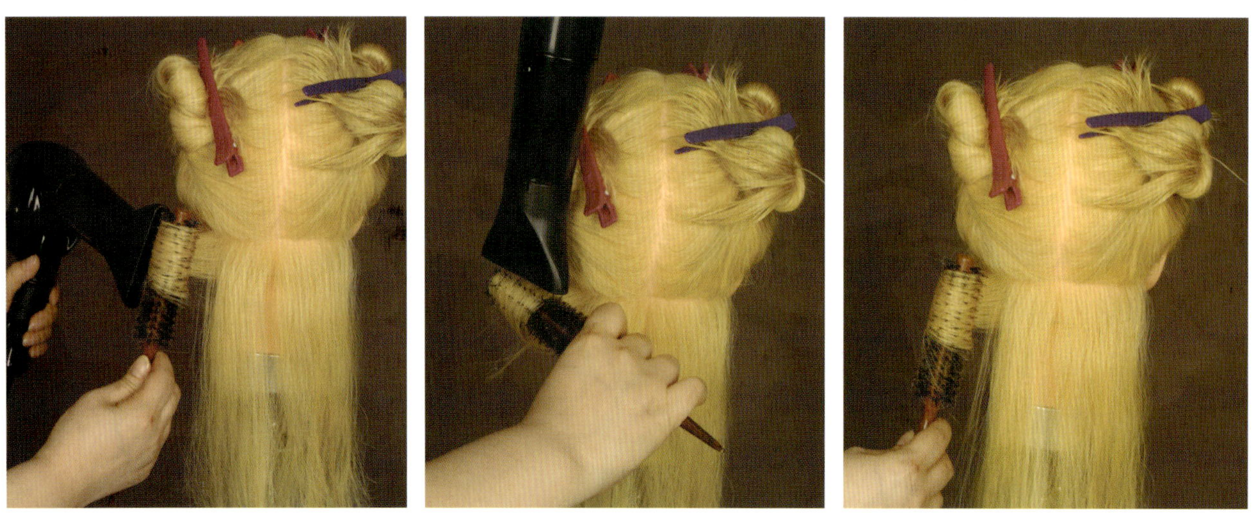

3. 와인딩 된 모발에 골고루 열을 가한 후 충분히 열을 식혀 준다.

4. 모선 윗 부분을 손으로 잡고 브러시를 회전해 가면서 풀어준다.

5. 같은 방법으로 브러시에 모발을 와인딩하는데, 이때 텐션이 균일하게 유지되어야 하며, 와인딩시에 모발이 브러시의 한 위치에 감기도록 해야 웨이브가 균일하고 탄력있게 나온다.

6. 한 블록이 다 끝나면, 윗 부분의 판넬을 내려, 위와 같은 방법으로 와인딩한 후 브러쉬 양쪽 모두 열을 가해준다.

7. 쿨링 타임을 충분히 준 후에 모선 윗 부분을 손으로 잡고 브러시를 회전시켜서 풀어주고 완성한다.

8. 탑 부분의 머리는 특히 주의해서 각도를 유지하면서 작업한다.

9. 텐션을 균일하게 하여 브러시에 모발을 와인딩한다.

10. 와인딩 된 모발에 열을 고루 가한 후 충분히 식힌 다음 브러시를 회전시켜 풀어준다.

11. 각도를 유지해서 브러시에 모발을 와인딩한다.

12. 드라이의 열과 식힘을 되풀이하여 완성한다.

13. 뒷 부분의 작업을 끝낸 후 사이드 부분 시술에 들어간다.

14. 균일한 텐션과 빗살에 모발이 가지런하게 안착된 상태에서 와인딩한다.

15. 와인딩 된 모발에 열과 식힘을 되풀이하여 완성한다.

16. 탑 부분의 모발을 스트레이트 작업할 때는 각도를 충분히 주어 모근부분이 깨끗하게 처리되도록 하고, 웨이브를 낼 때는 각도를 낮추어 와인딩한다.

17. 한 쪽 사이드 부분이 끝나면 반대쪽 시술에 들어간다. 파팅을 나눌때도 전체 머리의 커트 형태를 고려하여 선을 나눈다.

18. 전체 모발을 한 방향으로만 드라이 하였는데, 포워드나 리버스 스타일로 드라이 하여 다른 분위기를 연출할 수도 있다.

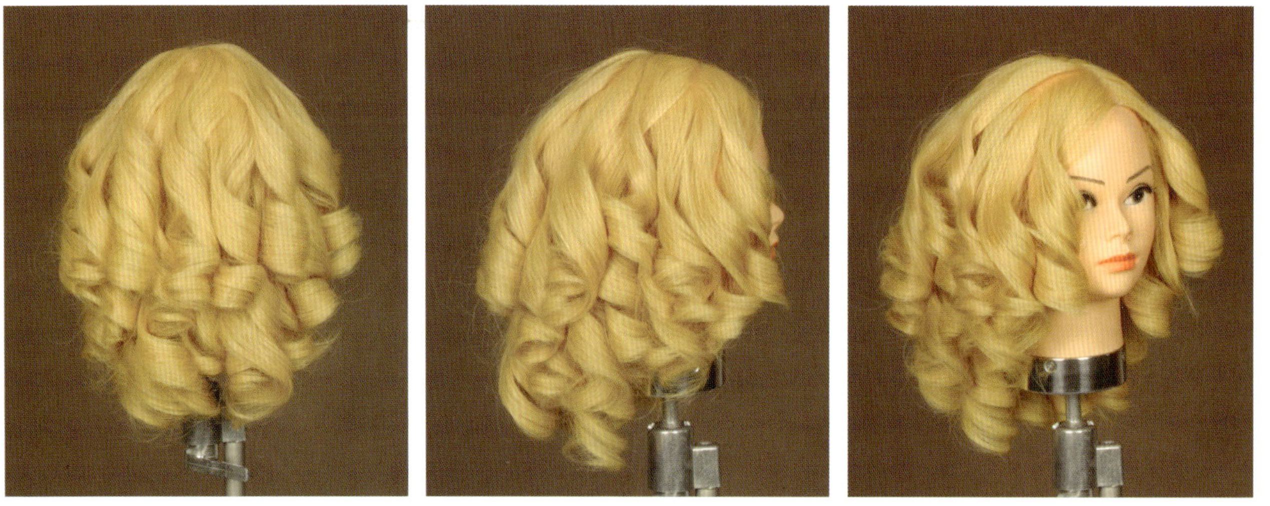

19. 완성된 버티컬 웨이브를 그대로 살려 리세트한다.

20. 다른 분위기 연출을 위해 손가락을 이용하여 자연스러운 웨이브를 만들어 준다. 기타의 도구를 이용하여 다양한 리세트를 할 수 있다.

원형 아이롱 테크닉

Curling Iron Technique

CHAPTER

5

1. 헤어 아이롱(Hair Iron)의 역사

곱슬거리는 웨이브를 내기 위해 칼라미스(Calamis)라고 부르는 아이롱과 같은 기구를 사용한 것은 로마시대였다.

1880년 프랑스 파리의 미용 견습생인 마르셀 그라토(Marcel Grateau)가 그의 어머니에게 자연스러운 웨이브를 지닌 헤어스타일을 만들어 주기 위해 고심하던 끝에 새로운 기구를 개발하였다. 철로 만들어졌으며 손잡이가 달려 있어 움직임에 따라 둥글게 홈이 파인 자루가 둥근 모양의 자루를 감싸주는 형태로 불에 달구어 사용하였다. 그는 파리에 미용실을 개업하여 전 세계적으로 알려지게 되었으며, 유명한 여배우 제인 하딩은 이 기구에 의해 새롭게 만들어진 헤어스타일을 널리 알리는데 공헌하였다. 당시 웨이브의 지속기간은 약 3주 정도였다.

1920년 르네 랑보(René Rambaud)는 곱슬곱슬한 것에서부터 웨이브를 내는 것에까지 초점을 맞추었다.

20세기 후반에는 보다 다양한 기구들이 발명되었고 여성들 스스로도 모발에 웨이브를 만들 수 있게 되었으며, 퍼머가 급속도로 발전하여 여성 헤어스타일의 급격한 변화를 가져오게 되었다.

현대에는 전기 아이롱이 개발되어 불에 달구지 않고 일정한 온도를 유지하며 편리하게 사용할 수 있게 되었다.

2. 아이롱의 명칭

1) 마셀(Marcel)

(1) 그루브(Groove)

홈이 파여 있는 부분으로 프롱과의 사이에 모발을 끼워 형태를 만든다.

(2) 프롱(Prong)

둥근 모양으로 그루브와 함께 모발의 형태를 변화시킨다.

(3) 손잡이

그루브와 프롱에 각각 연결된 손잡이 부분이 있다.

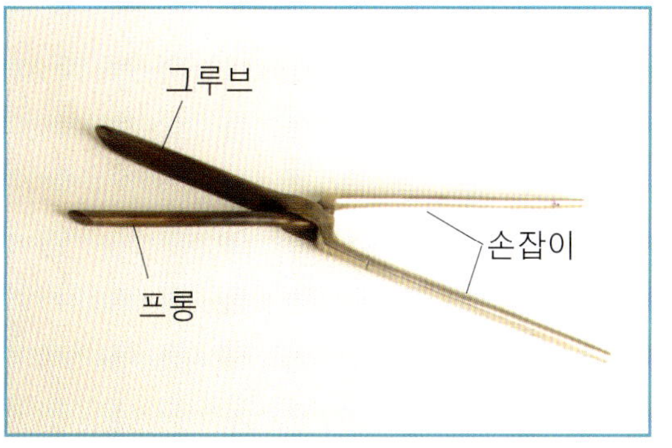

2) 컬

마셀을 감싸는 기구로, 컬을 회전시켜 강한 웨이브를 만든다.

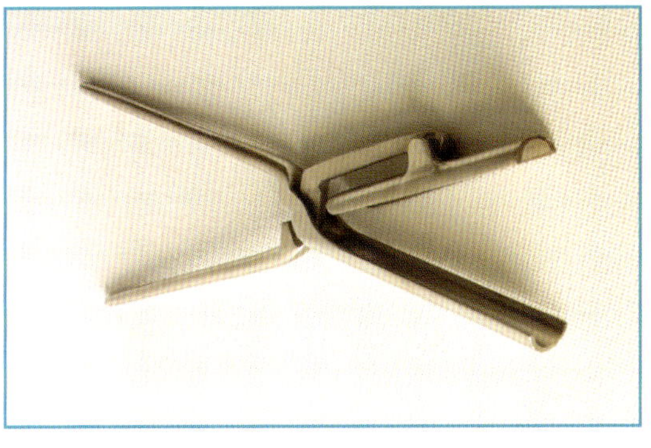

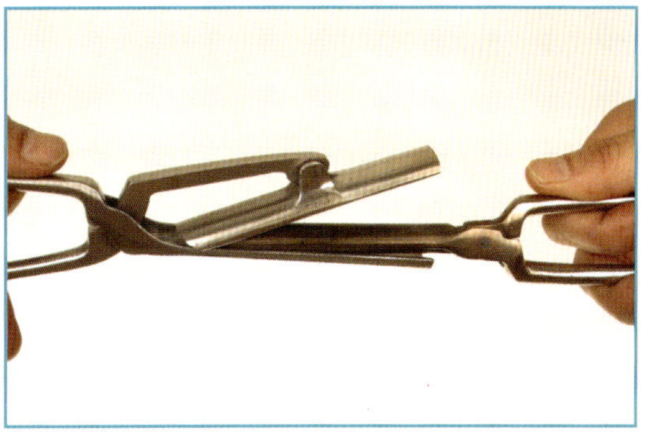

3. 아이롱의 온도 측정

온도가 120~140℃ 정도로 유지되어야 하는데, 대다수의 헤어 디자이너는 많은 임상에서 얻은 경험으로 측정을 한다. 보다 객관적인 온도 측정을 위하여 종이나 티슈를 5초 정도 잡았다가 놓았을 때 눌거나, 색이 변한다면 온도가 지나치게 과열된 것이므로 아이롱을 물에 적셔진 수건으로 약간 식혀서 사용한다.

가는 모발이나 손상모의 경우 온도의 설정에 유의한다.

4. 아이롱의 작동법

아이롱은 시술자의 가슴 정도 높이에서 수평이 되게 위치하고, 프롱부분에 연결된 손잡이를 검지와 엄지로 맞잡고 나머지 손가락은 그루브 부분의 손잡이에 나란히 잡고, 새끼손가락만 안쪽으로 끼워 개폐 동작을 한다.

1) 마셀과 컬의 작동법

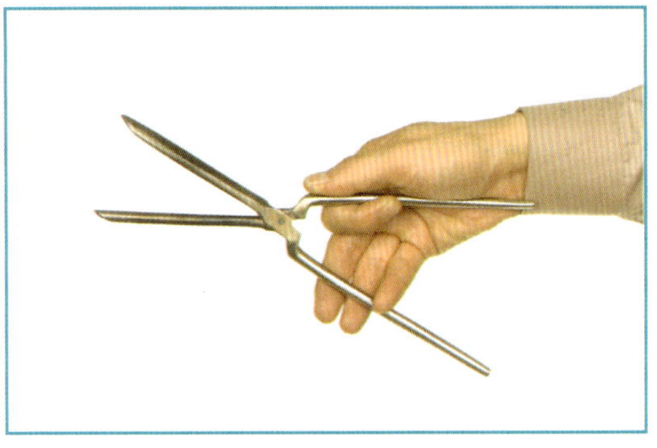

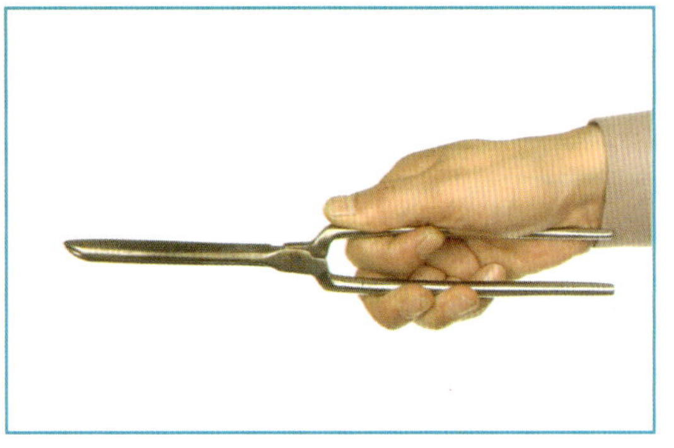

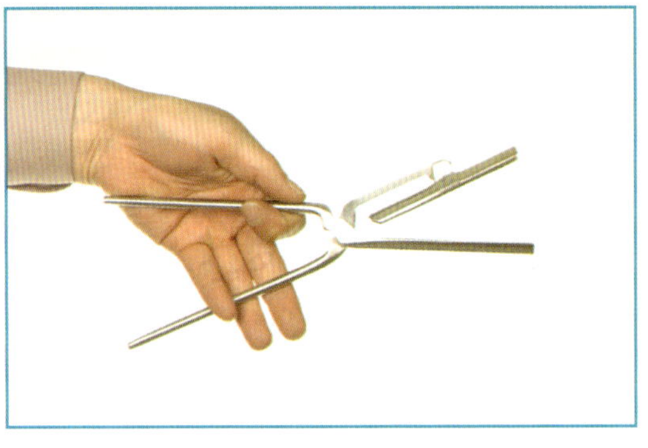

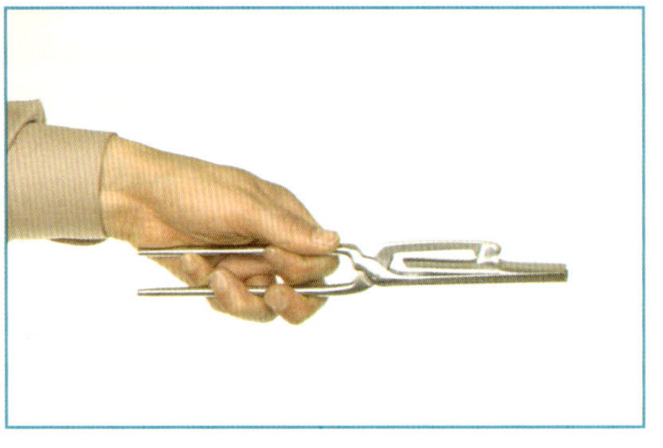

2) 전기 아이롱의 작동법

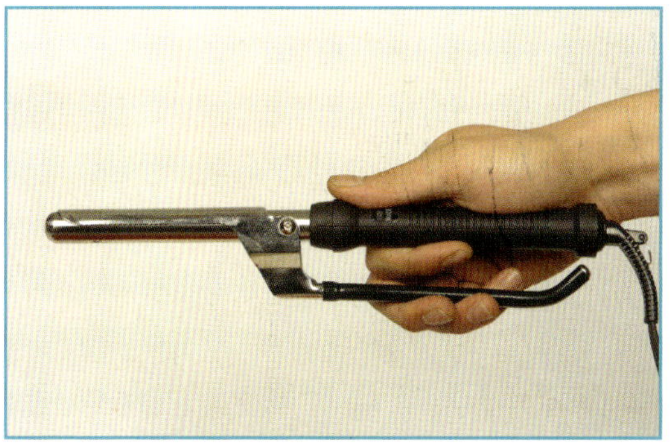

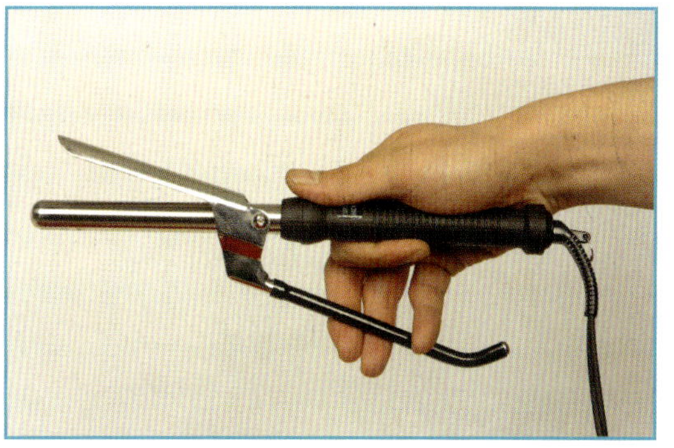

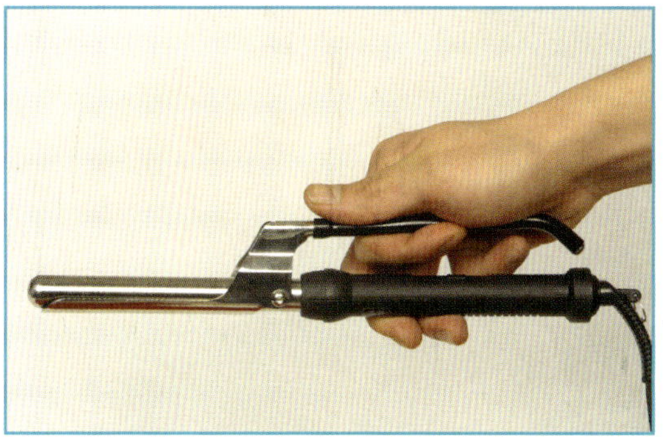

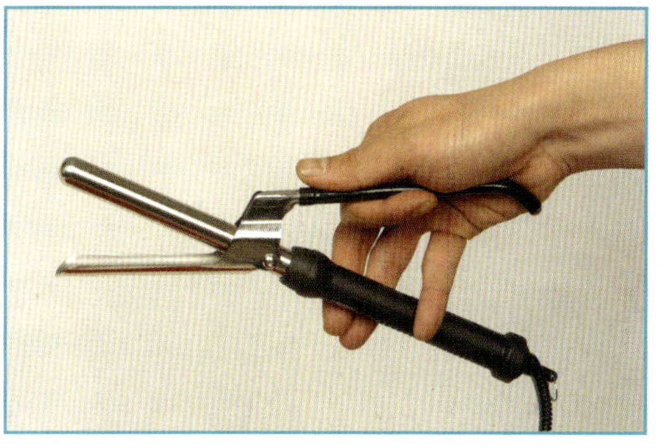

3) 아이롱 회전 방법

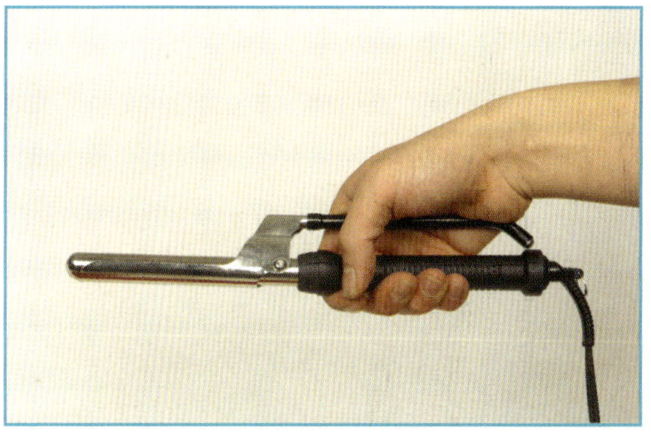

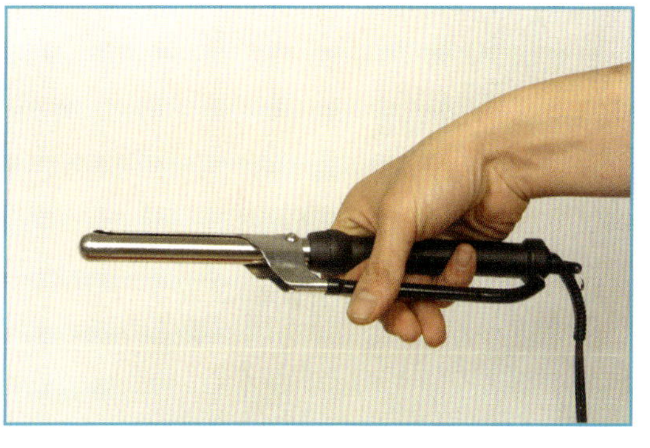

5. 인컬(In Curl)

인컬 아이롱은 안으로 들어가는 형태이며, 셋팅력이 강하여 오랜 시간 스타일을 지속 할 수 있고 볼륨감이 좋아 머리숱이 적은 사람에게 사용하여 아름다움을 표현할 수 있다.

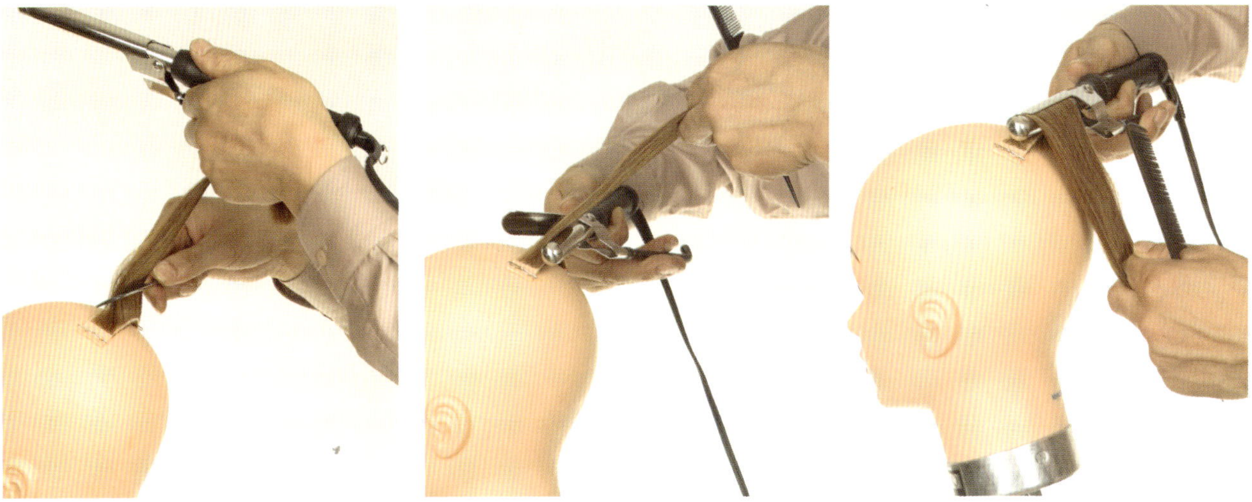

1. 2~3회 빗질 후 볼륨감 및 방향성을 준다.

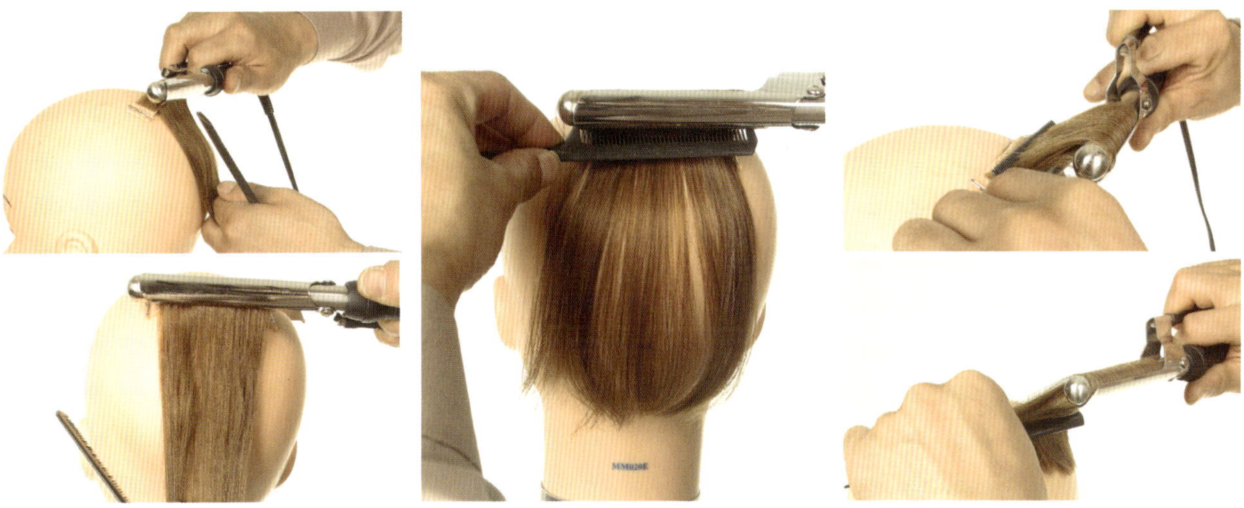

2. 아이롱을 회전하여 빗을 넣어준 다음 모발 끝까지 열을 주며 시술한다.

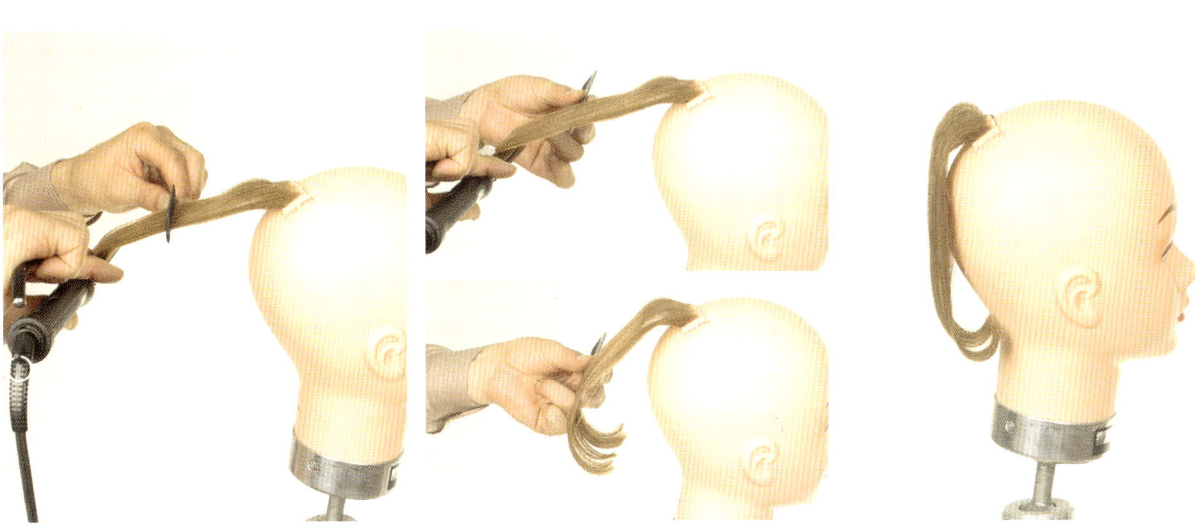

3. 아이롱 시술 중 전체 길이 2/3부위에서 빗살을 빼고 빗 꼬리를 위치시켜 살며시 내려놓아 디자인의 흐트러짐을 방지한다.

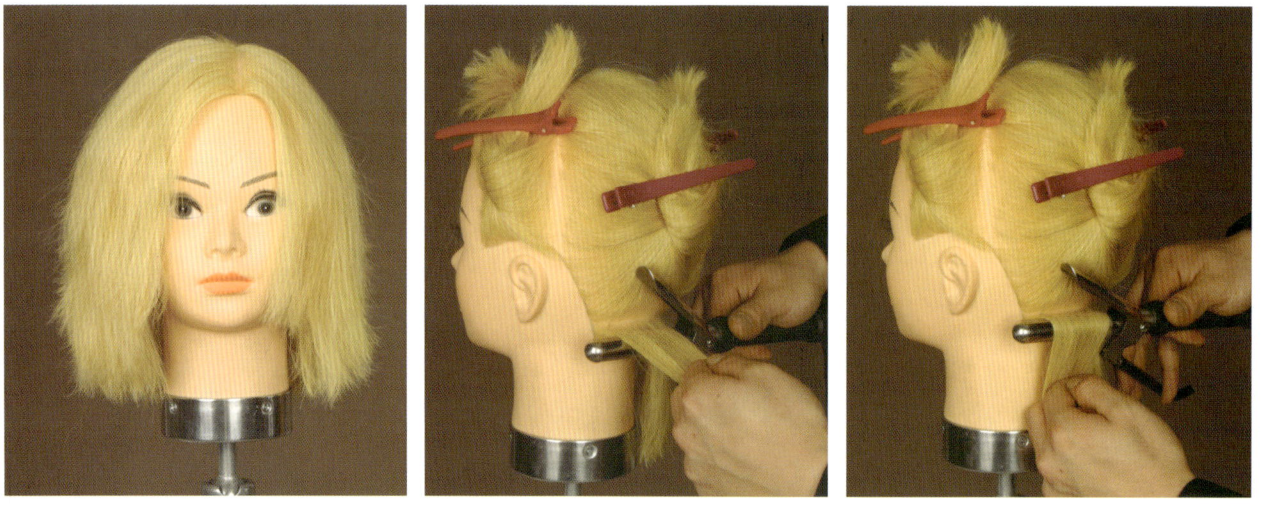

1. 네이프의 섹션을 떠 볼륨감 및 방향성을 잡아준다.

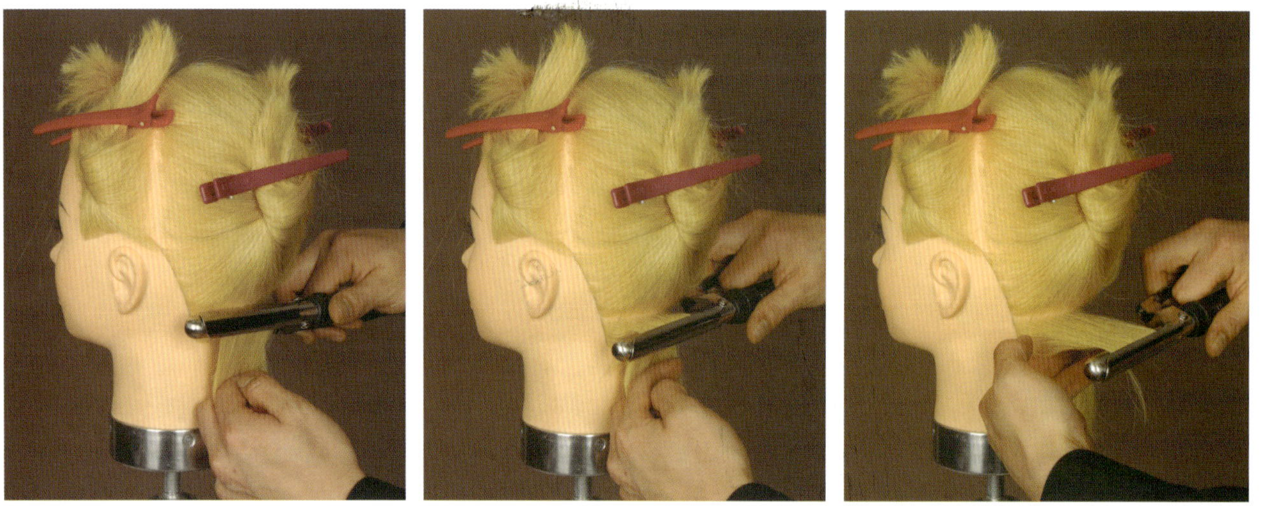

2. 아이롱을 90° 회전하여 모발을 펴준다.

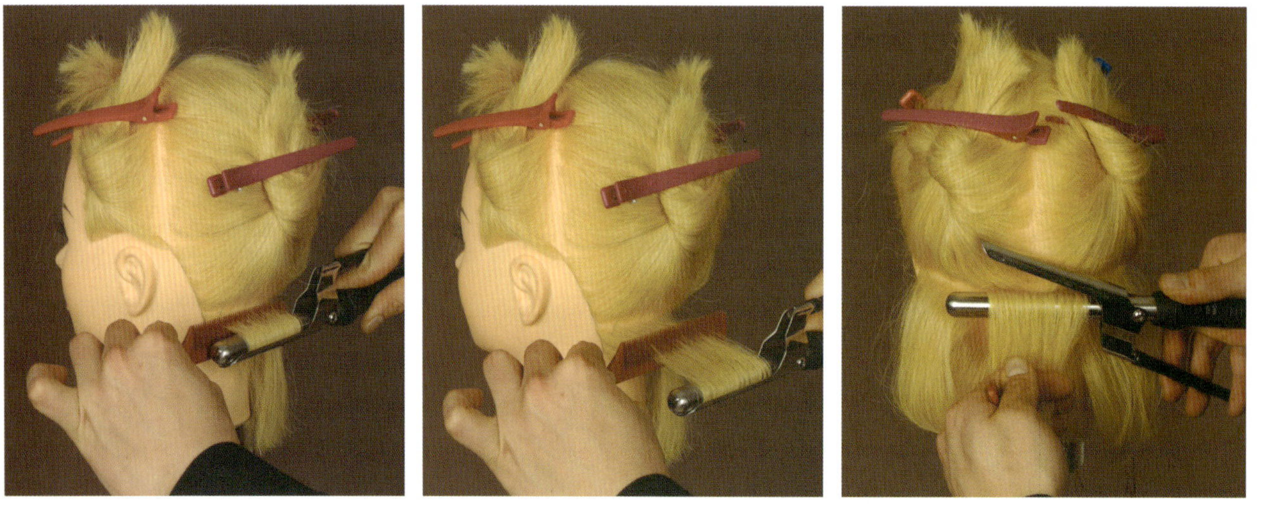

3. 아이롱을 두피 근처까지 넣은 다음 아이롱을 180° 회전한 후 빗살을 넣어 시술한다.

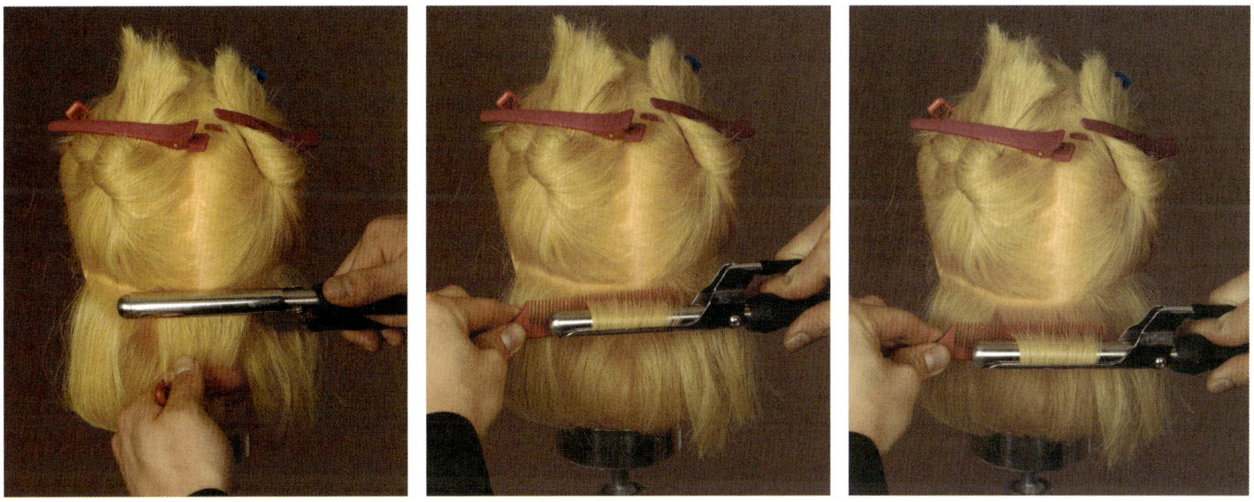

4. 모발을 펴준 후 모근 가까이에서 아이롱을 180° 회전한 후 빗살을 넣어 모발의 헝클어짐을 방지한다.

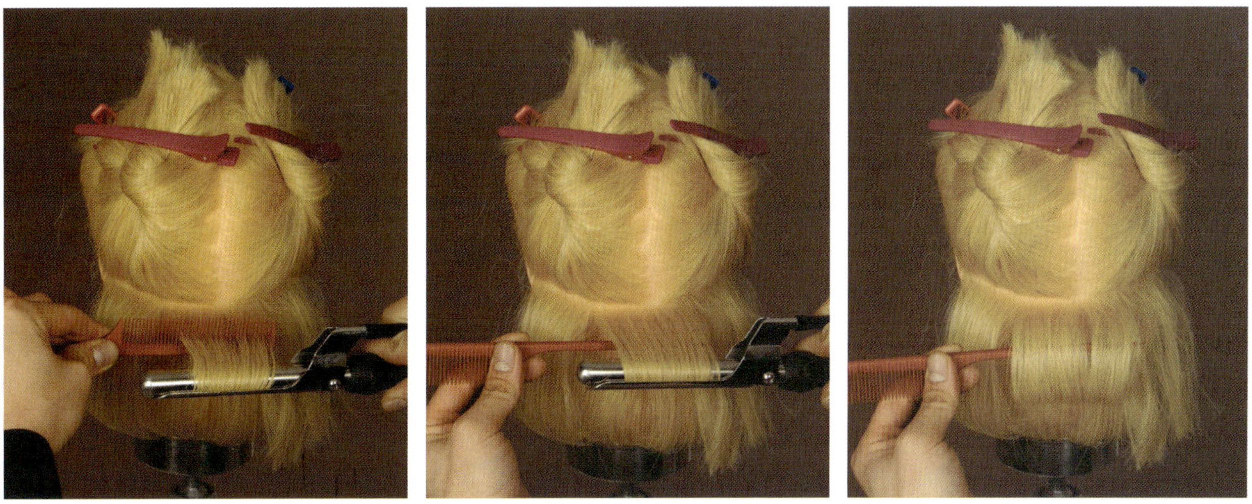

5. 모발 끝에서는 빗 꼬리를 댄 후 아이롱을 뺀다.

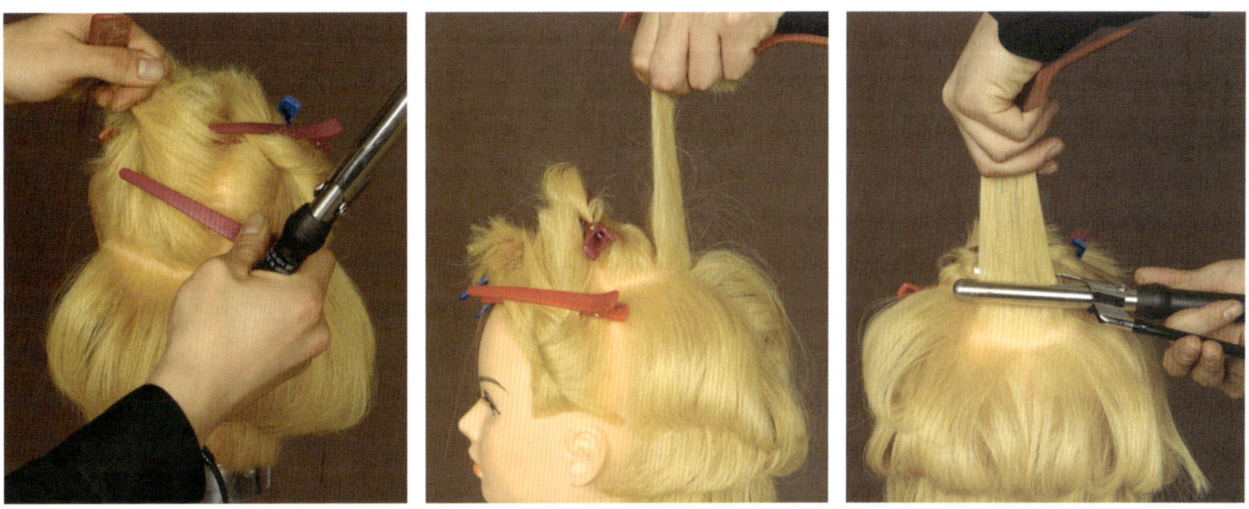

6. 핀셋으로 섹션을 나누며 모발을 충분히 들어 볼륨감을 준다.

7. 프롱와 그루브를 이용하여 볼륨감을 주고 아이롱을 90° 회전하여 모발을 펴준다.

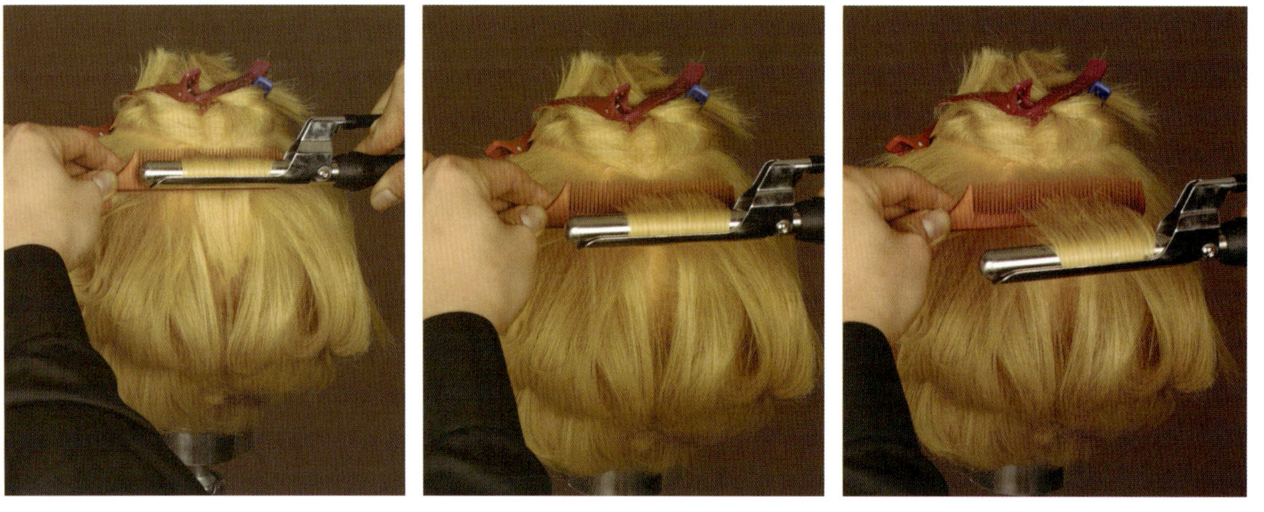

8. 아이롱을 두피 가까이 넣은 후 아이롱을 180° 회전한 후 빗살을 넣어 내려온다.

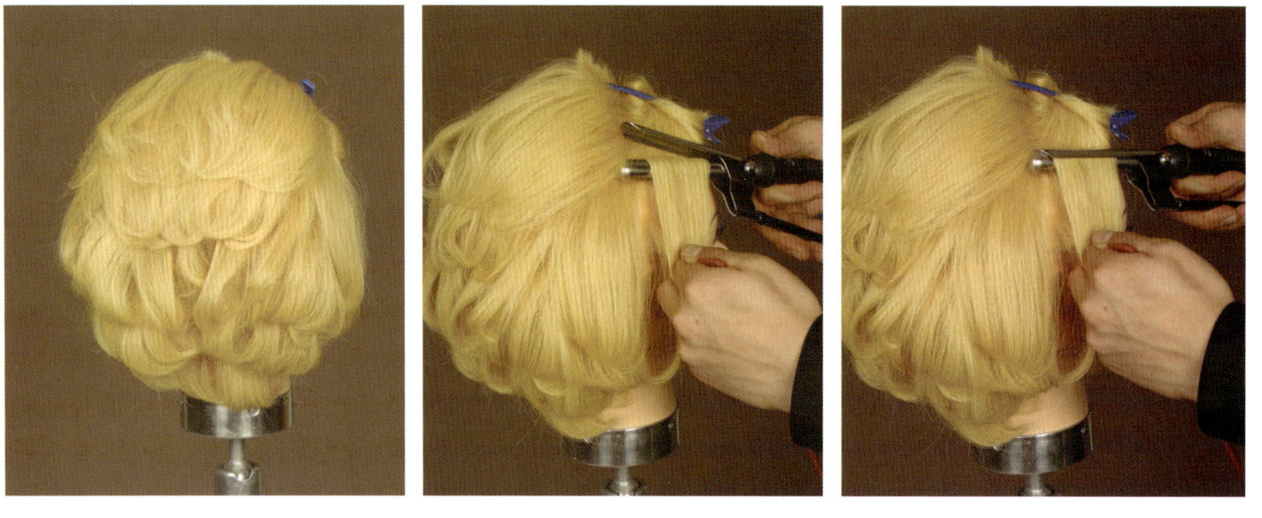

9. 백 부분 완성 후 사이드로 이동하여 볼륨감 및 방향성을 잡아준다.

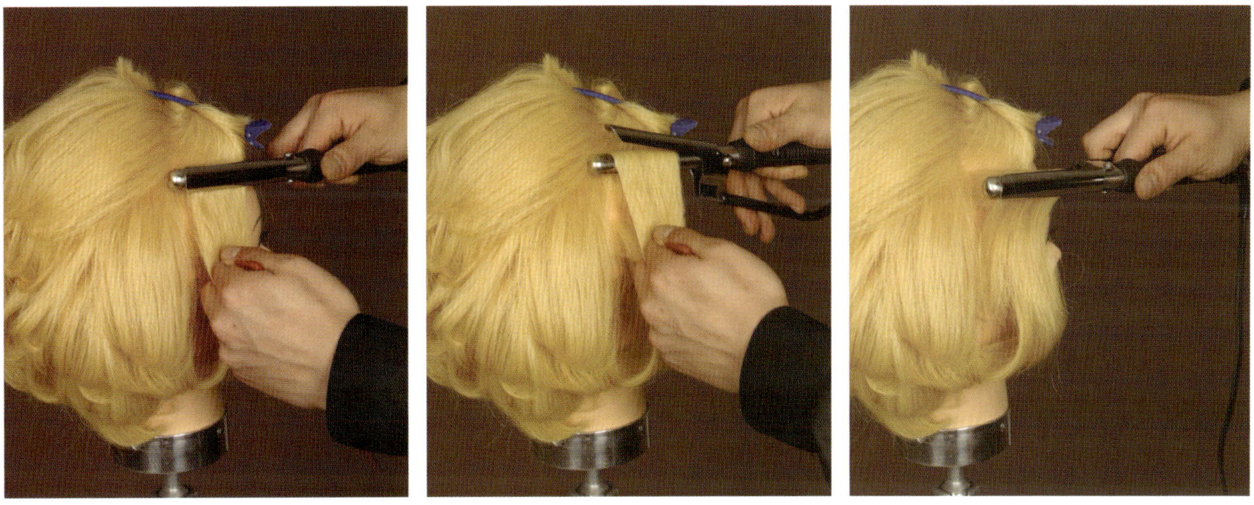

10. 아이롱을 90° 회전하여 모발을 펴준다.

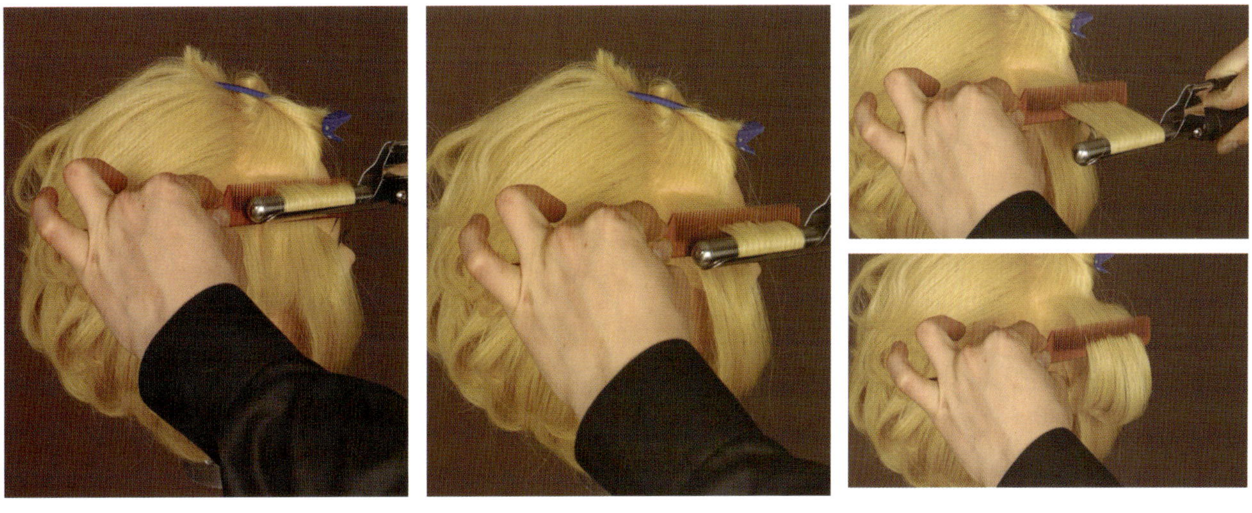

11. 아이롱을 180° 회전한 후 빗살을 넣어 내려온다.

12. 디자인에 따라 볼륨감을 준다.

13. 프롱과 그루브를 개폐하여 볼륨감을 준다.

14. 볼륨감을 준 후 모발을 펴준다.

15. 두피 근처에서 아이롱을 넣어 180° 회전한 다음 빗살을 넣어 내려온다.

16. 디자인을 보고 컬이 약하면 반복 시술한다.

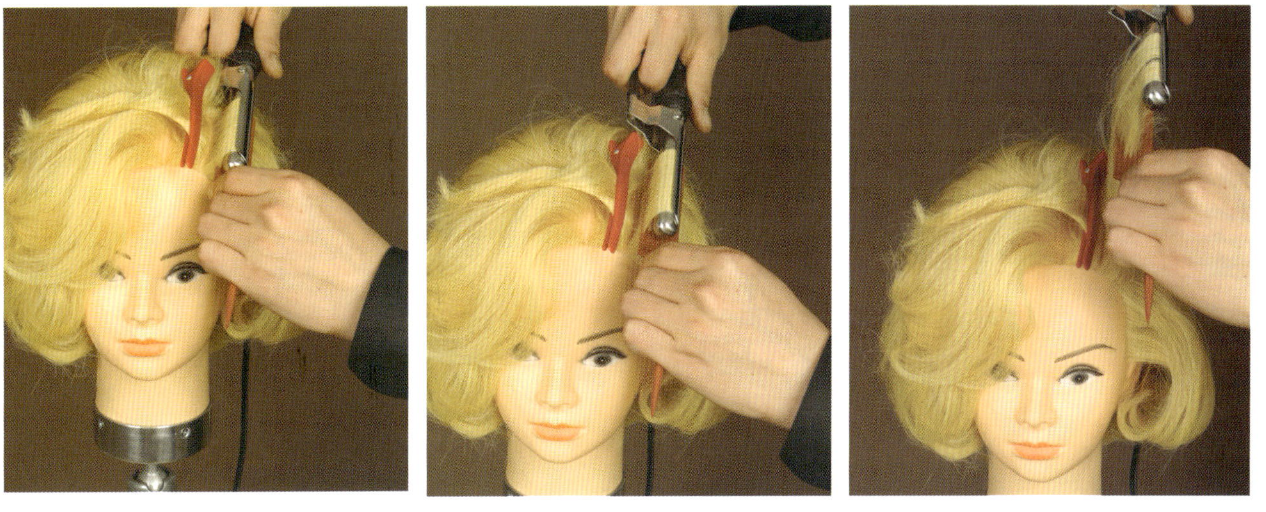

17. 충분한 볼륨감을 주기 위한 시술을 한다.

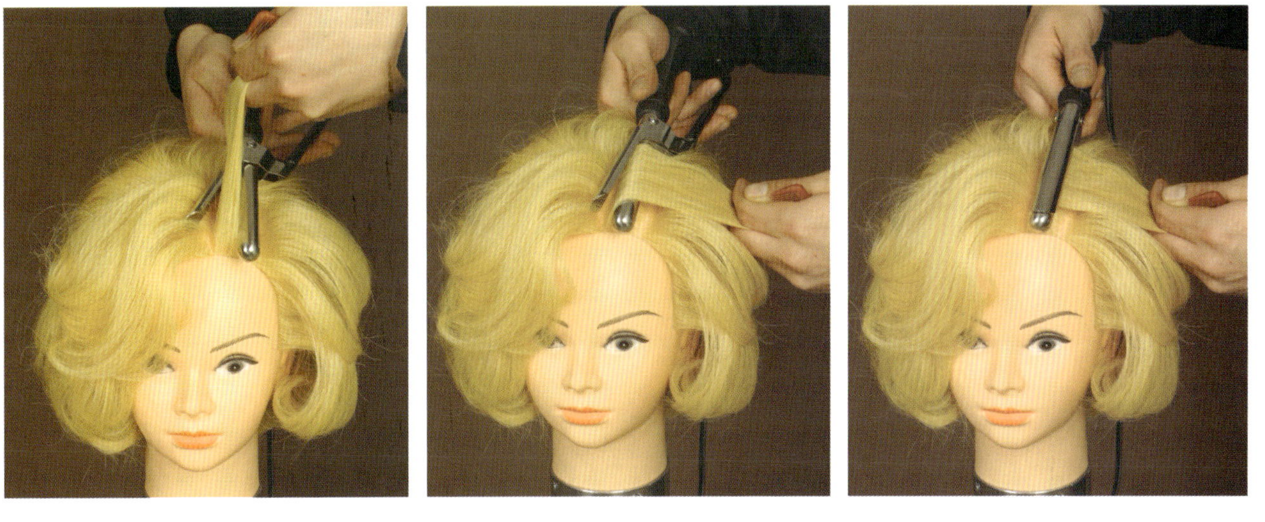

18. 각도를 들어 전체의 디자인에 어울리는 볼륨감을 준다.

19. 각도를 유지하여 빗살을 넣어 디자인한다.

20. 모발 끝까지 유지하여 끝낸다.

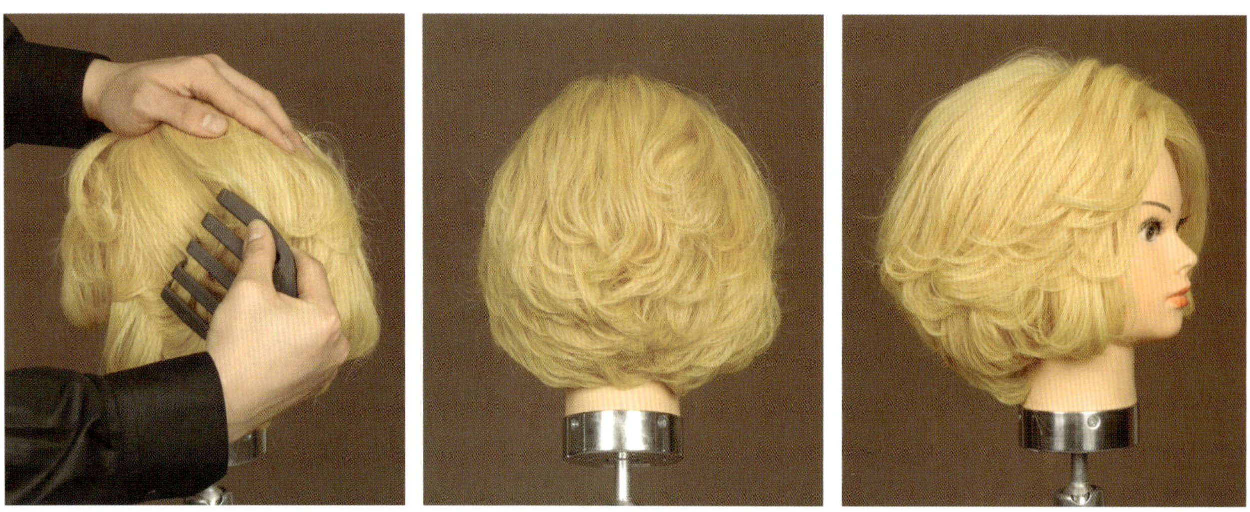

21 빗살이 굵은 스타일링 빗을 이용해 완성한다.

6. 아웃컬(Out Curl)

모발 끝을 밖으로 향하게 하여 새로운 변화를 일으키는 스타일로, 아웃컬 아이롱은 디자인에 따라 여러가지로 표현을 할 수 있으며 보편적인 헤어스타일에서 벗어나 새로움을 추구하는 스타일이다.

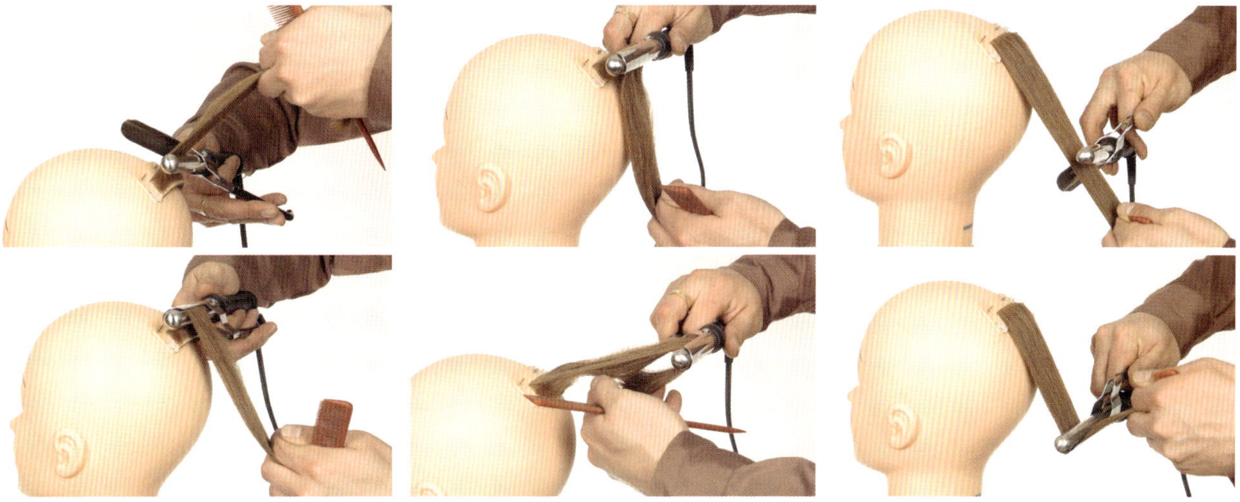

1. 시술각을 들어 볼륨을 살려준다. 아이롱을 회전시키면서 모선쪽으로 진행한다. 아웃 컬 디자인 할 부위에 아이롱을 위치시키고 모발을 들어준다.

2. 빗살을 넣어 아이롱을 아래로 진행한다.

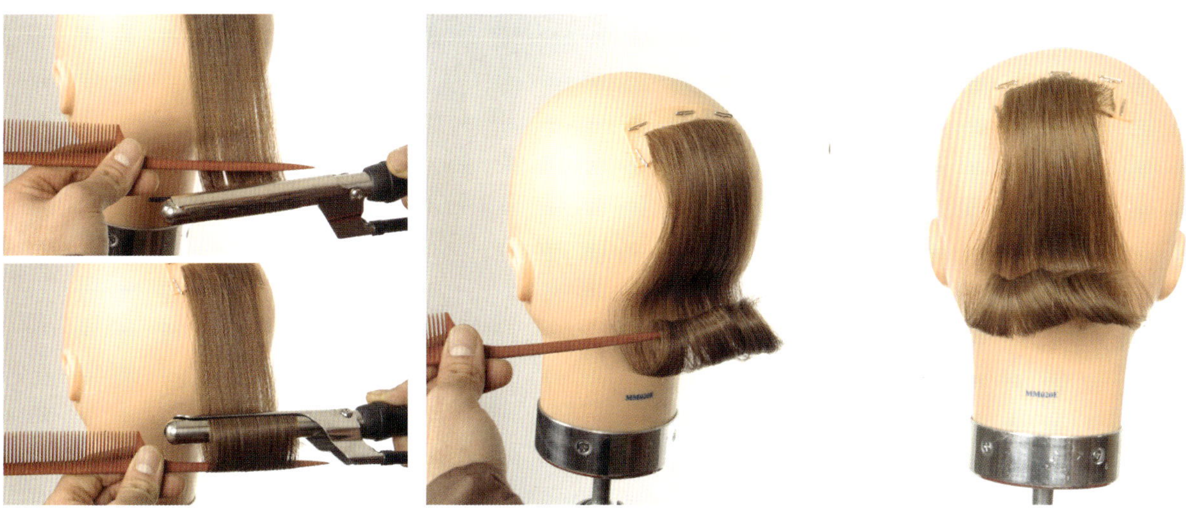

3. 빗 꼬리를 대어 스타일의 흐트러짐을 방지한다.

1. 브로킹을 4등분하고 네이프의 섹션을 뜬 후 시작한다. 아웃컬은 모발 끝이 밖으로 향하는 스타일로 아이롱을 사진과 같이 잡고 모발 끝까지 한번 훑어준다.

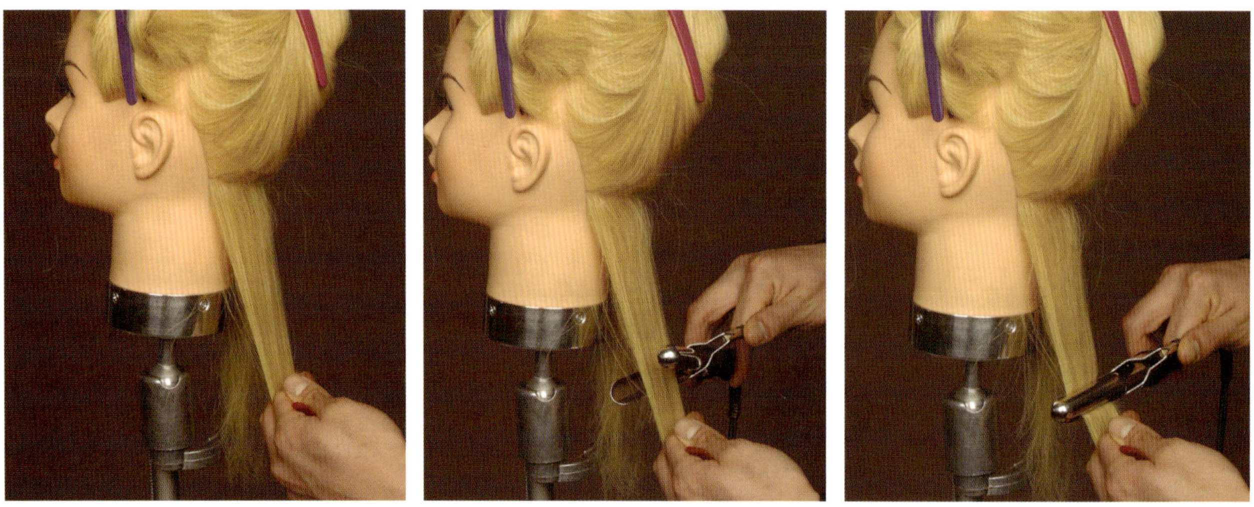

2. 아이롱을 뒤집어 잡고 모발 끝을 빨리 위로 향하게 하여 모발에 아이롱 자국을 내지 않도록 한다.

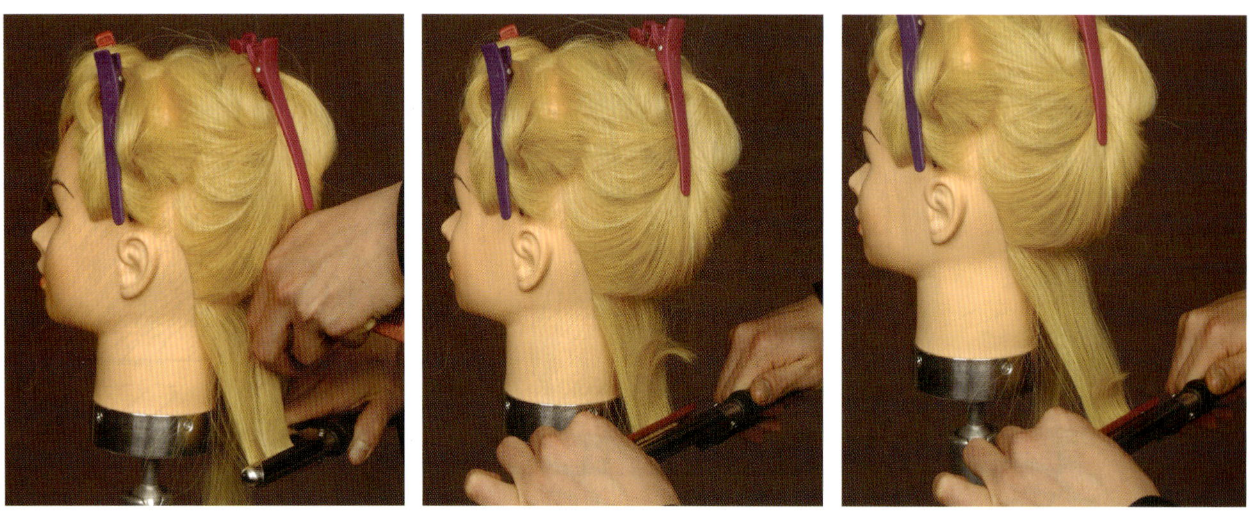

3. 꼬리빗을 사용하여 모발을 눌러주고 아이롱을 서서히 위로 올려준다.

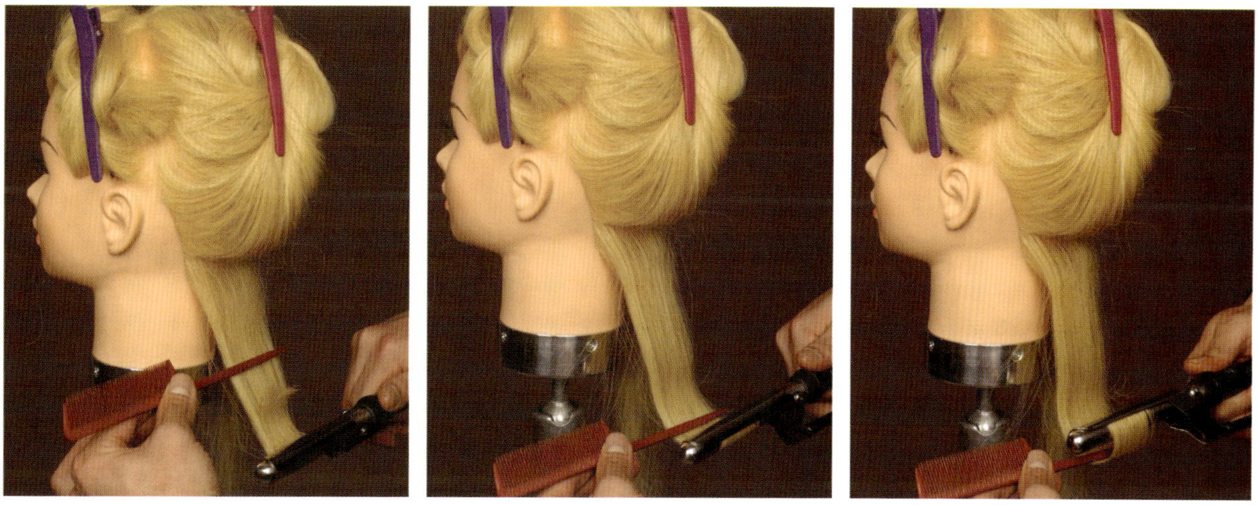

4. 빗 꼬리를 사용하여 살짝 눌러 내려오면서 아이롱을 서서히 회전하여 빼준다.

5. 모발의 방향성과 볼륨감을 주기 위하여 아이롱 그루브를 열고 닫음을 반복한다.

6. 모발을 두피에서 모발 끝까지 한번 훑어 준 다음 디자인 위치에서 아이롱을 서서히 회전한다.

7. 모발을 빗으로 눌러 엉킴을 방지하고 마지막 부위에서는 빗 꼬리를 이용하여 균형을 잡아준다.

8. 빗 꼬리를 원하는 위치에서 멈춘 후 아이롱을 약간 더 회전하여 빼준다.

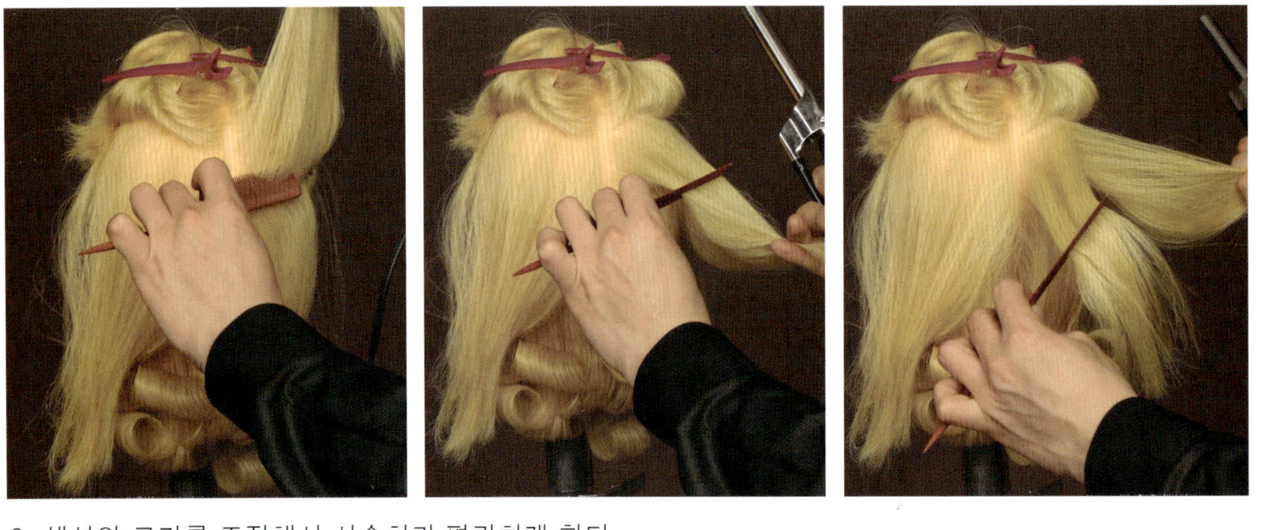

9. 섹션의 크기를 조절해서 시술하기 편리하게 한다.

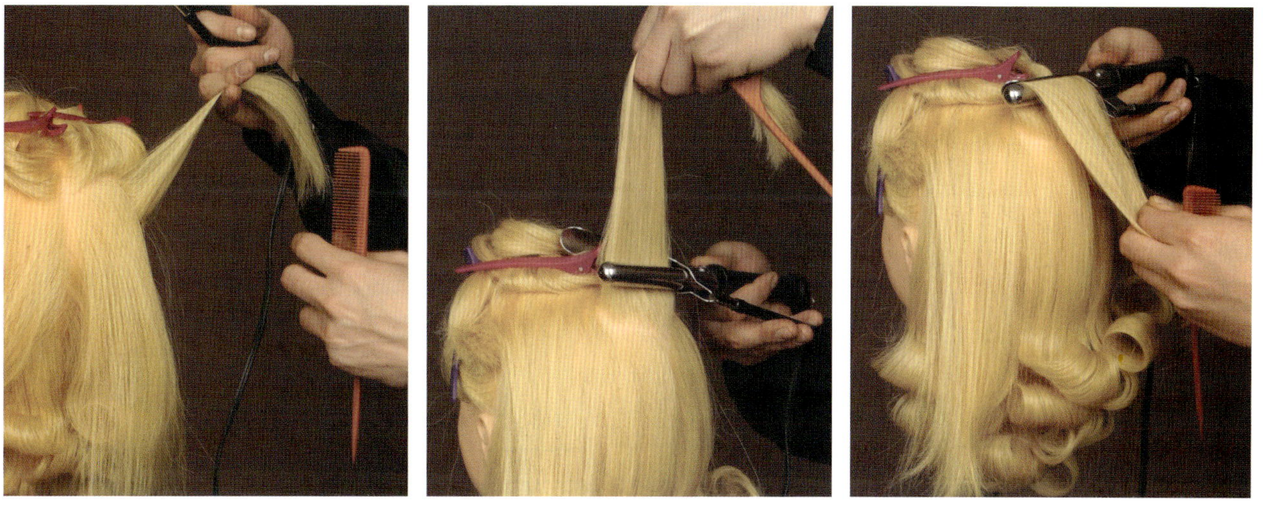

10. 백 부분에 볼륨감을 위하여 모발을 빗질해준 다음 각도를 들어 아이롱을 넣어준다.

11. 아이롱을 약간씩 반복 회전하여 볼륨을 준다. 이때 모발의 각도를 충분히 내려 아이롱 자국이 나지 않도록 주의한다.

12. 모발을 천천히 펴준다.

13. 커트 상태 및 전체적인 디자인을 고려하여 아이롱을 아웃컬한다. 왼손과 오른손의 움직임에 주의한다.

14. 빗을 사용하여 모발에 아이롱 자국을 남기지 않도록 빗 사용을 잘 해야한다.

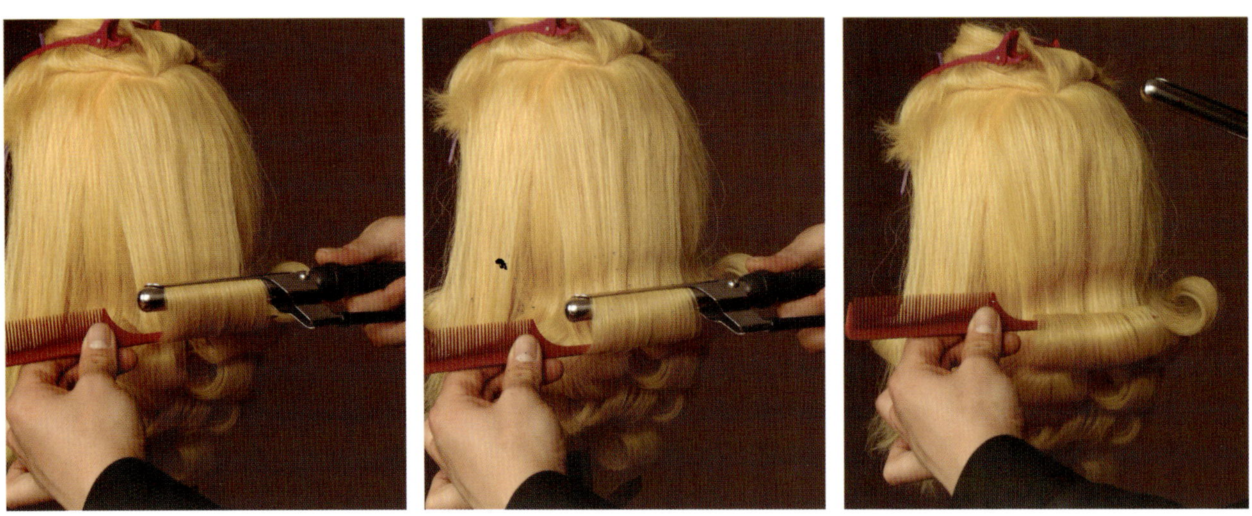

15. 아이롱을 회전하여 빼준다.

16. 커트 디자인에 따라 섹션을 사선으로 뜨고 방향성 및 볼륨감을 고려하여 디자인한다.

17. 아이롱을 회전하여 모발을 펴준다.

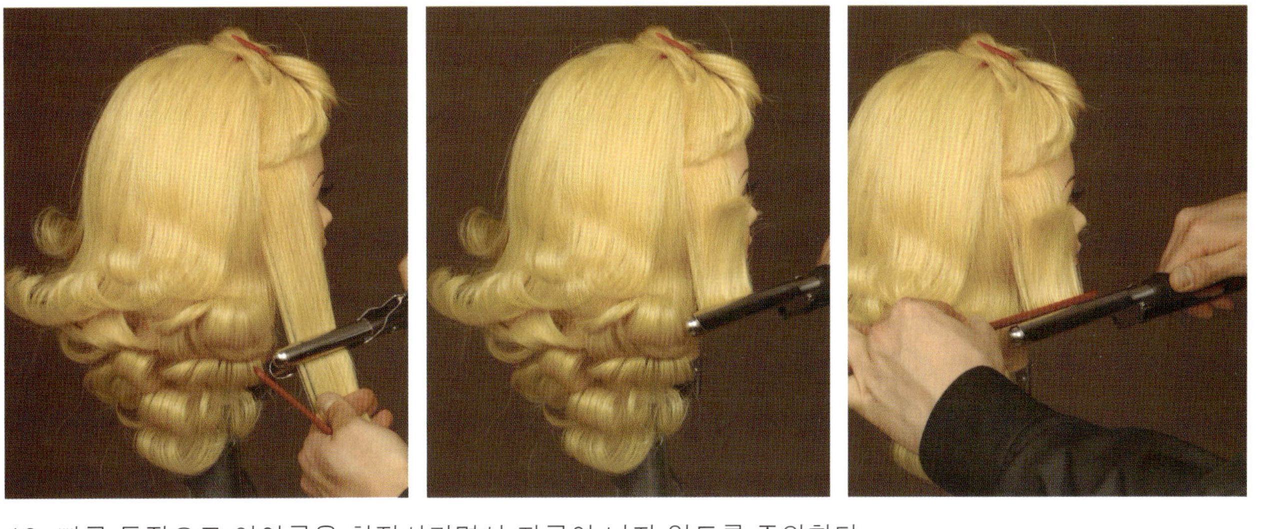

18. 빠른 동작으로 아이롱을 회전시키면서 자국이 나지 않도록 주의한다.

19. 천천히 원하는 디자인 위치까지 내려와 아이롱을 회전하여 컬을 만든다.

20. 뜸(열조절)을 잘 들게 하여 아름다운 컬을 만든다.

21. 디자인에 따른 방향성 및 볼륨감을 잡아준 후 훑어준다.

22. 모발을 잡아 디자인 하자고 하는 곳에 아이롱을 위치시킨다.

23. 빠른 손 동작으로 아이롱 자국이 남지 않게 해야하며 천천히 원하는 디자인 위치까지 내려온다.

24. 빗 꼬리를 넣어 원하는 컬을 디자인한다.

25. 충분한 뜸(열조절)을 들인 후 빼준다.

26. 디자인을 고려하여 손질을 한다.

27. 디자인을 완성한다.

7. 한단 웨이브 지라시

모발의 질감을 풍부하게 표현할 수 있고 복고적인 이미지와 현대적 세련미를 모두 표현하며 완벽한 여성스러움의 디자인 형태를 표현할 수 있다.

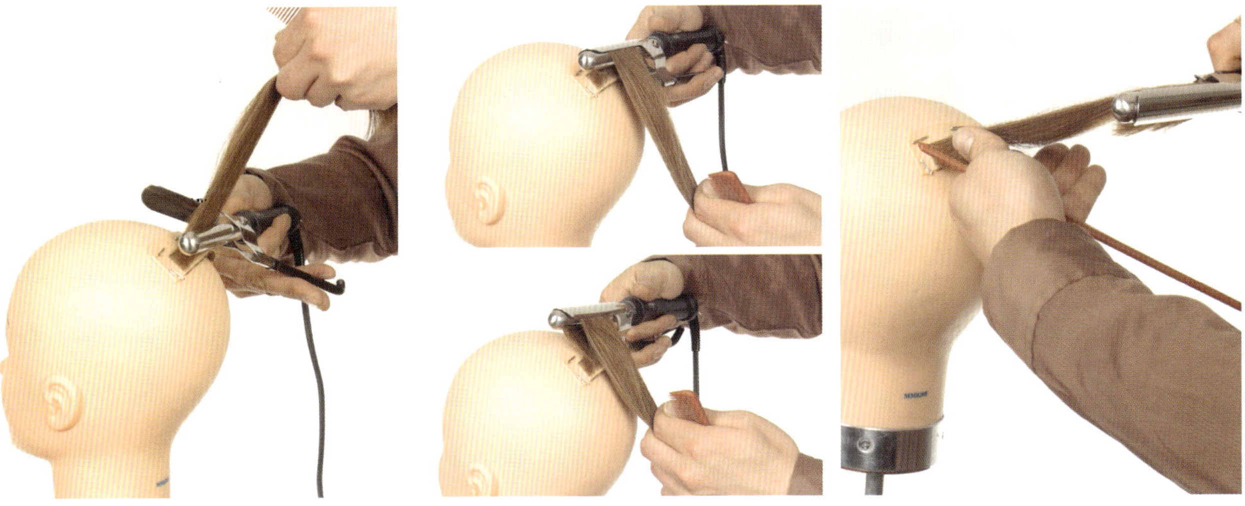

1. 볼륨감을 주어 인 컬을 해준다.

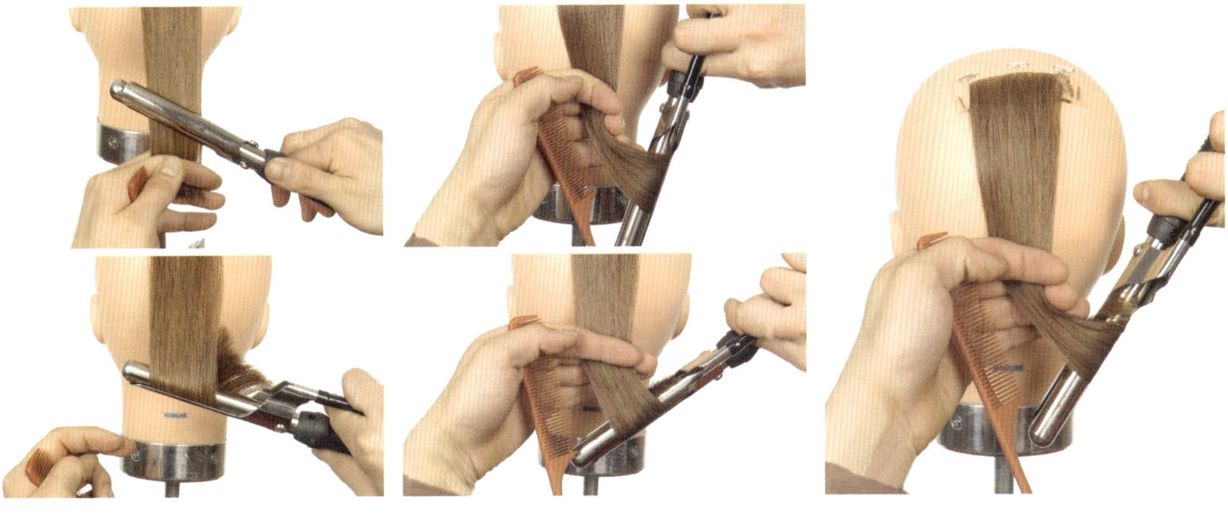

2. 디자인 위치에서 모발을 잡아준 후 아이롱을 회전해 준다.

3. 형성된 컬에 릿지를 잡아준다.

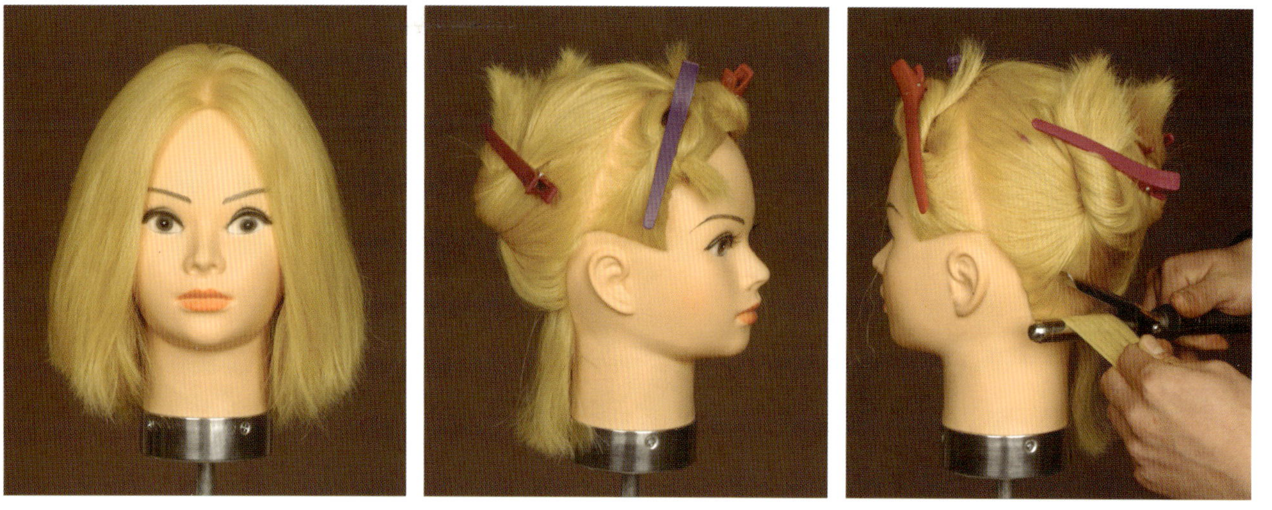

1. 브로킹은 4등분이며 네이프의 섹션을 떠 두피의 모발 방향 및 볼륨감을 잡아준다.

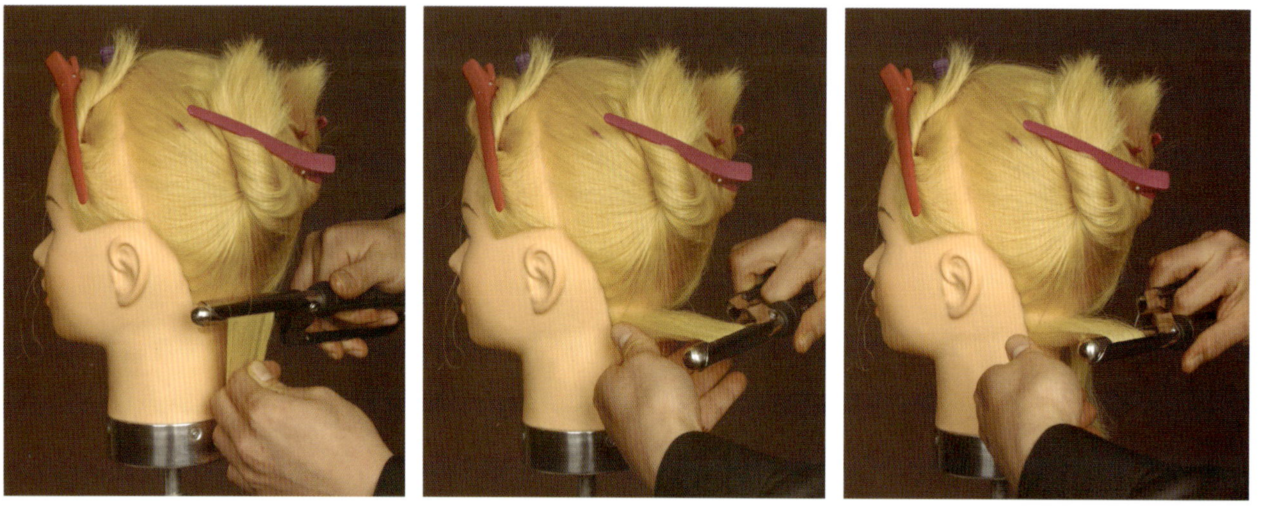

2. 아이롱을 90°로 회전하여 모발 끝까지 진행시켜 인컬을 만든다.

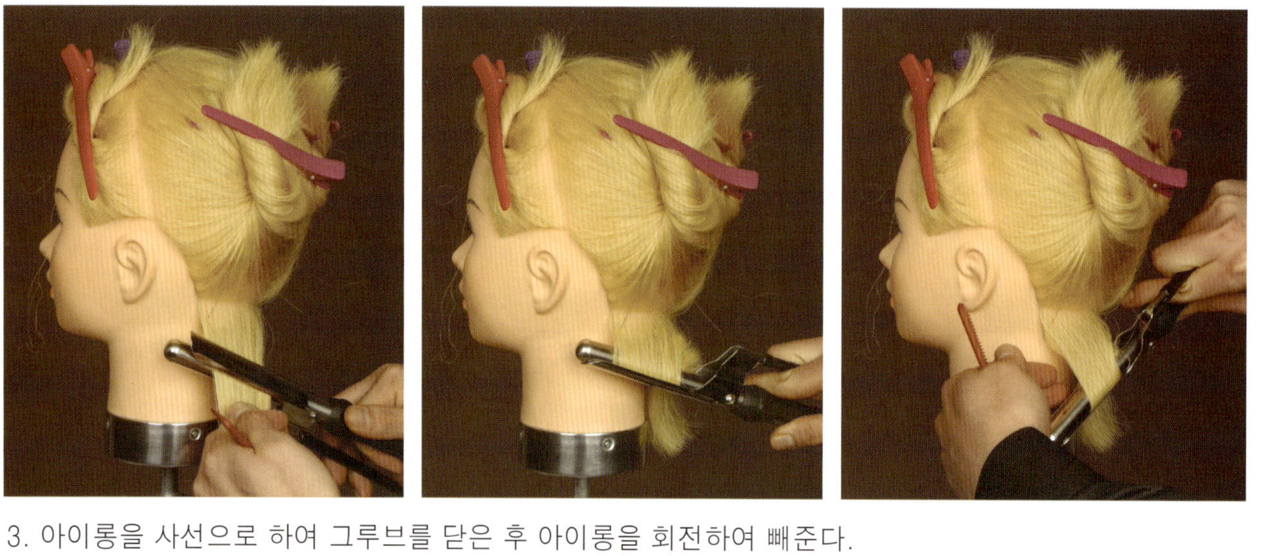

3. 아이롱을 사선으로 하여 그루브를 닫은 후 아이롱을 회전하여 빼준다.

4. 두피의 모발 방향성 및 볼륨감을 준다.

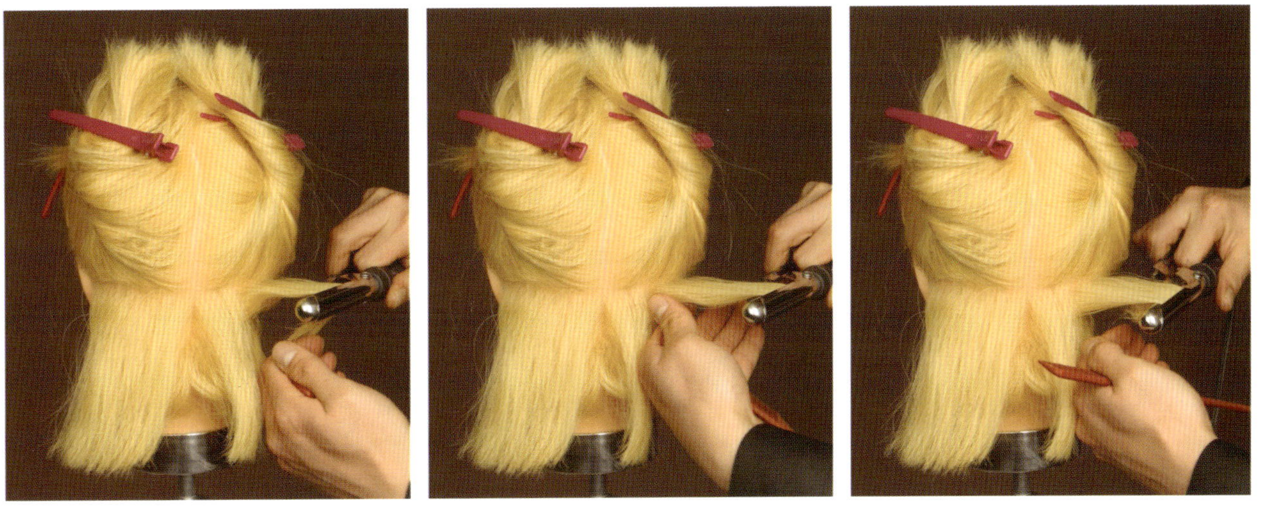

5. 아이롱을 90° 회전하여 모발 끝까지 진행시켜 인컬을 만든다.

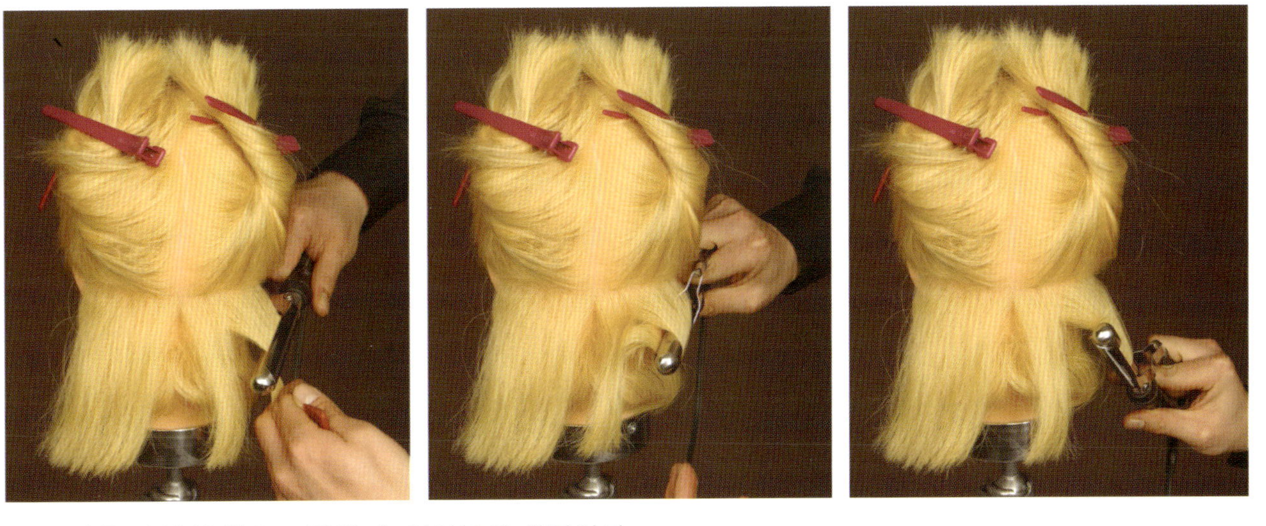

6. 모발을 사선 방향으로 잡은 후 아이롱을 회전한다.

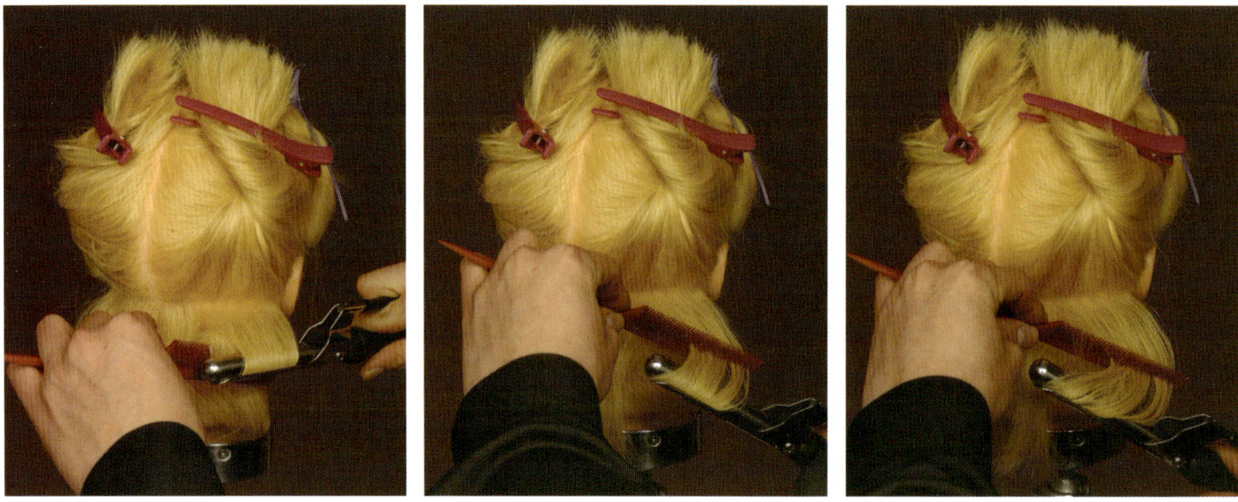

7. 모발 길이가 짧으므로 빗살을 넣어 회전할 수도 있다.

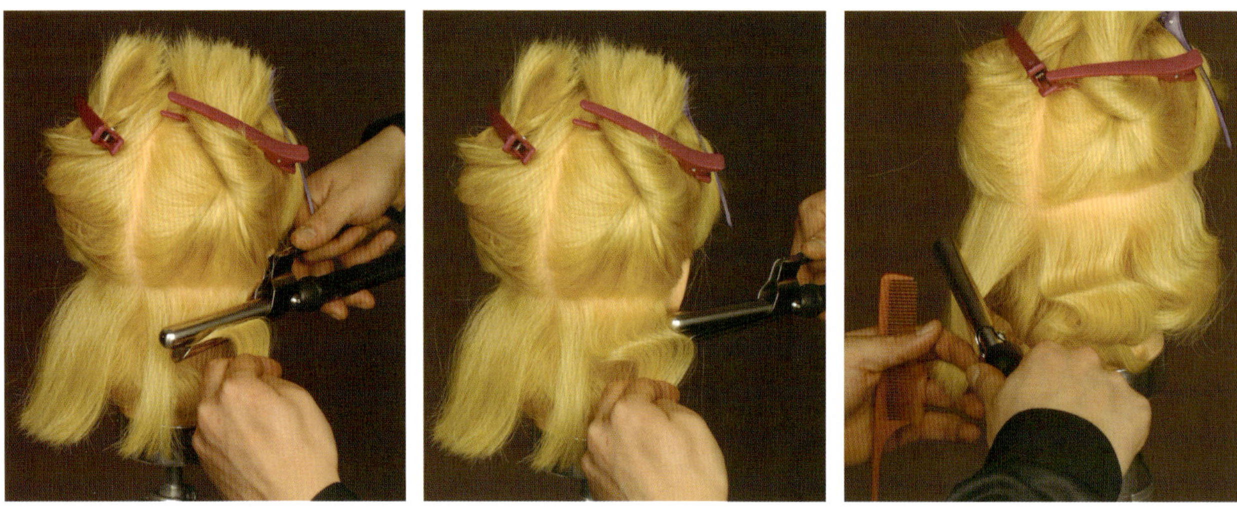

8. 모발을 잡아 살짝 밀어 아이롱으로 릿지를 잡아준다.

9. 아이롱을 회전하여 컬을 만들고 릿지를 형성한다.

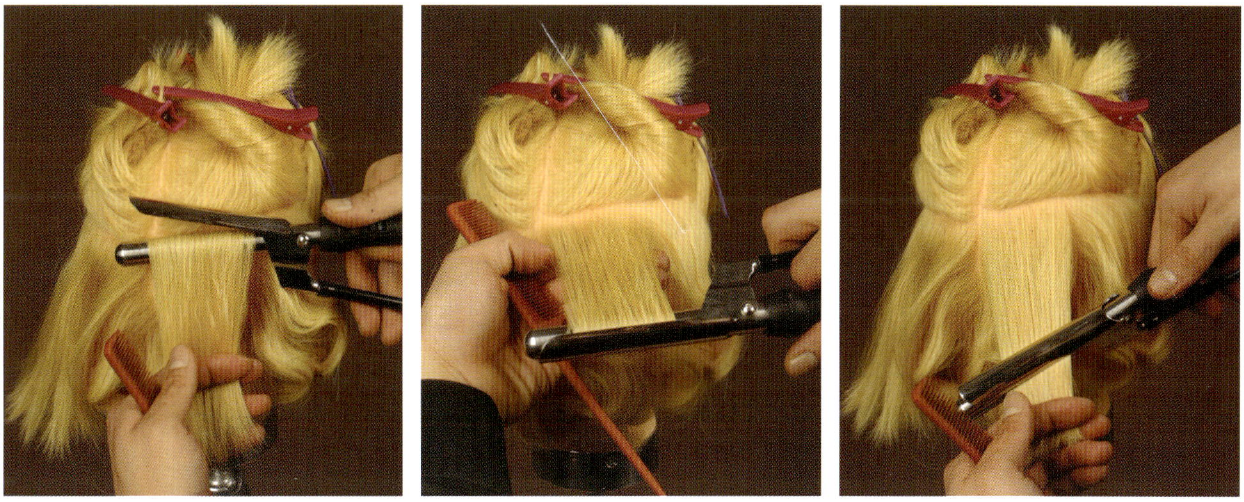

10. 두피의 방향성 및 볼륨감을 잡아준 후 아이롱을 90° 회전하고 모발 끝까지 진행하여 인컬을 만들고 사선으로 잡아준다.

11. 아이롱을 반대로 잡고 회전하여 모발 끝까지 아이롱을 서서히 빼준 후 릿지를 잡아준다.

12. 방향성 및 볼륨감을 준 후 인컬을 만든다.

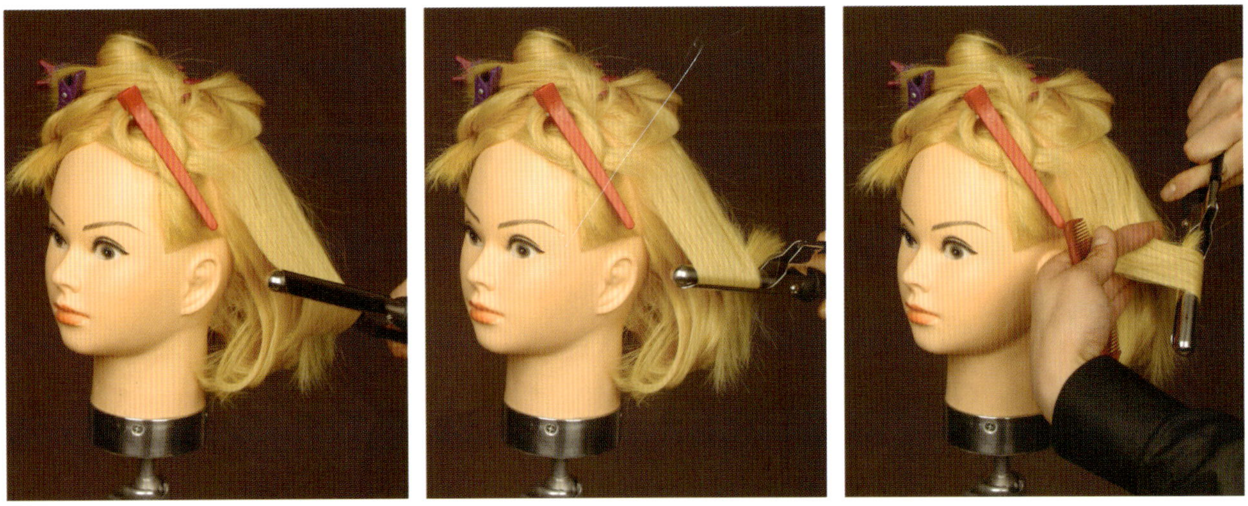

13. 아이롱을 180° 회전한 후 모발을 잡고 아이롱을 기울인다.

14. 모발을 잡은 손은 움직이지 않는다.

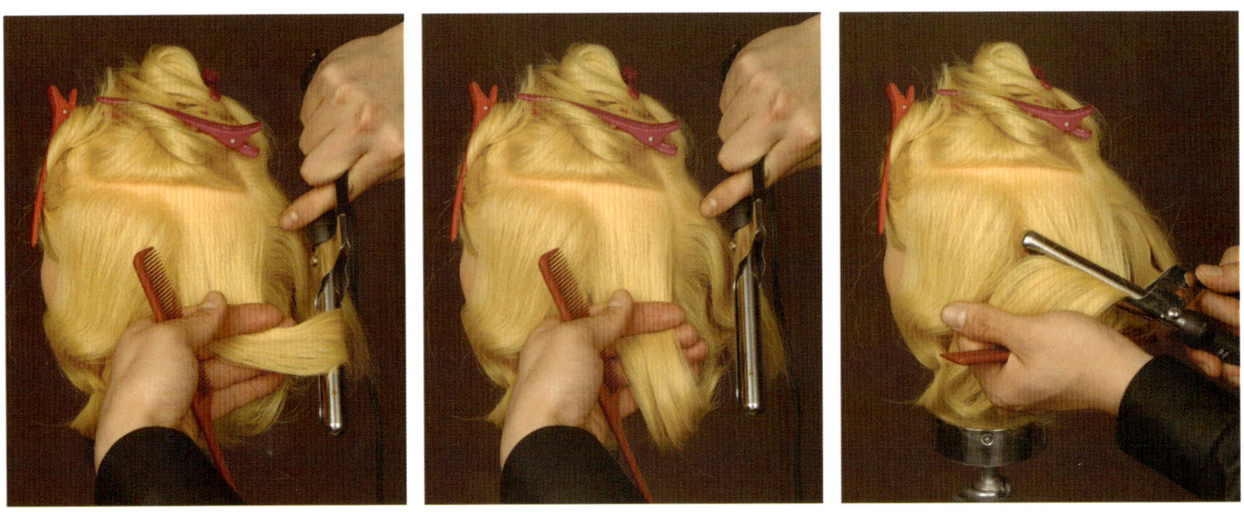

15. 아이롱을 틀어서 커브를 주고, C컬을 잡아 살짝 밀어올려 릿지를 만든다.

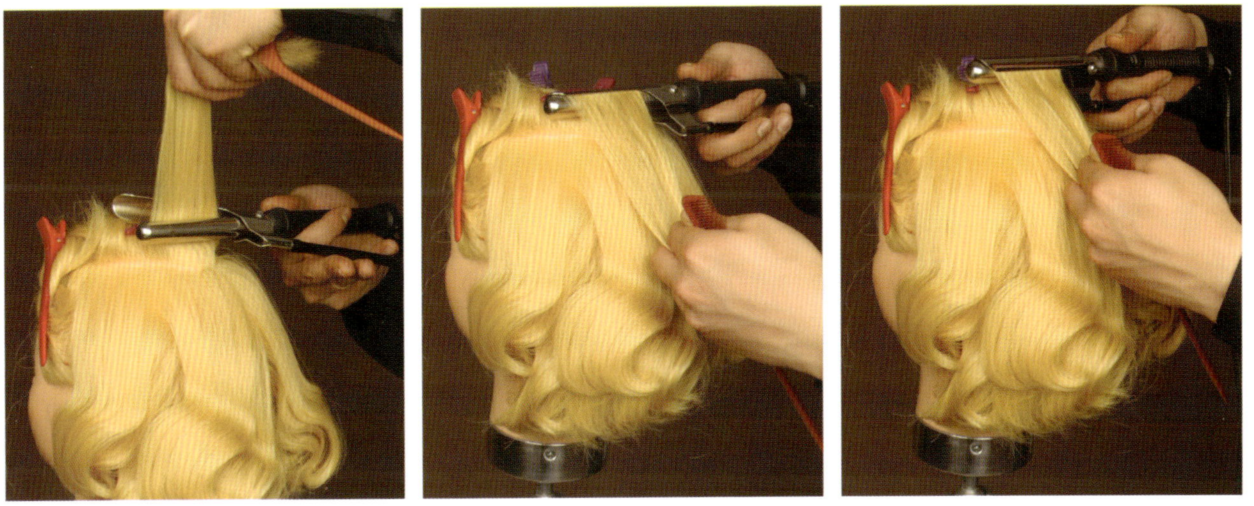

16. 탑 부분의 볼륨을 살려준다.

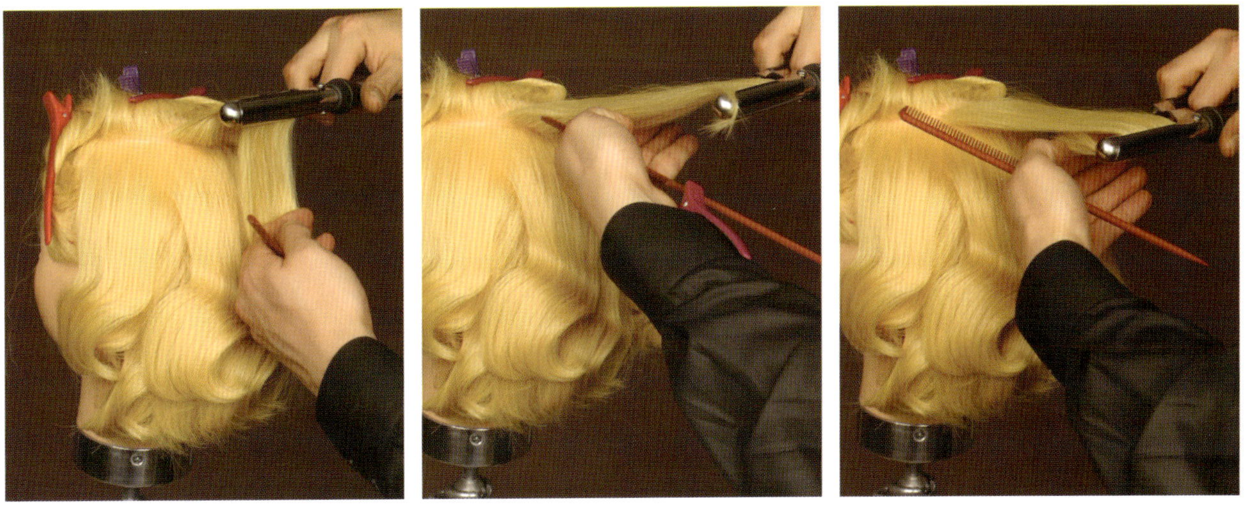

17. 아이롱을 90° 회전하여 훑어준다.

18. 아이롱을 180° 회전하고 손으로 모발을 잡아 옆으로 빼준다.

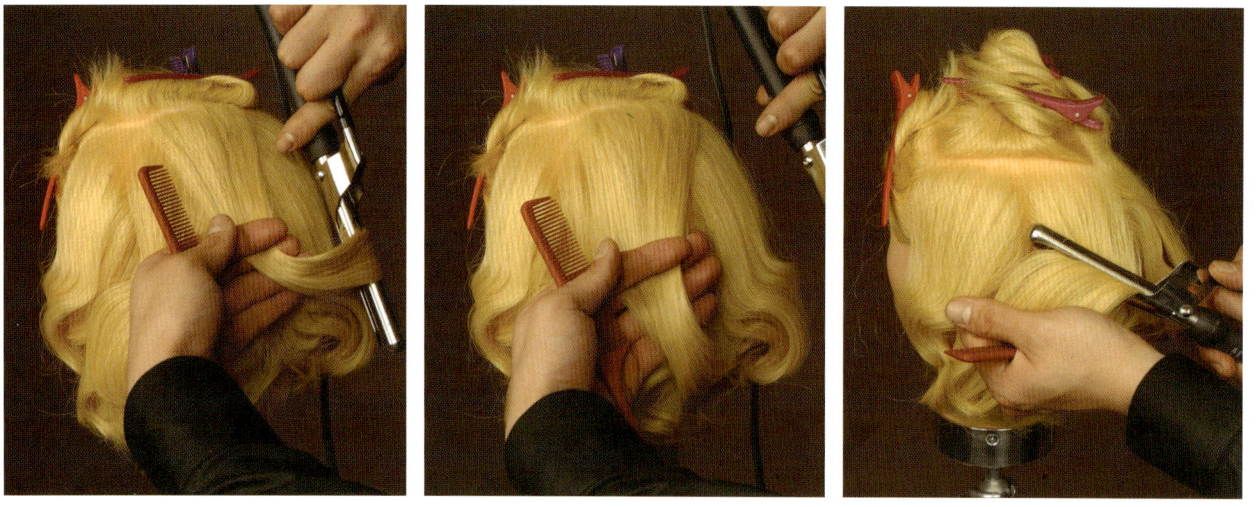

19. 모발 끝까지 완전히 빼준 후 릿지를 잡아준다.

20. 인컬 후 사선으로 잡아 180° 회전하면서 아이롱을 기울여 천천히 뜸을 주고 빼준다. 릿지를 잡아준다.

21. 섹션을 떠 빗질하고 볼륨 및 컬을 만든다.

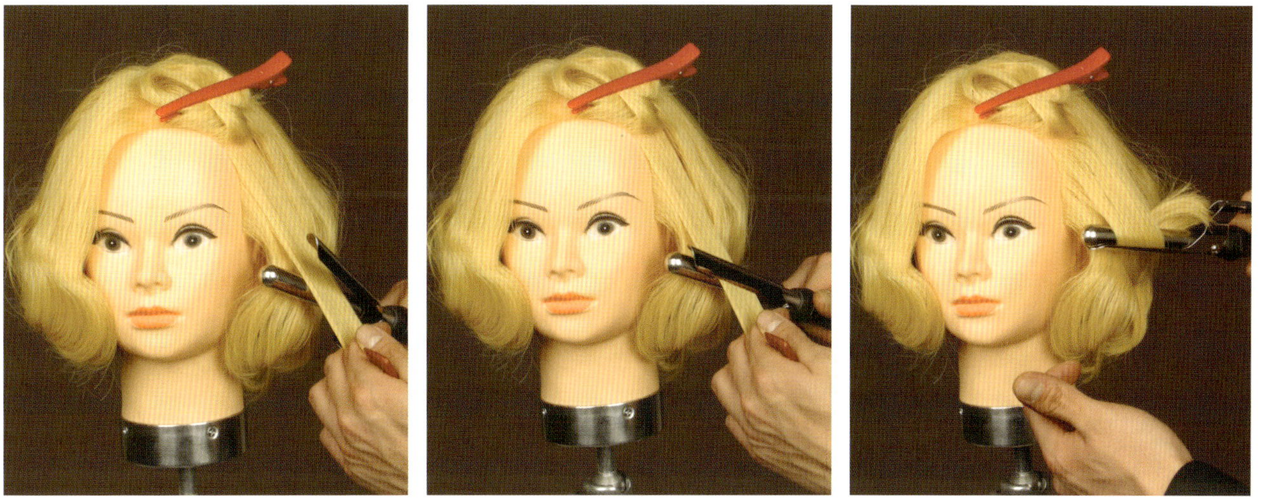

22. 사선으로 잡아 아이롱을 180° 회전한다.

23. 커브를 틀어 웨이브를 만든다.

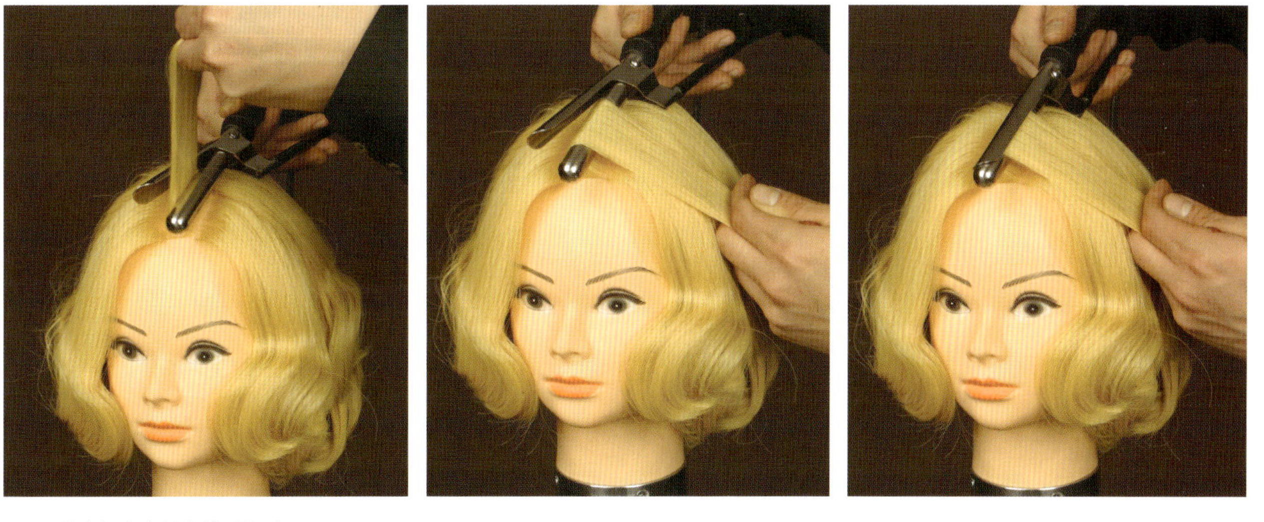

24. 충분히 볼륨을 준다.

25. 인컬을 만들기 위하여 모발 끝까지 진행한다.

26. 사선으로 잡아 커브를 형성한다.

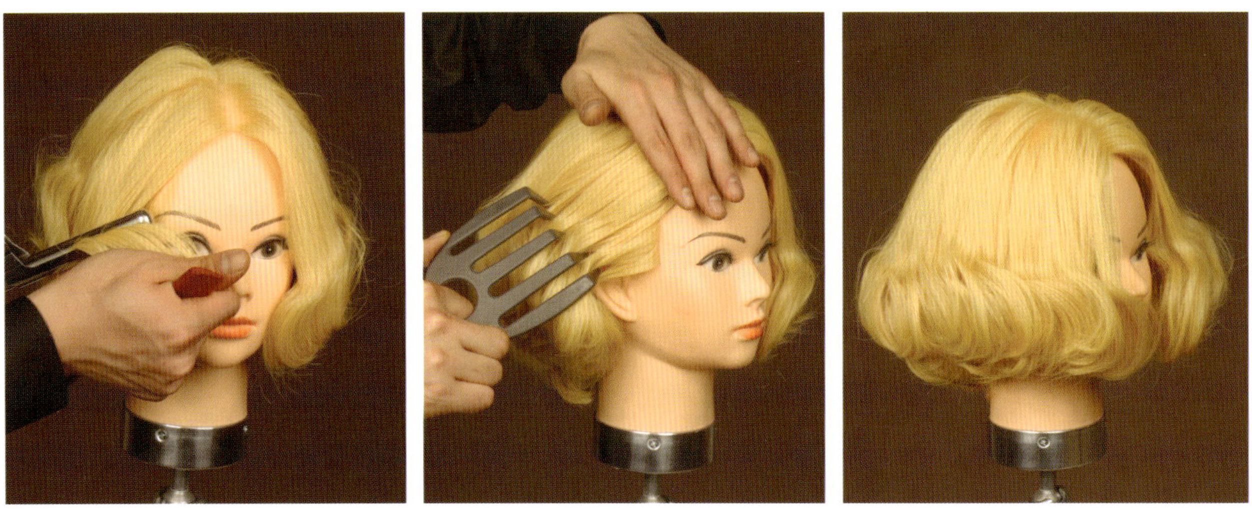

27. 정확한 릿지를 형성하고 최종 완성한 작품을 빗살이 넓은 빗으로 코밍하여 디자인한다.

8. 스파이럴컬(Spiral Curl)

만화에서 나오는 소녀의 이미지를 연상시키는 헤어 스타일로 컬의 형태에 따라 또는 디자인에 따라 여러가지 표정으로 표현할 수 있다.

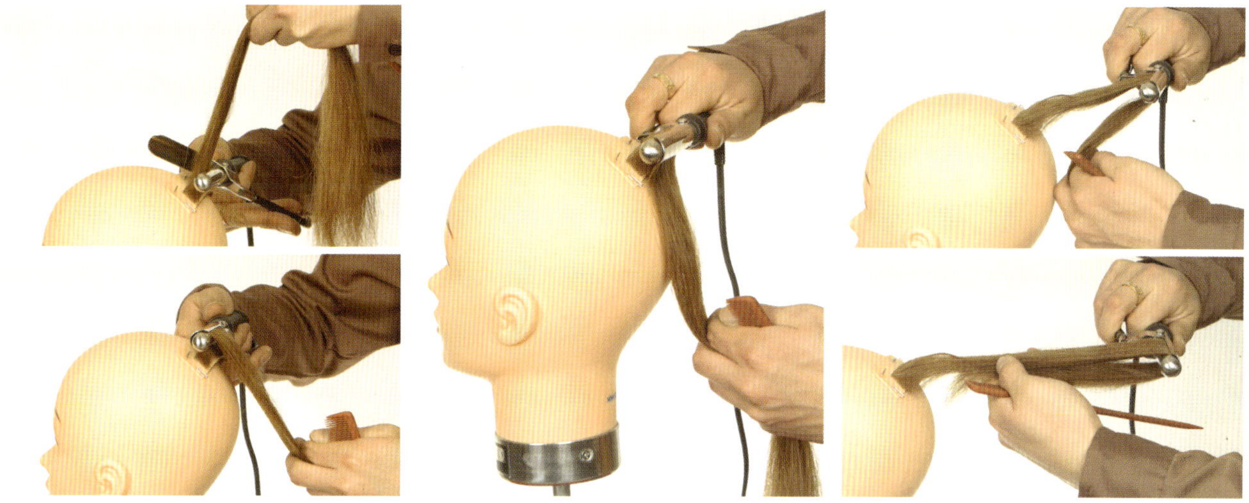

1. 시술각을 높게 잡아 볼륨을 주고 아이롱을 회전하여 모선 끝까지 훑어준다.

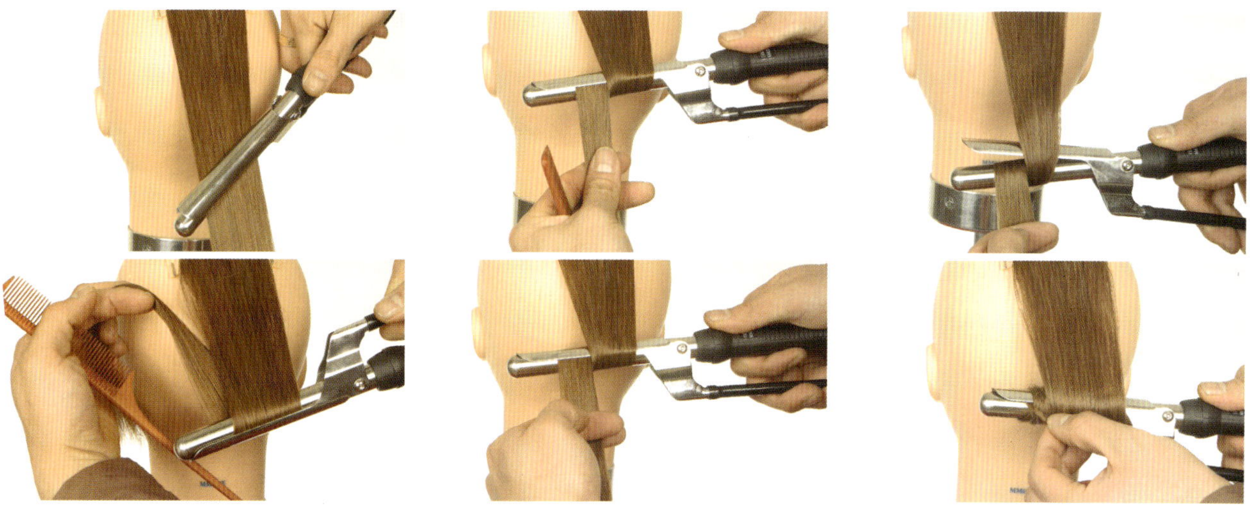

2. 디자인 위치에서 아이롱을 대주고 모발과 아이롱을 같이 회전시킨다. 이때 모발을 가지런히 펴서 잡아 주고 1회전 감을 길이를 내려온 후 다시 감아 줌을 반복한다.

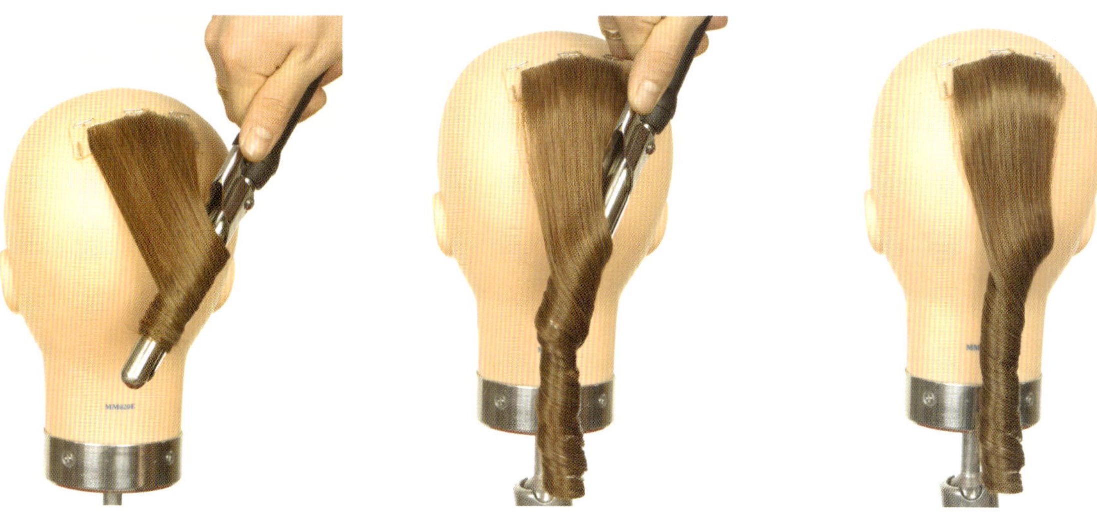

3. 아이롱을 기울여 빼서 완성한다.

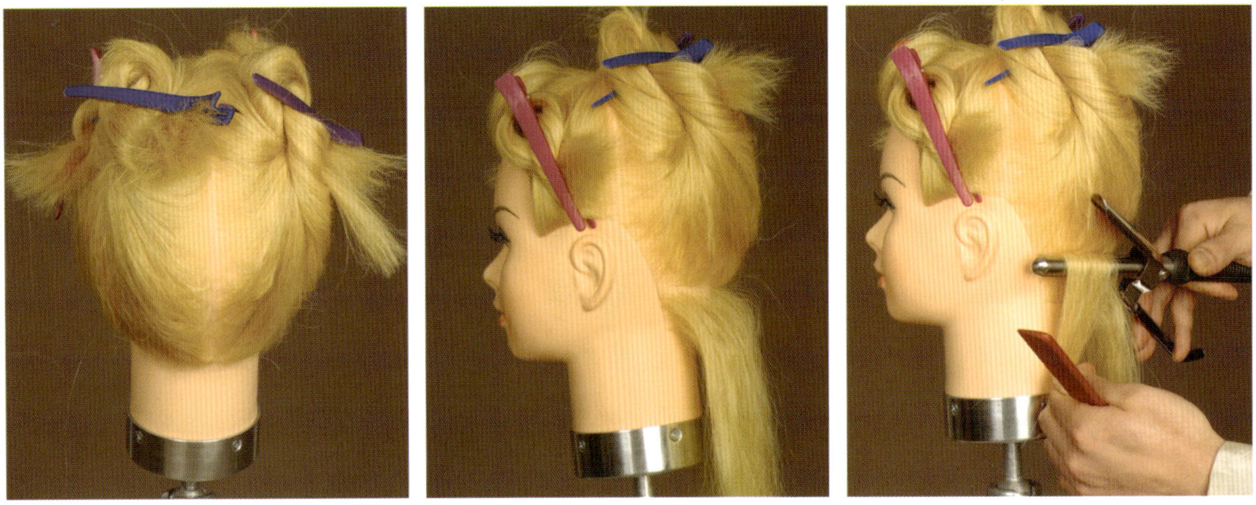

1. 브로킹은 4등분이며, 섹션은 2~3cm를 뜬다.

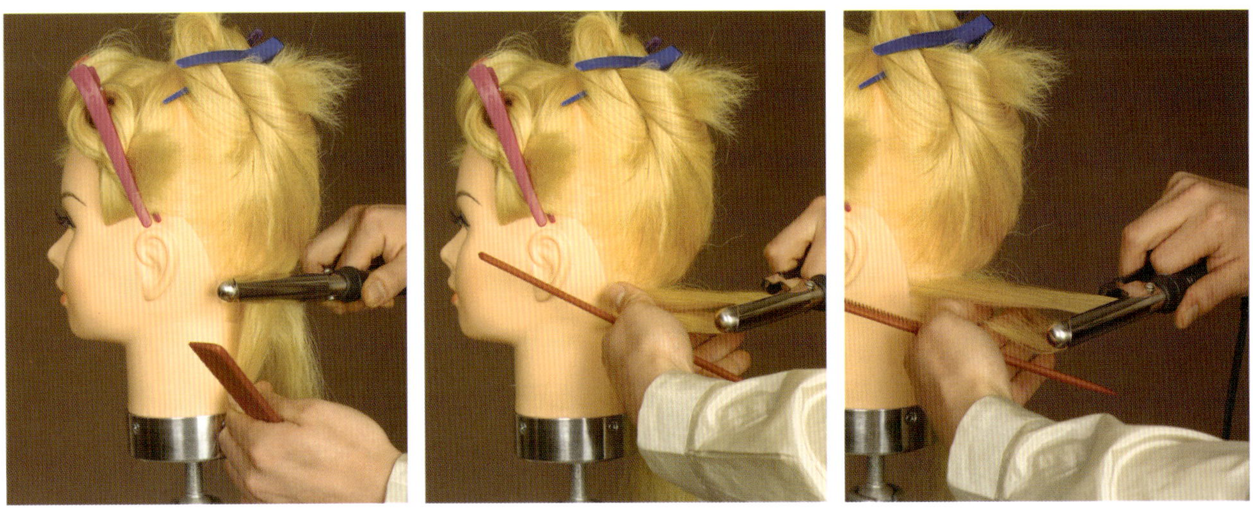

2. 볼륨감 및 방향성을 잡아준 후 아이롱을 90° 회전하여 훑어준다.

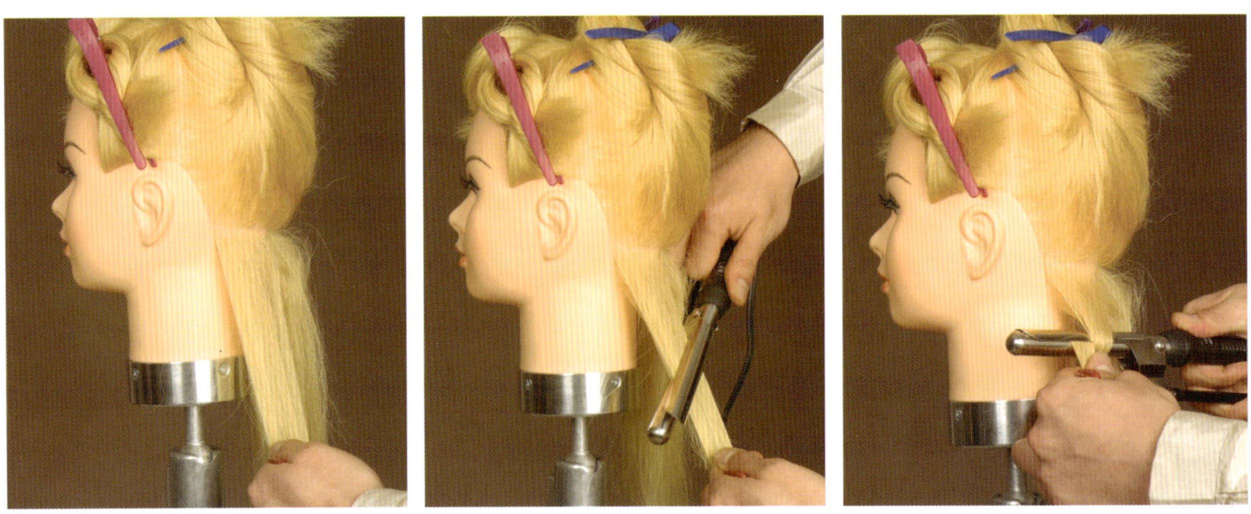

3. 모발의 각도를 다운하고 아이롱을 사선으로 잡은 후 1회전한다.

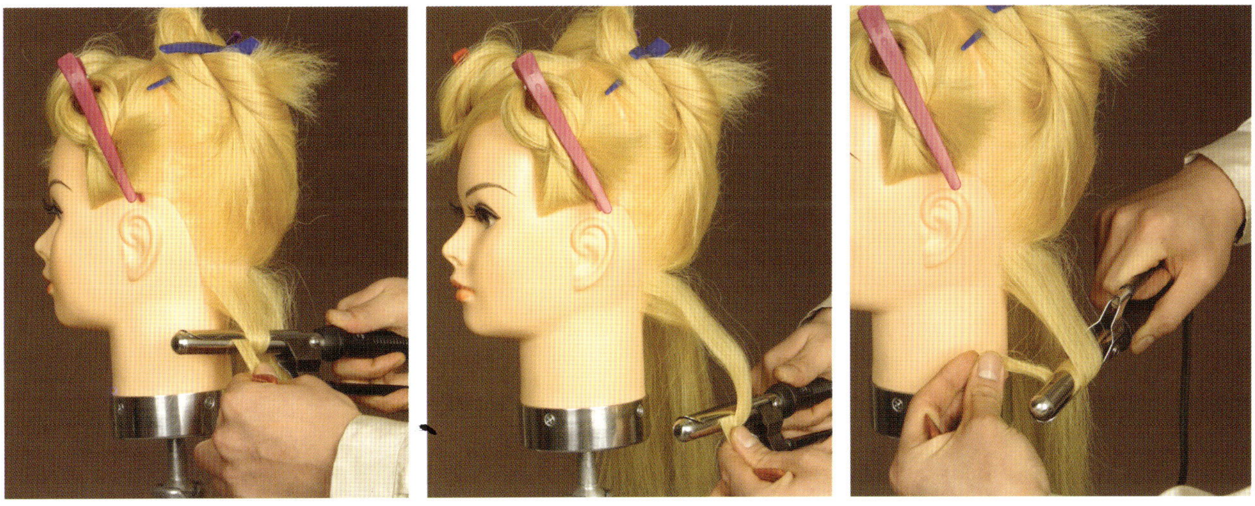

4. 뜸(열조절)을 들인 후 1회전 정도의 길이를 내려와 다시 한번 아이롱을 회전하여 감는다.

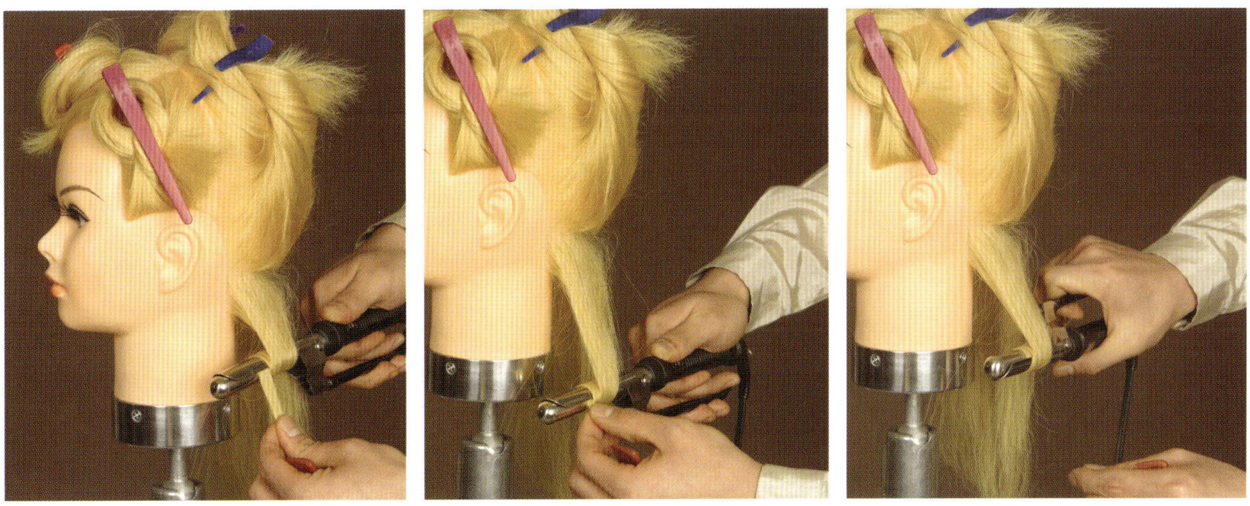

5. 약간의 뜸(열조절)을 준 다음 천천히 아이롱을 열고 닫음을 반복하여 내려오고, 다시 감아 올라간다.

6. 뜸(열조절)을 주고 아이롱을 사선으로 기울여 그루브를 약간 벌려 아이롱을 뺀다.

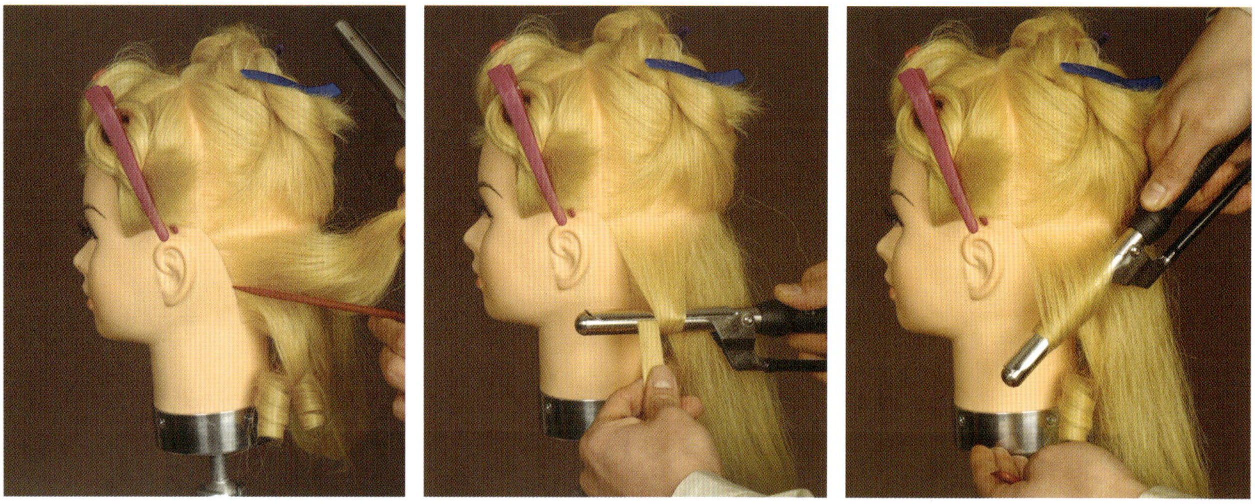

7. 정확한 섹션을 떠야만 아름다운 컬을 만들수 있다.

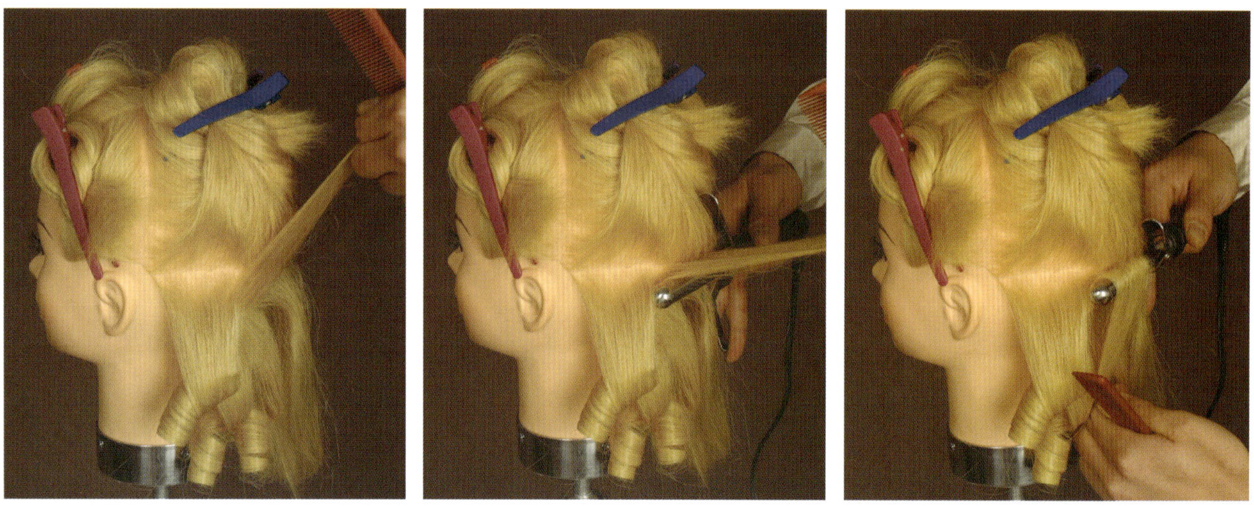

8. 섹션의 각도를 들어주어 아이롱이 들어가기 좋게 한다.

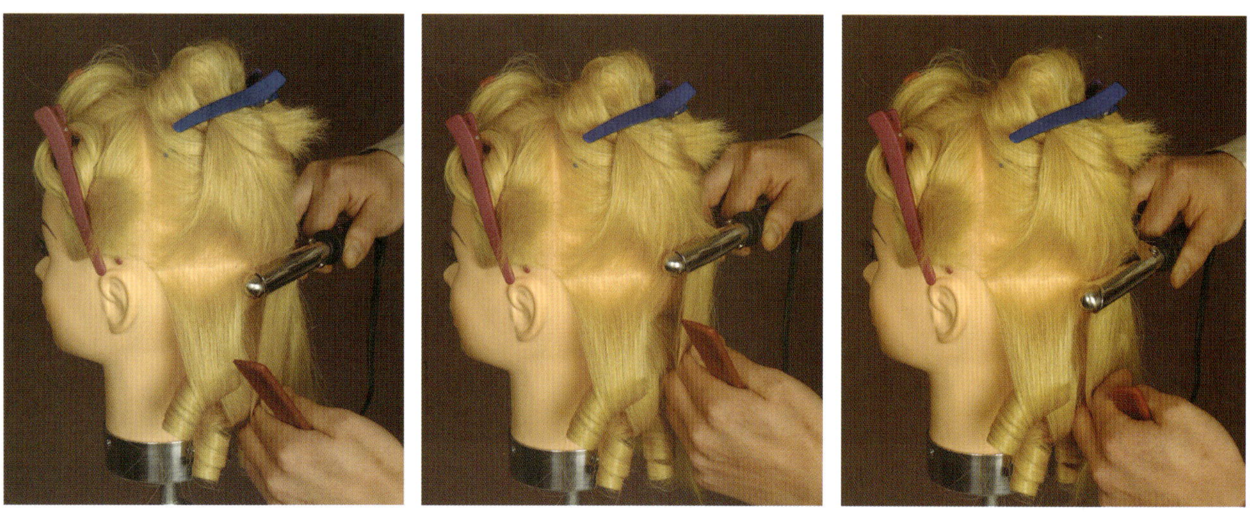

9. 모발을 잡은 손은 반드시 아래를 향하게 해야만 아이롱 자국이 남지 않는다. 아이롱을 위로 올려 볼륨감을 준다.

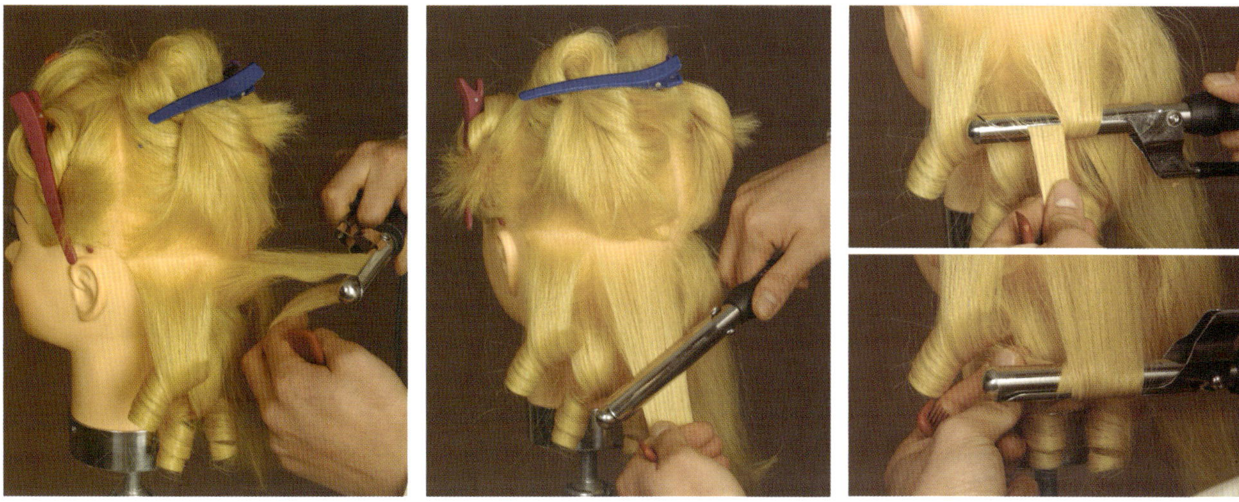

10. 아이롱을 90° 회전하여 모발을 훑어준 후 사선으로 아이롱을 잡아 1회전한다.

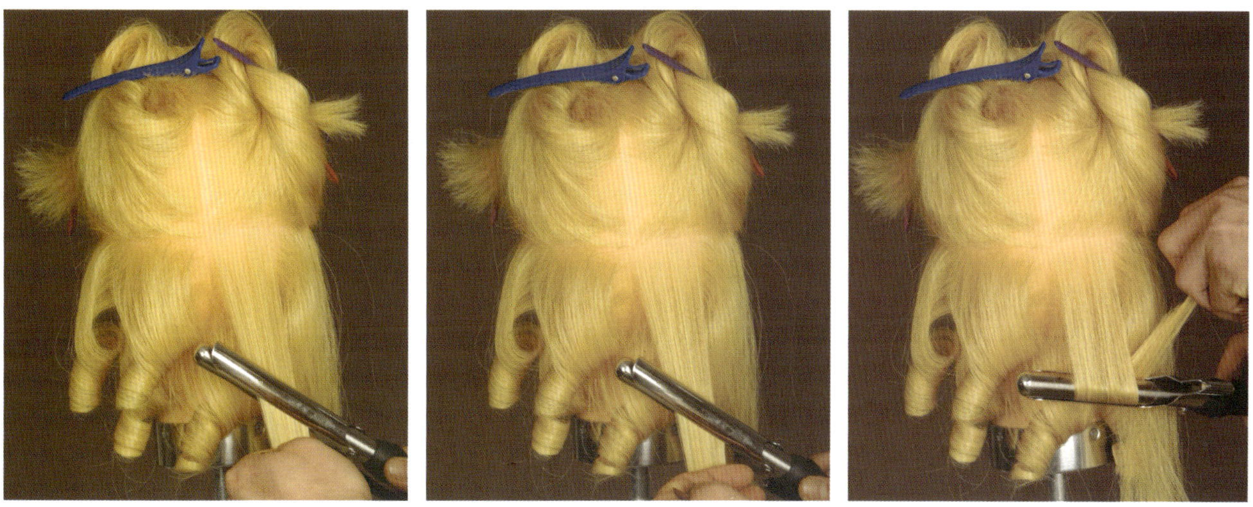

11. 오른쪽 섹션은 아이롱을 사선과 같이 기울이고 1회전하여 모발 끝이 오른쪽방향으로 빠지게 하여 잡는다.

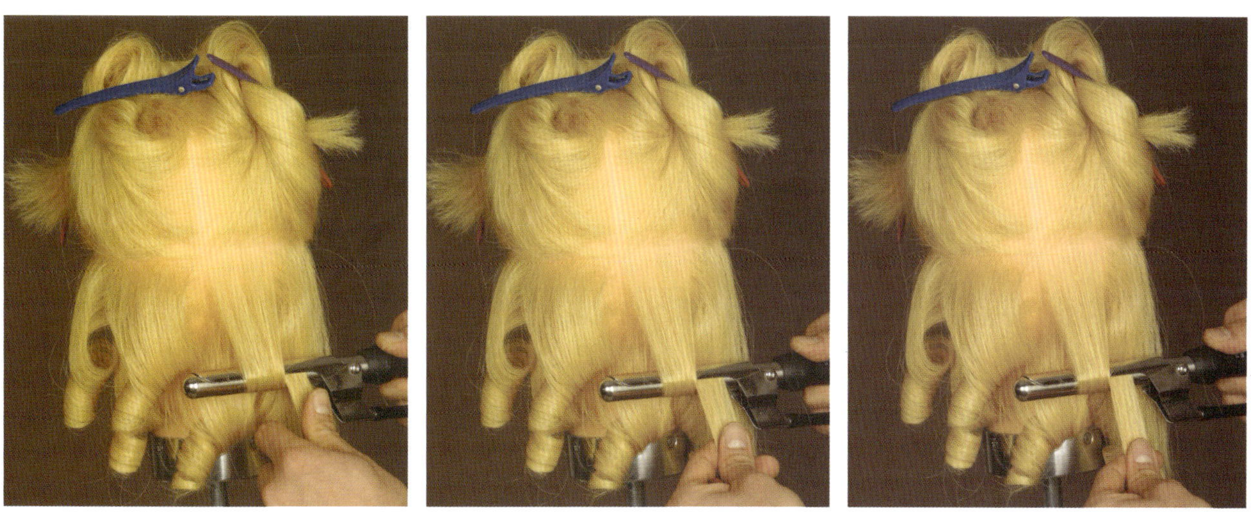

12. 뜸을 주고 천천히 그루브의 개폐 동작을 반복하면서 아래로 내려온다. 이때 모발 끝을 깨끗이 펴서 잡아주어야만 컬이 아름답다.

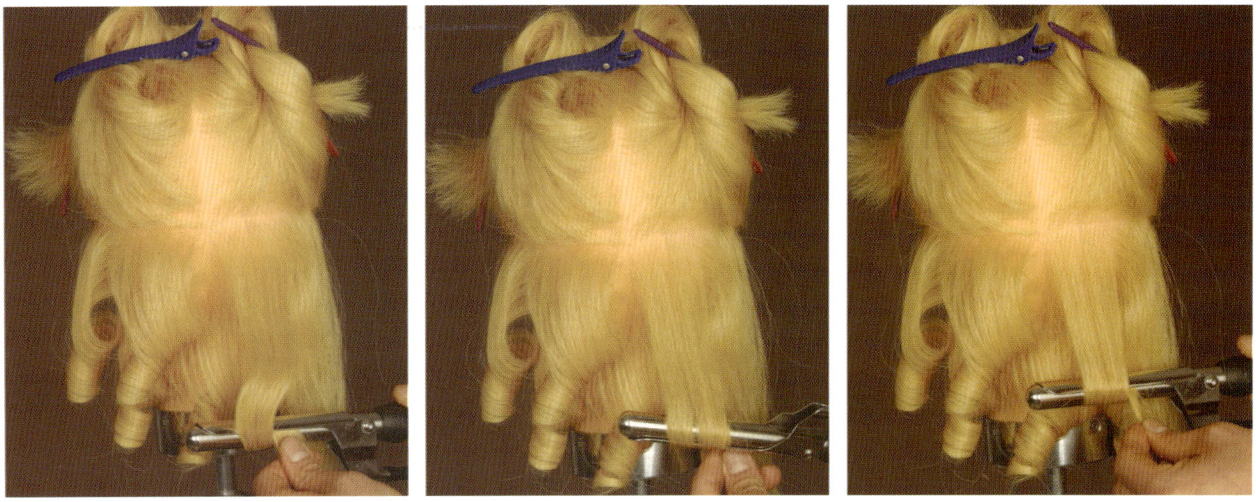

13. 1회전 감아 올라간다.

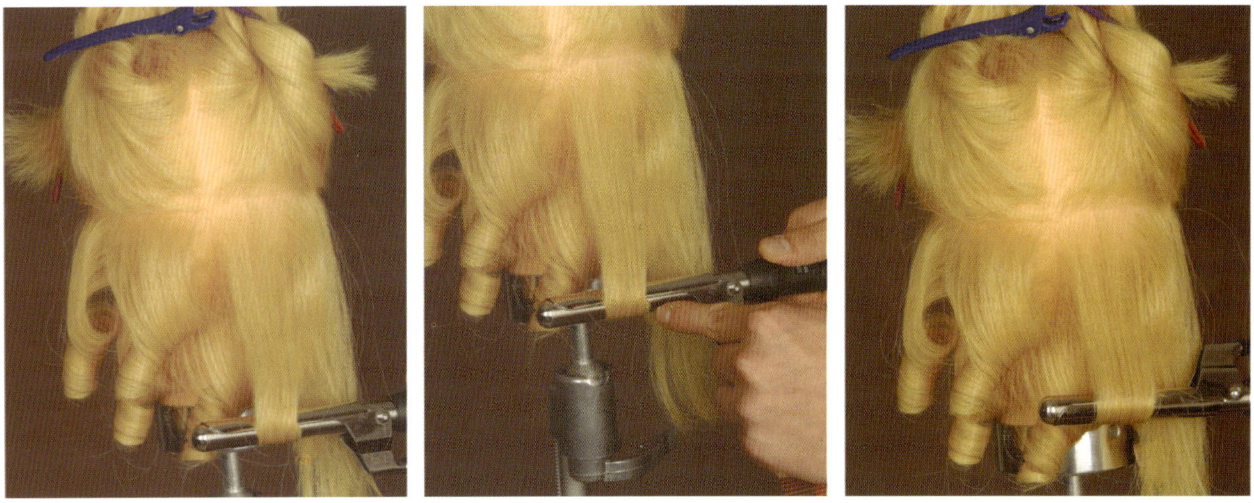

14. 모발 끝까지 깨끗이 감아 올라간다.

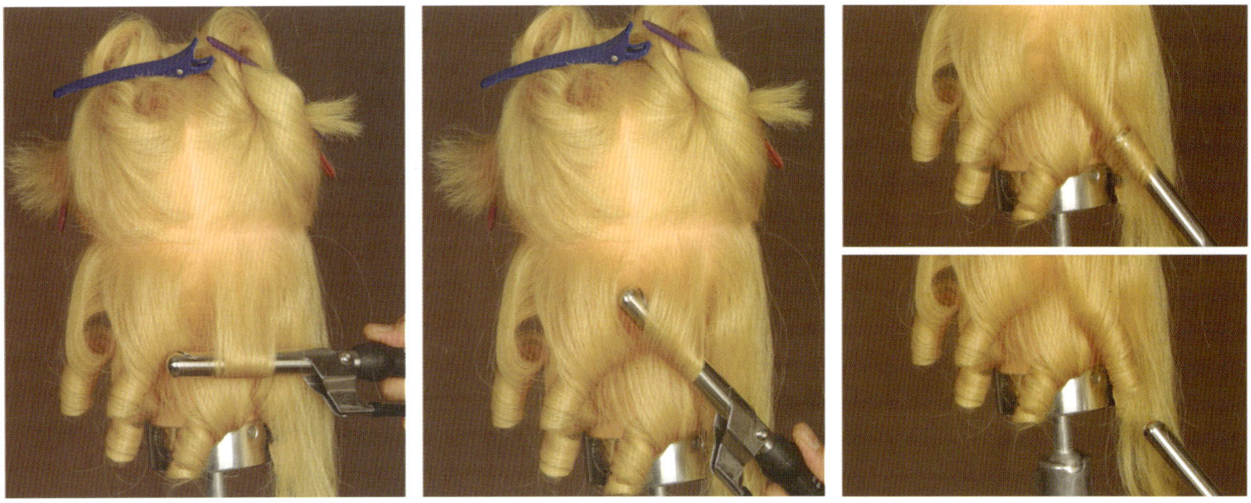

15. 뜸을 준 다음 아이롱을 기울여 빼준다. 왼쪽과 오른쪽 컬의 방향을 비교한다.

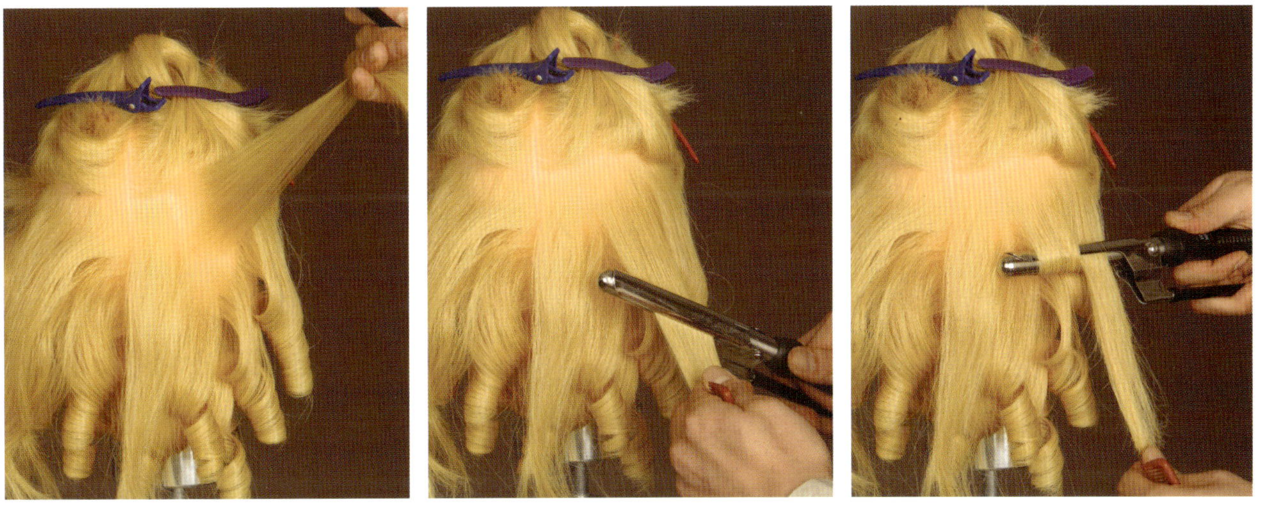

16. 섹션을 들어 아이롱을 회전하여 모발을 감는다.

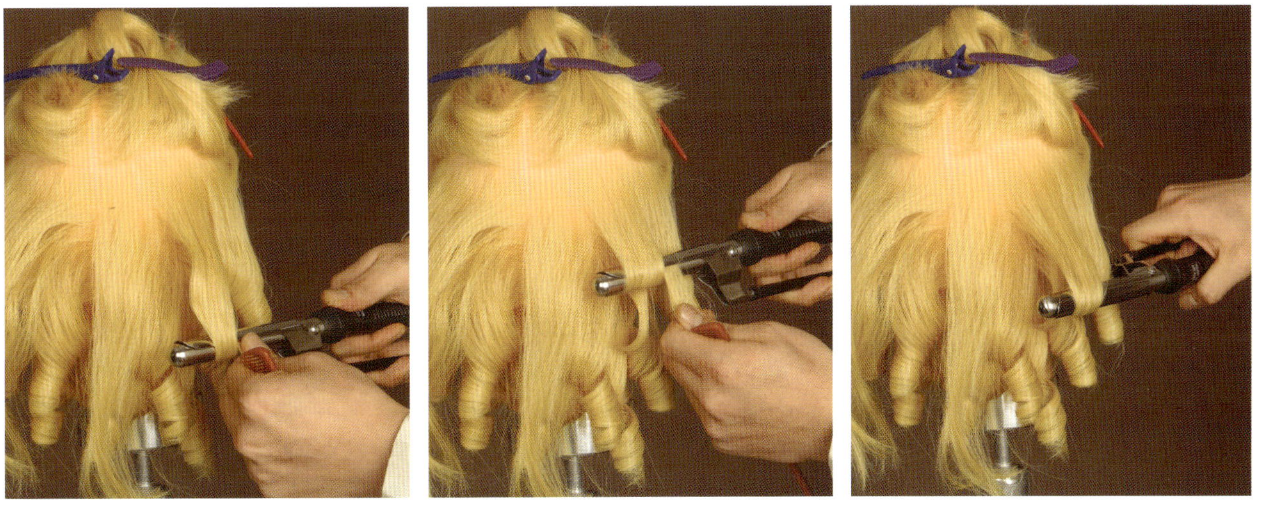

17. 천천히 뜸(열조절)을 주며 내려와 아이롱을 1회전 감고 내려와 다시 감아 올라간다.

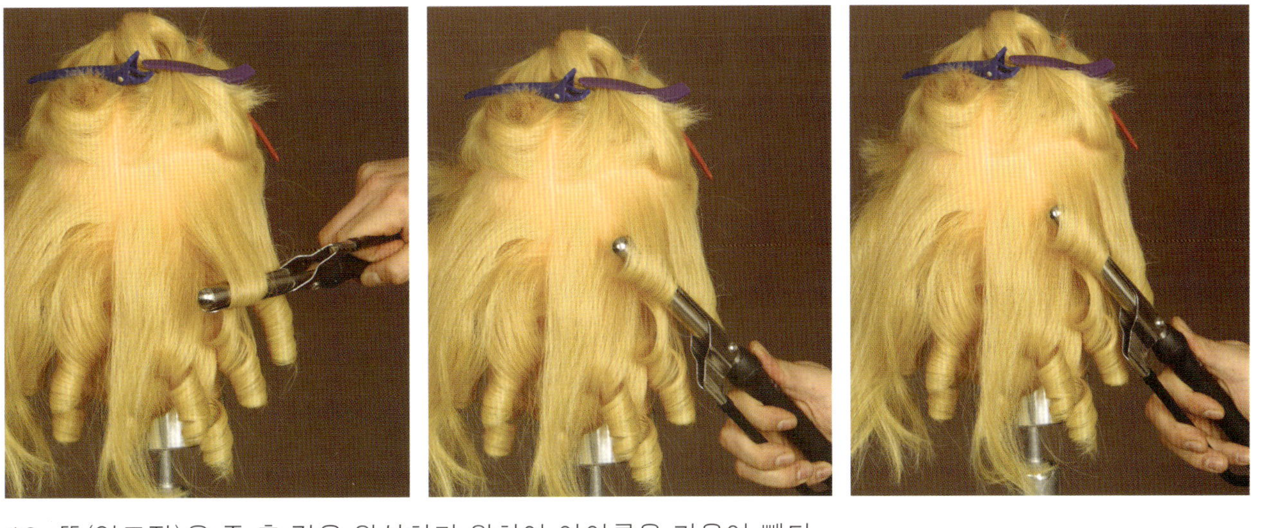

18. 뜸(열조절)을 준 후 컬을 완성하기 위하여 아이롱을 기울여 뺀다.

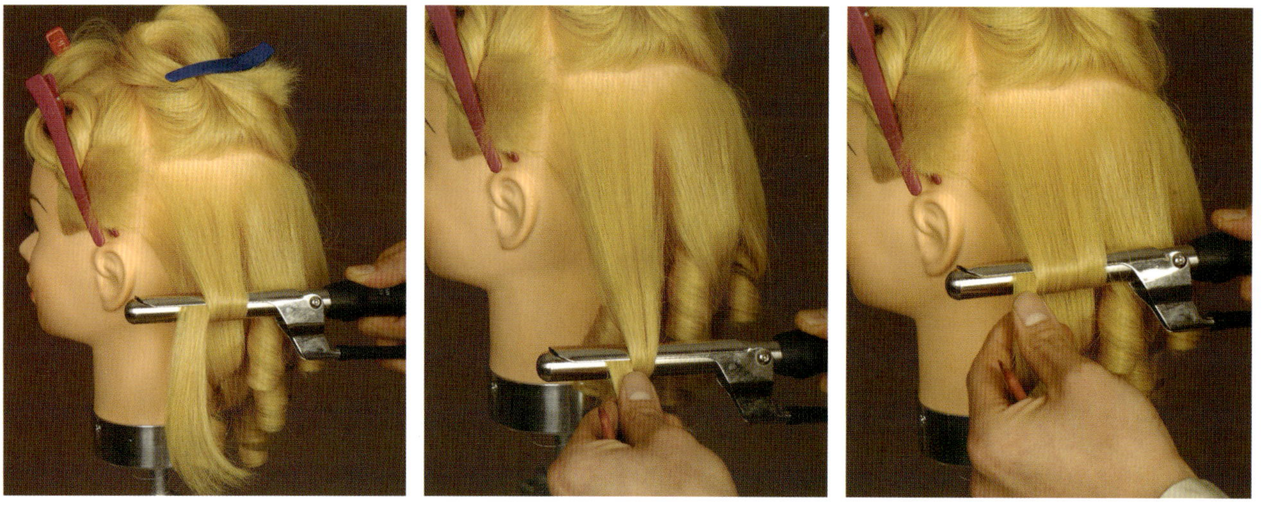

19. 아이롱을 회전하여 모발 끝이 엉키지 않게 펴서 잡아준다.

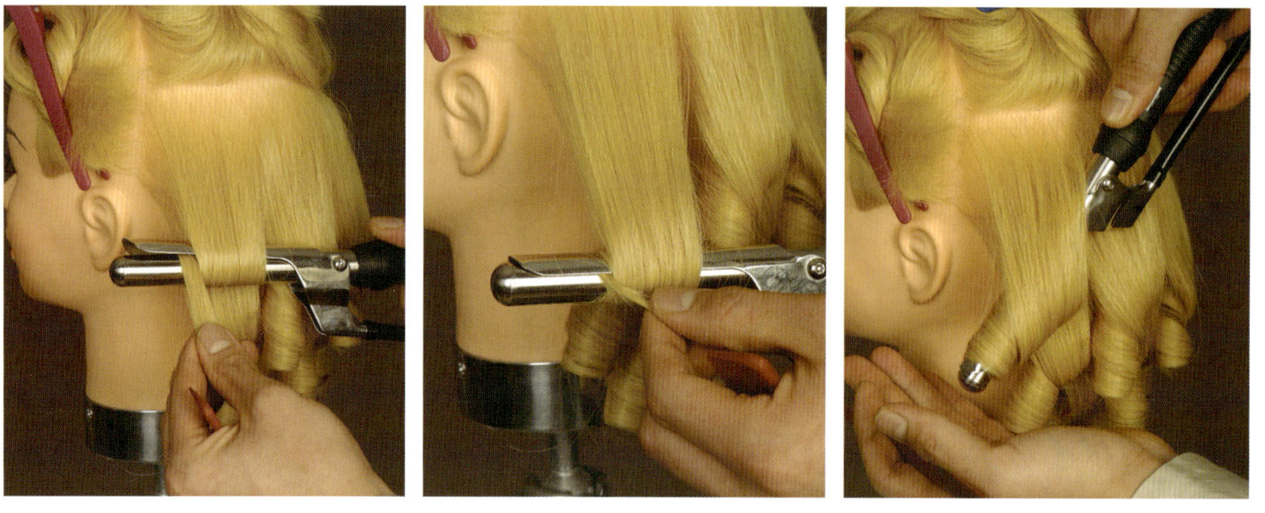

20. 1회전 정도의 길이를 내려온 후 다시 감아 올라가는 것을 반복한다.

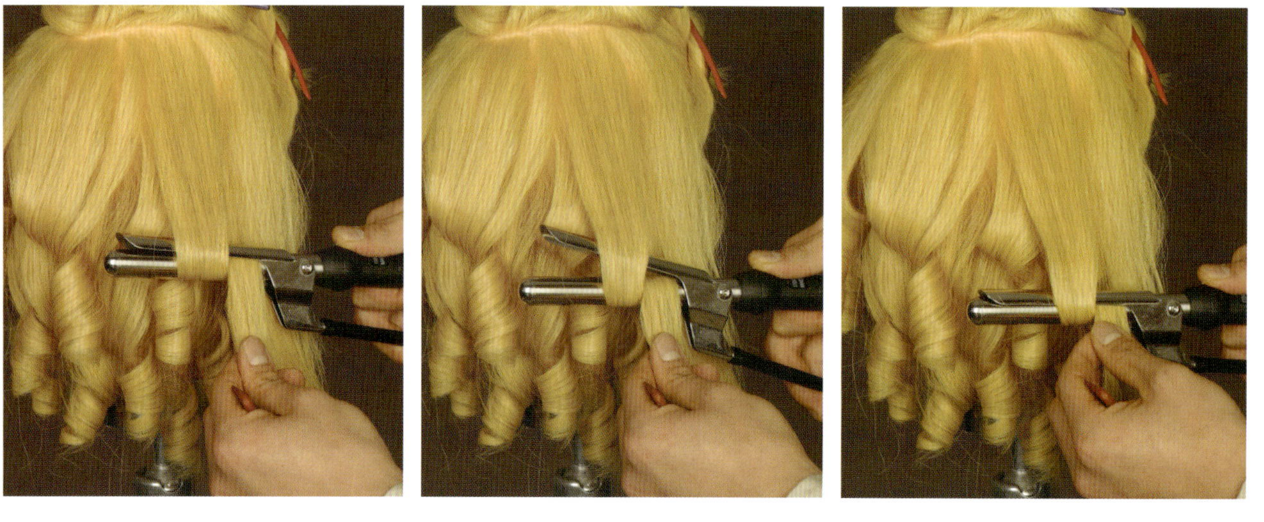

21. 그루브를 열고 닫음을 반복하여 1회전 감을 길이를 내려온다.

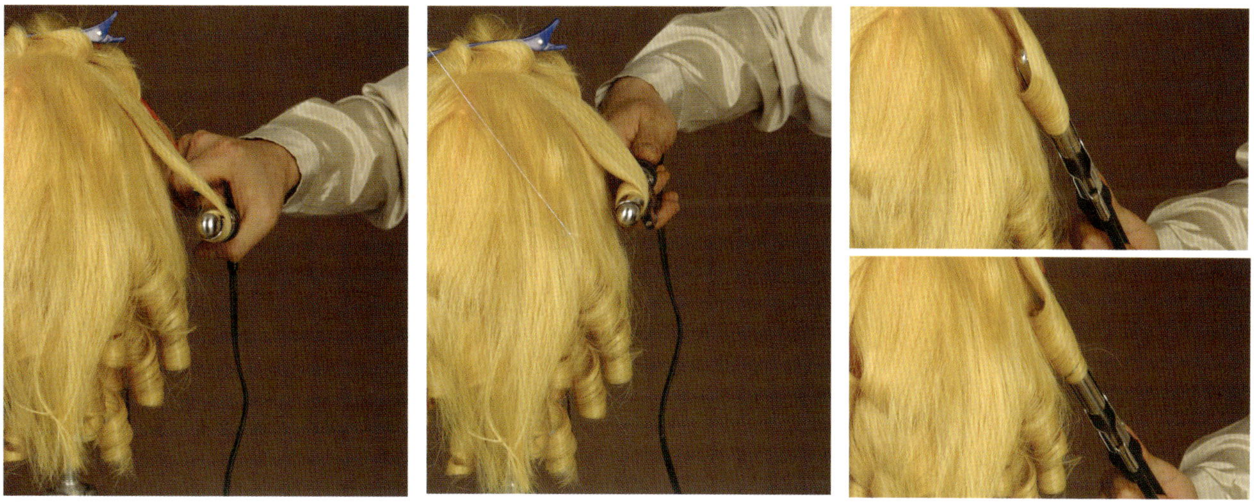

22. 1회전씩 감아 올라가고 내려옴을 반복하여 완성한다.

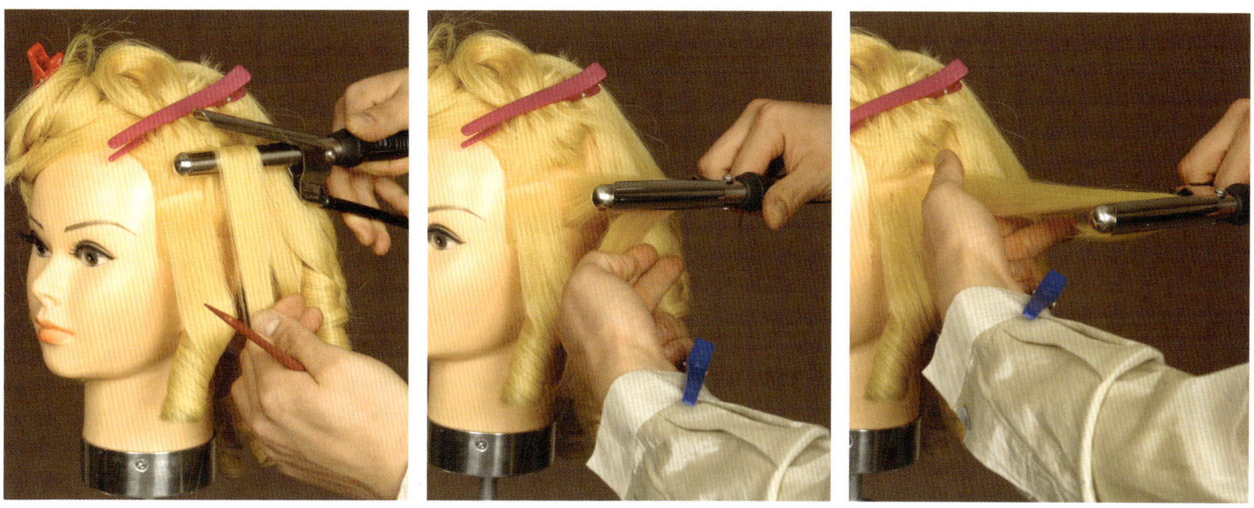

23. 볼륨을 살려주고 모발을 훑어준다.

24. 아이롱을 180° 회전하여 잡고 위와 같은 방법으로 완성한다.

25. 반대편 사이드의 아이롱 방향 및 모발의 위치에 주의한다.

26. 아이롱을 모발에서 뺀다.

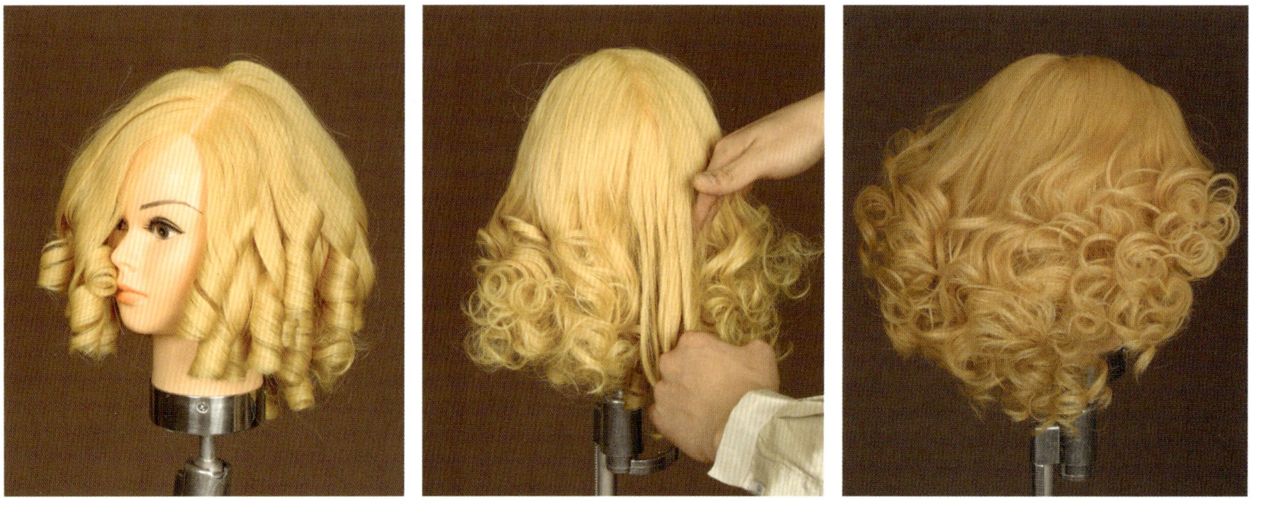

27. 손가락을 사용하여 여러 스타일을 표현할 수 있다.

9. S컬(S Curl)

가장 여성스러운 스타일이다. 드라이 테크닉으로 표현 할 수도 있지만 아이롱을 사용하여 시술하면 오랜 시간 형태를 유지할 수 있고 시간의 흐름에 따라 자연스런 컬을 나타낼 수 있다.

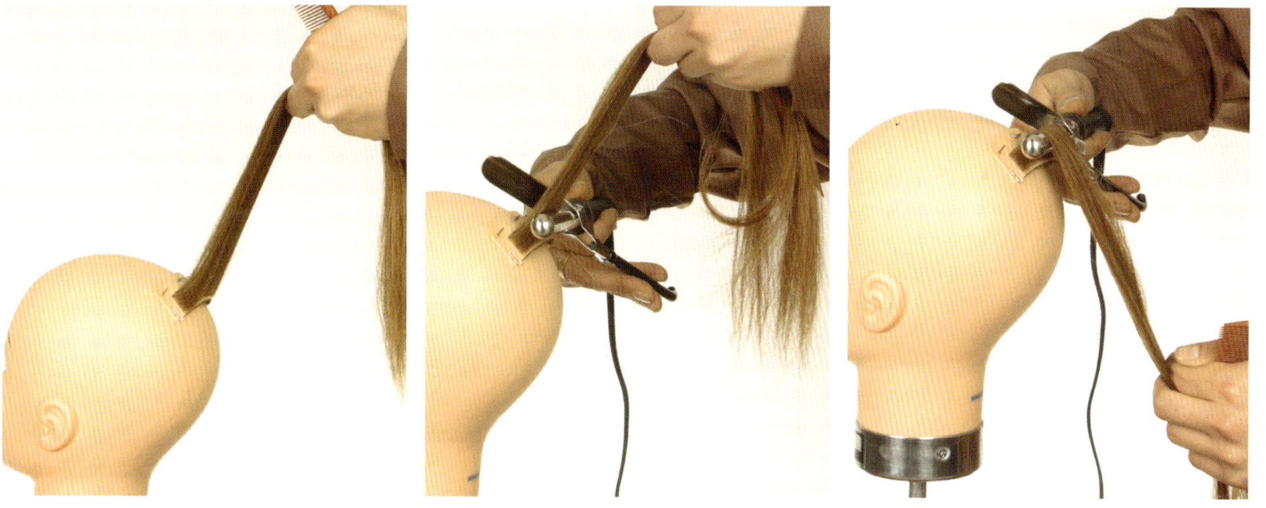

1. 각도를 들어 아이롱을 댄 후 모발을 아래로 향하도록 한다.

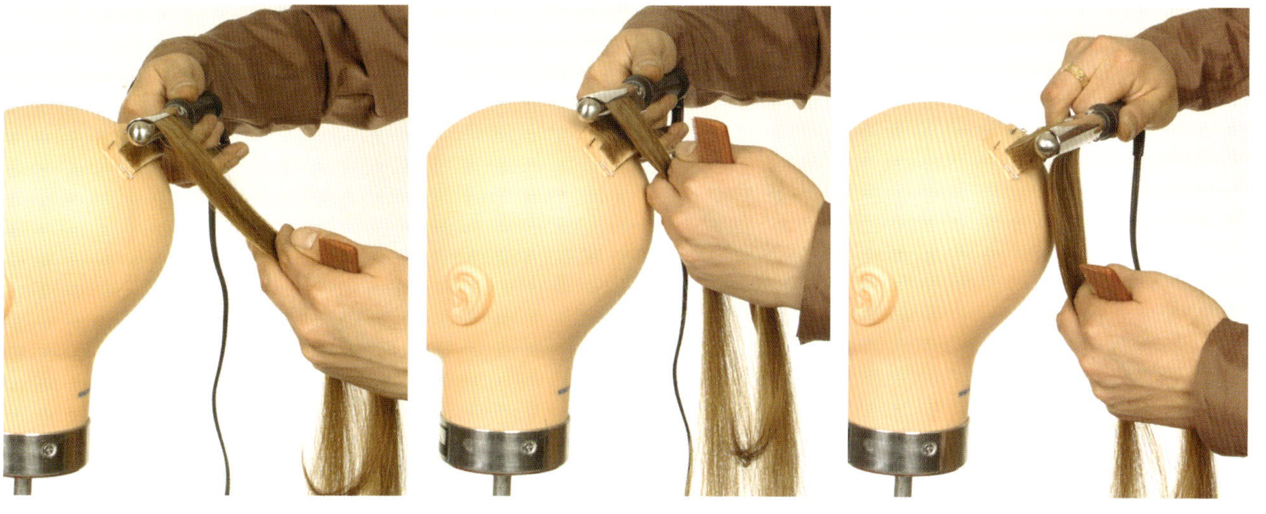

2. 아이롱을 회전하여 볼륨을 준다.

3. 스트랜드 전체를 한번 훑어 준 후 아이롱을 사선으로 위치한다.

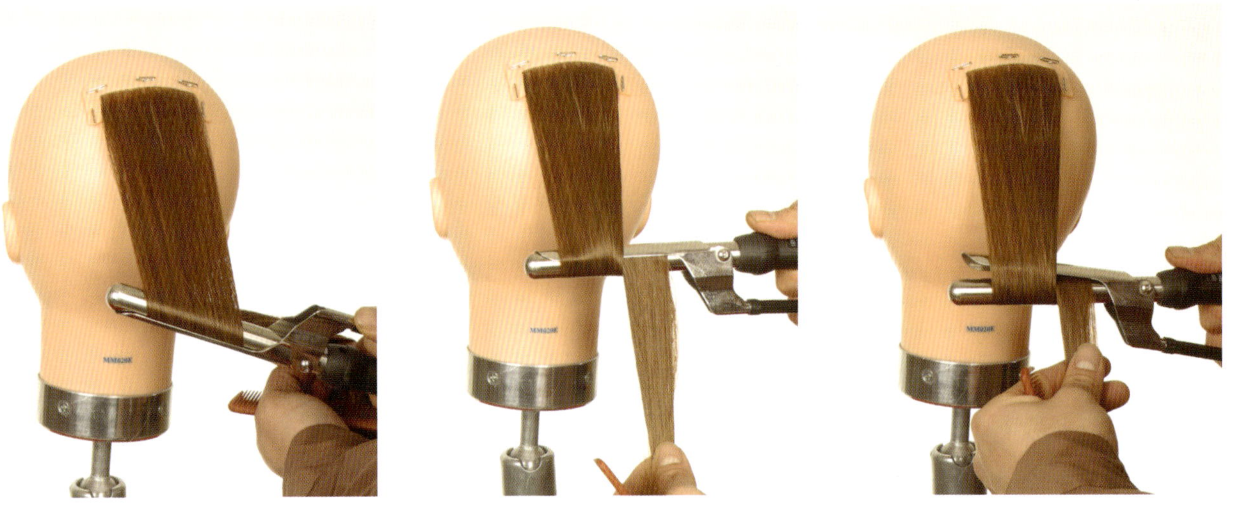

4. 모발과 아이롱을 회전시켜 준 후 모발 끝을 가지런히 펴서 잡아준다.

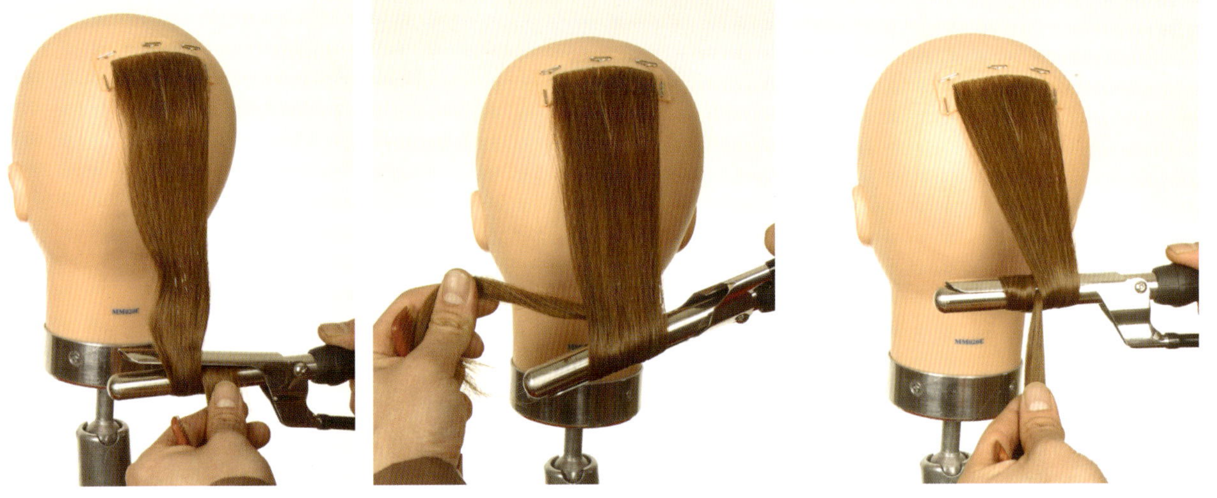

5. 1회전 정도의 길이를 내려와 다시 한번 아이롱과 모발을 회전한다.

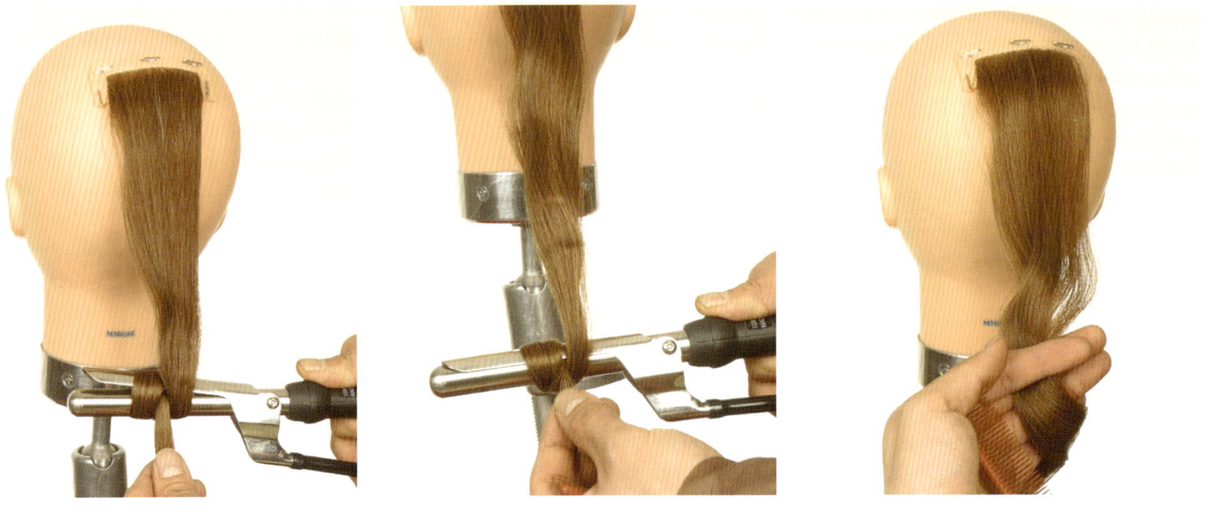

6. 모발 끝을 잘 펴준 상태에서 그루브를 열고 닫음을 반복하여 모발 끝까지 진행한다.

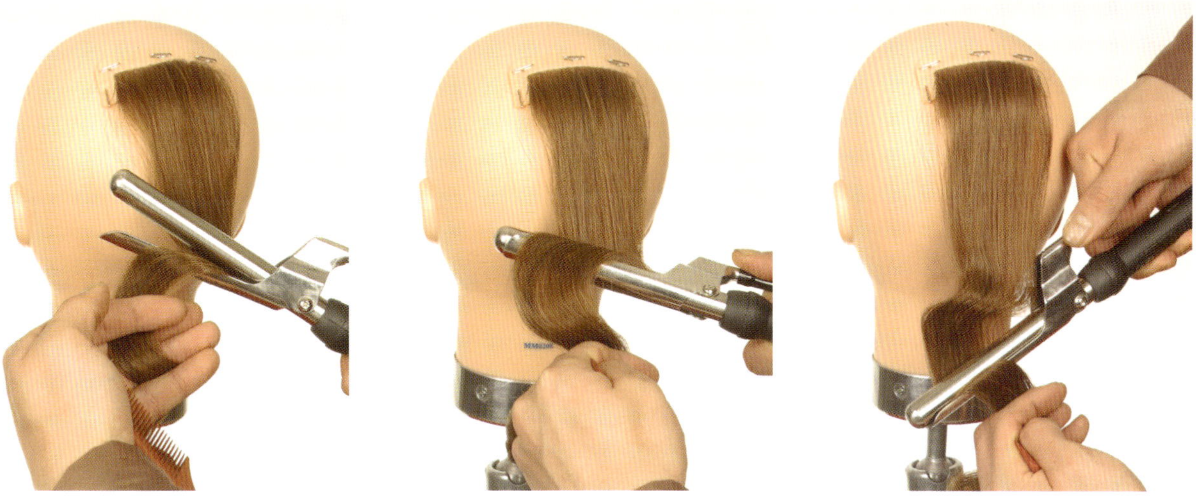

7. 릿지를 형성할 부분에 아이롱을 뒤집어 릿지를 잡아준다.

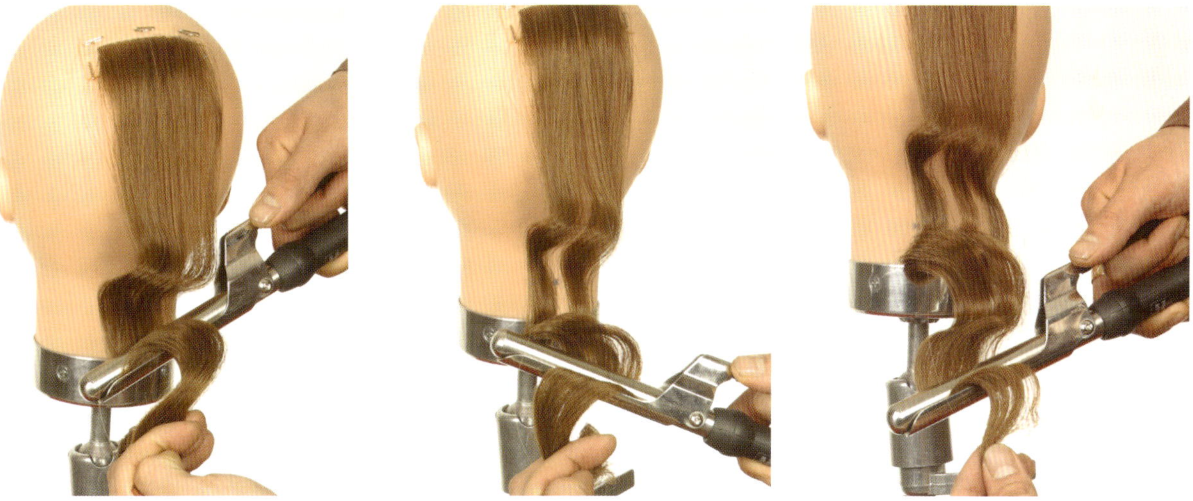

8. C커브 마다 아이롱을 기울여 릿지를 잡아준다.

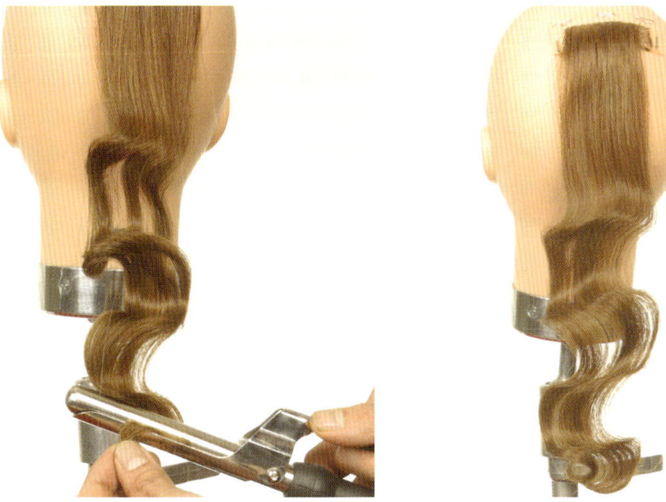

9. 모선 끝까지 웨이브의 흐름을 연결시켜 준다.

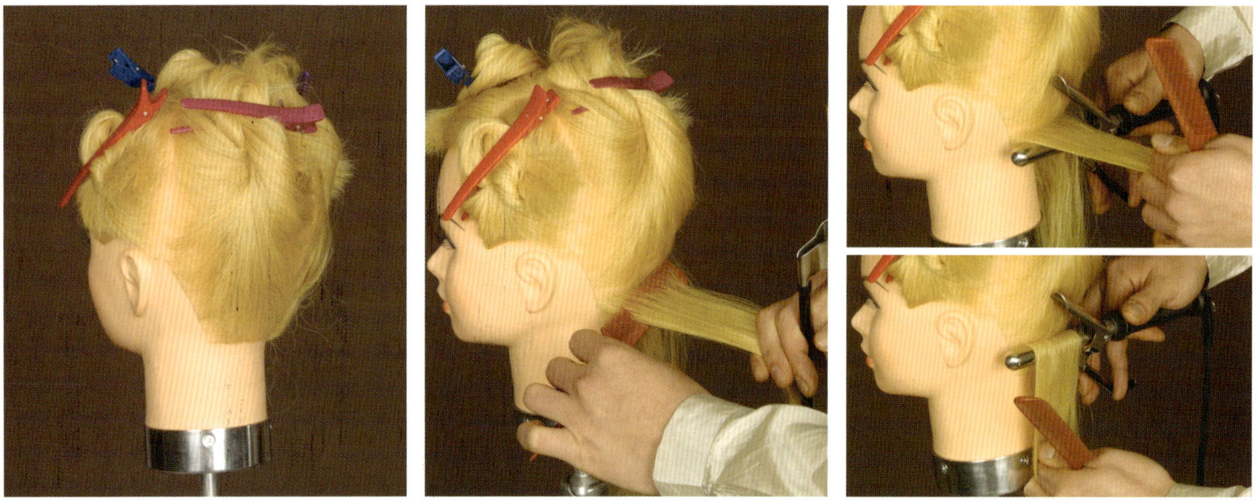

1. 브로킹은 4등분으로 하여 섹션을 빗질한 후 볼륨을 살려준다.

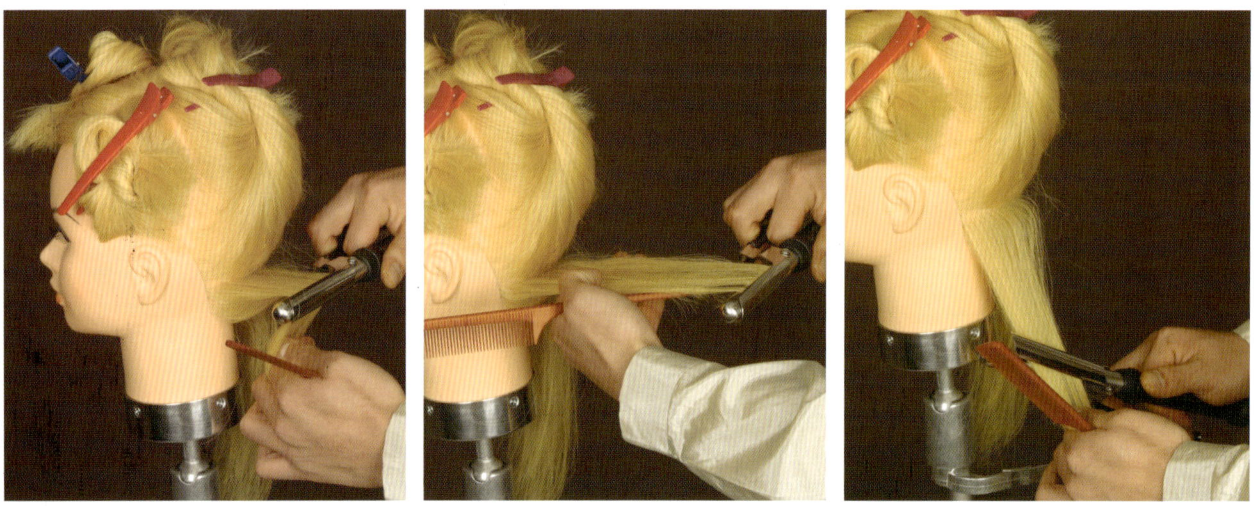

2. 아이롱을 회전하여 모발을 펴준다.

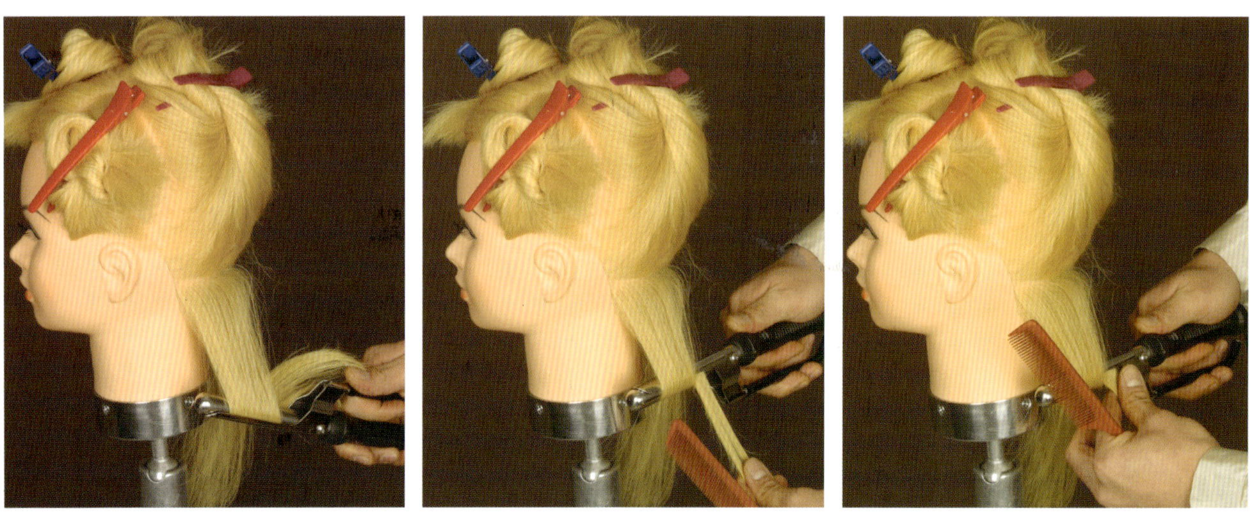

3. 아이롱을 회전하여 모발 끝을 펴서 잡아준다.

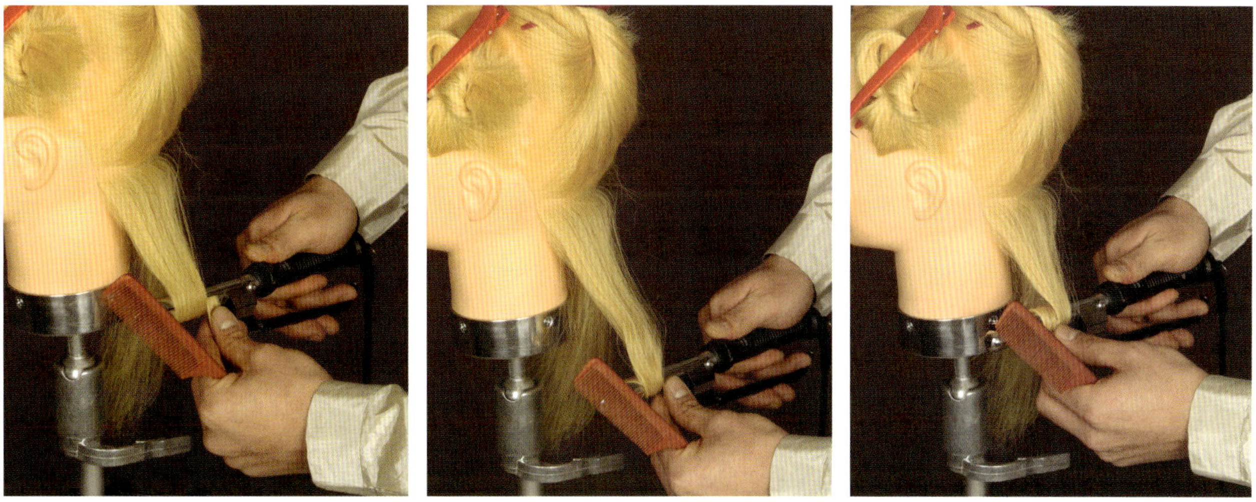

4. 1회전 감을 길이를 내려온 후 다시 감아 올라간다.

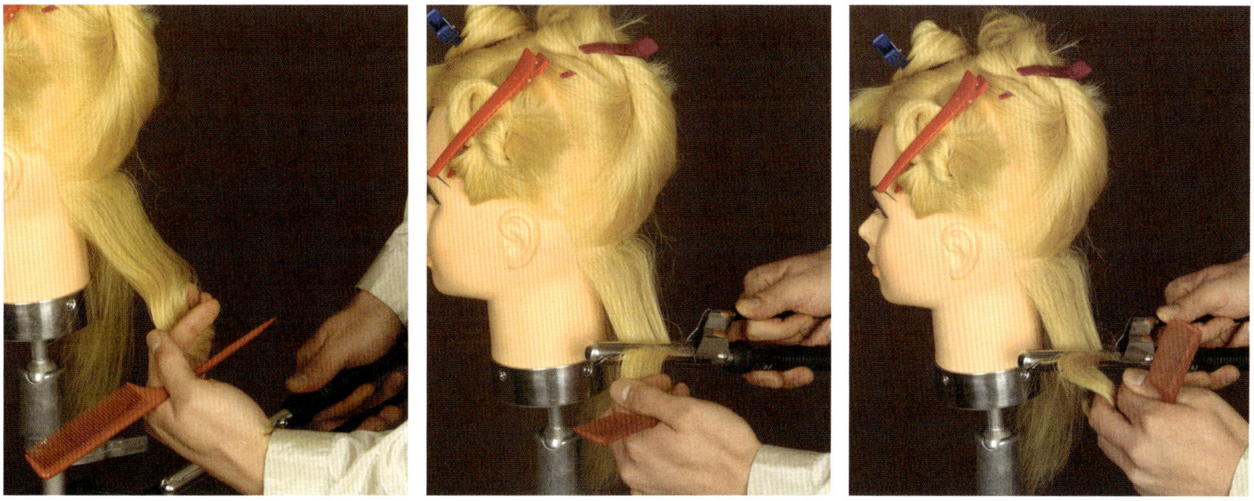

5. 릿지를 잡아준다.

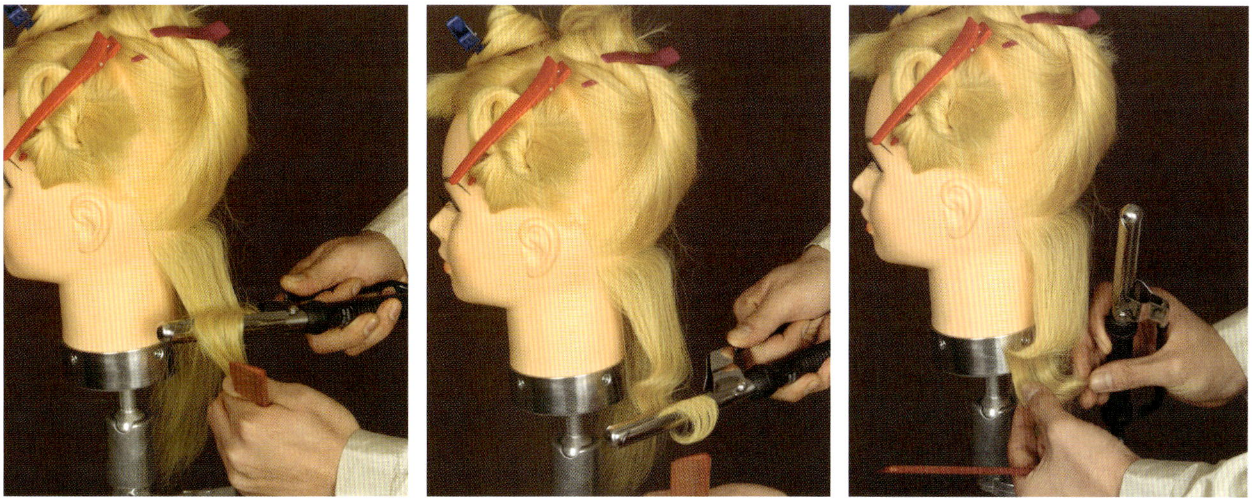

6. 모발 끝부분까지 릿지를 잡아주고 형성된 웨이브를 펴 준다.

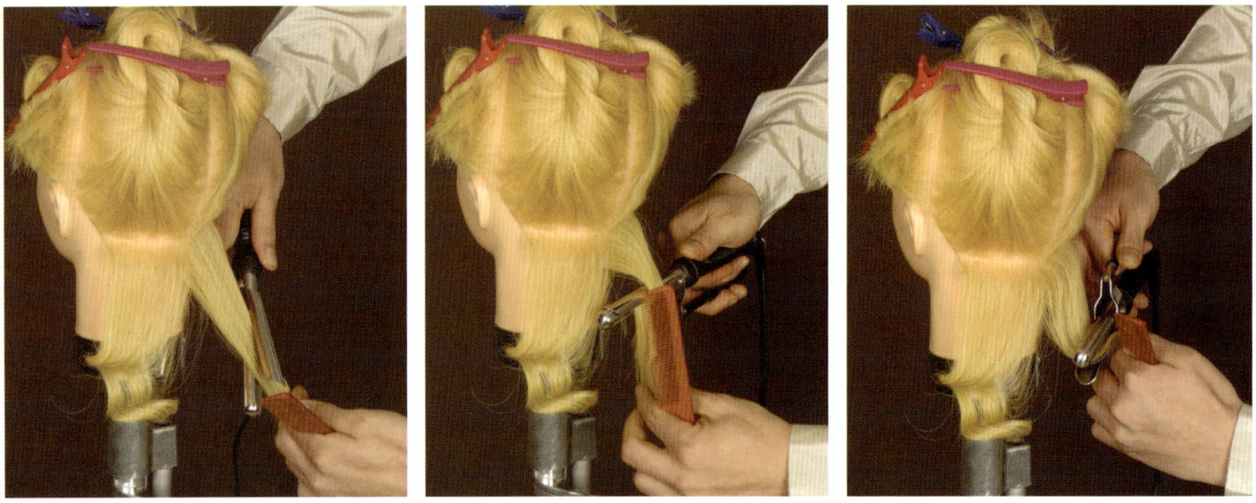

7. 아이롱을 사선으로 기울여 모발과 함께 회전시킨다.

8. 아이롱을 회전하여 모발 끝을 펴준 후 1회전 정도의 길이를 내려와 다시 한번 회전 시켜 모발 끝까지 빼준다.

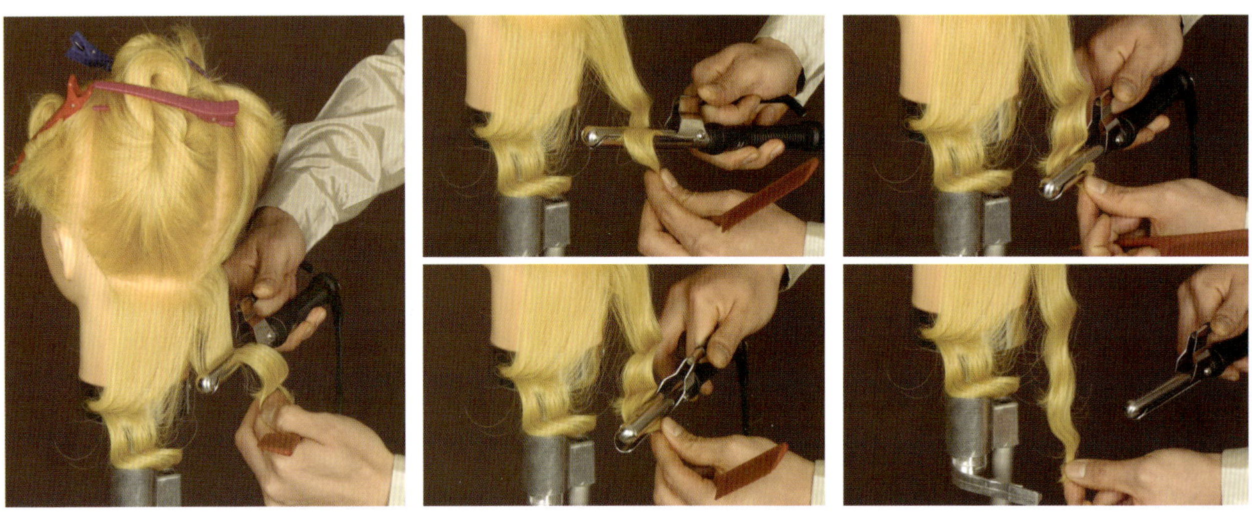

9. 모발 끝까지 릿지를 잡아준다.

10. 두피의 모발 방향성 및 볼륨감을 잡아준 다음 모발 끝까지 훑어준다. 아이롱을 사선으로 잡아준 후 아이롱을 회전한다.

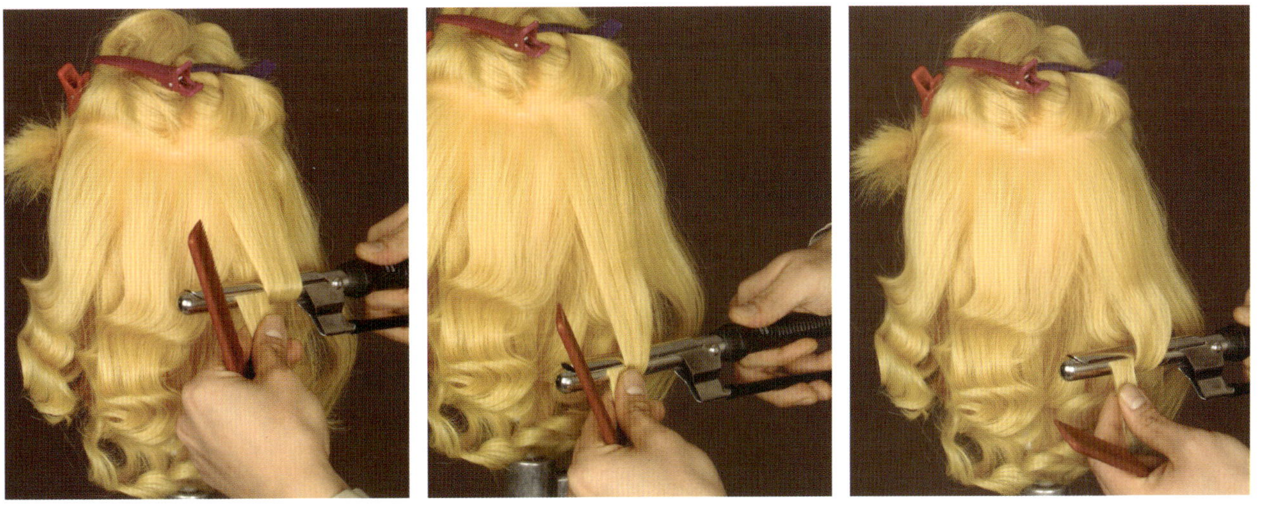

11. 모발을 가지런히 펴주고 천천히 그루브를 열고 닫고 하면서 뜸을 주며 내려온다.

12. 컬을 원하는 위치에서 멈춰 아이롱을 회전하여 모발 끝을 펴서 잡아 준 다음 뜸을 주고 모발 끝까지 천천히 내려와 S컬을 잡는다.

13. 살짝 밀어 릿지에 아이롱을 넣어 그루브를 닫아준다. 다음 커브로 내려가 디자인한다.

14. 계속하여 모발을 밀어 C컬이 형성되는 곳에 아이롱을 넣어 웨이브를 형성한다.

15. 사선으로 아이롱을 넣어 회전하여 꼬인 모발을 잘 펴서 잡아준 후 천천히 내려온다.

16. 아이롱을 회전하여 엉킨 모발 끝을 펴서 잡아준다.

17. 손을 살짝 밀어 C컬이 만들어지는 곳에 아이롱을 넣어준다.

18. 천천히 내려오면서 왼손을 조금씩 밀면서 아이롱을 넣어 디자인한다.

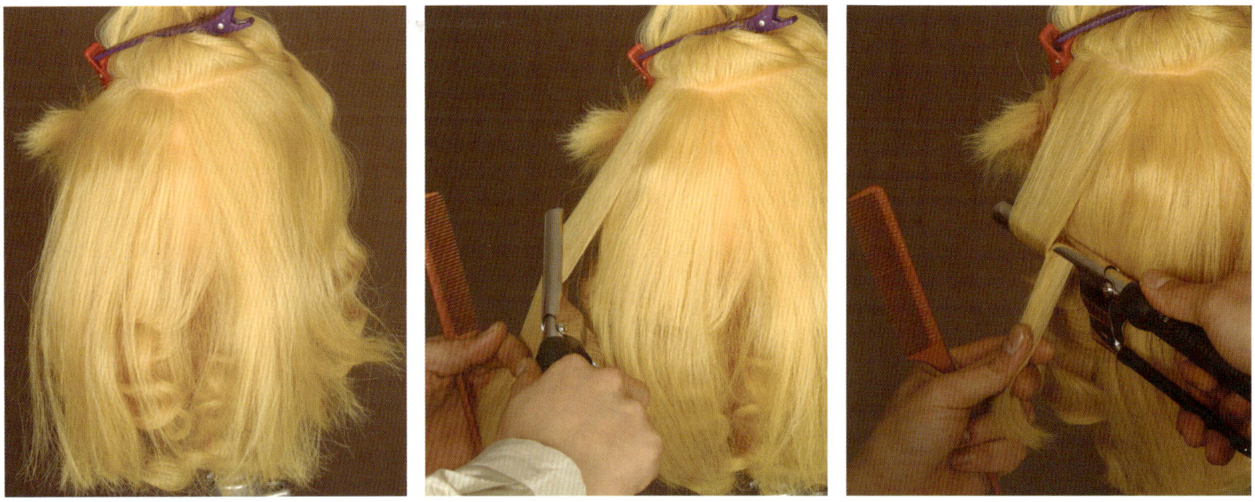

19. 모발에 아이롱을 사선으로 잡아준 후 회전 시킨다.

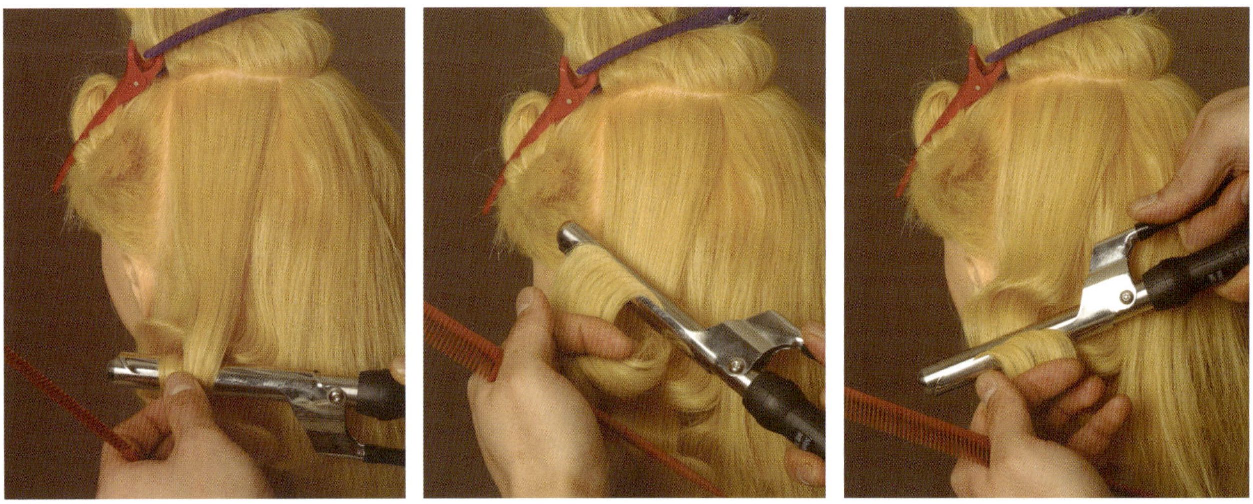

20. 웨이브가 형성된 곳에 손으로 밀어 커브가 자연스럽게 형성되는 곳에 아이롱을 넣어 뜸을 준다.

21. 볼륨을 준 후 모발을 펴주고 사선으로 아이롱을 잡는다.

22. 아이롱을 회전하여 모발을 잡아준다.

23. 모발 끝까지 천천히 내려오며 모발을 밀어 웨이브가 형성되면 컬을 만들어 준다.

24. 커브의 형태에 따라 아이롱의 기울기가 변한다.

25. 사선으로 아이롱을 잡고 회전하여 엉킨 모발을 풀어준 다음 천천히 그루브를 열고 닫고를 반복하면서 내려온다.

26. 디자인 선까지 내려오면 아이롱을 회전하여 잡아주고 모발 끝을 잘 풀어준 다음 끝까지 천천히 그루브를 열고 닫고를 반복하여 내려온다.

27. 아이롱 그루브가 아래를 향하게 한 후 릿지를 잡아준다.

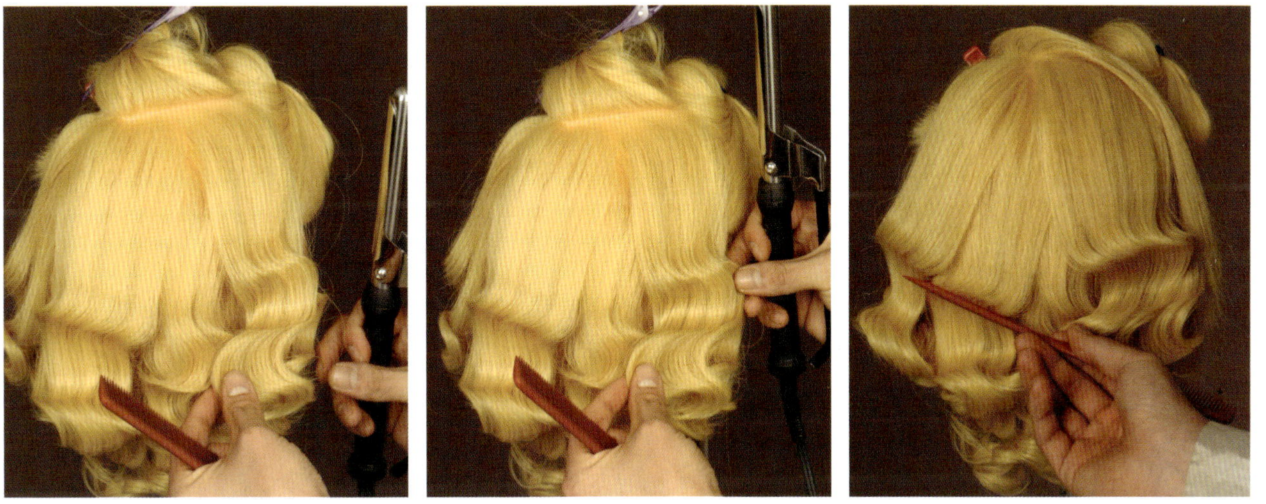

28. 컬을 펴서 형태를 잡아준다.

29. 탑 부분의 볼륨감을 위해 옆으로 가서 아이롱한다.

30. 전체의 디자인을 고려하여 아이롱한다.

31. 웨이브의 발란스가 맞아야한다.

32. 사이드를 시술한다.

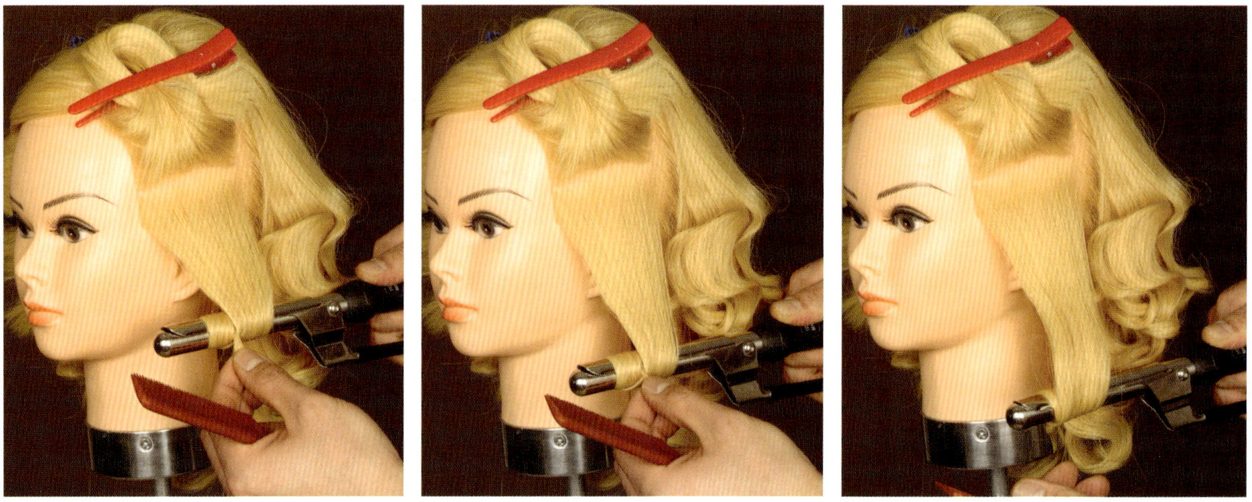

33. 아이롱을 회전하여 그루브를 열고 닫고 반복하면서 천천히 끝까지 내려온다.

34. 스트랜드를 살짝 밀어 C자 형태에 아이롱을 뒤집어 그루브로 눌러준다.

35. 조금씩 웨이브 디자인 선이 올라 가야한다.

36.반대편 사이드로 이동하여 시술하며 아이롱의 위치에 주의한다.

37. 아이롱을 뒤집어 잡은 후 그루브를 열고 닫아준다.

38. 아이롱을 회전하여 웨이브를 형성한다.

39. 웨이브의 위치에 따라 아이롱의 기울기가 다르다.

40. 모선 끝까지 웨이브의 흐름을 연결 시켜준다.

41. 손가락 또는 굵은 빗으로 코밍하여 디자인한다.

스타일링 아이롱 테크닉

Straightening Iron Technique

CHAPTER

6

1 플랫 아이롱의 종류
2 아이롱 잡는법
3 스트레이트(Straight)
4 인컬(In Curl)
5 아웃컬(Out Curl)
6 버티컬 웨이브(Vertical Wave)

1. 플랫 아이롱의 종류

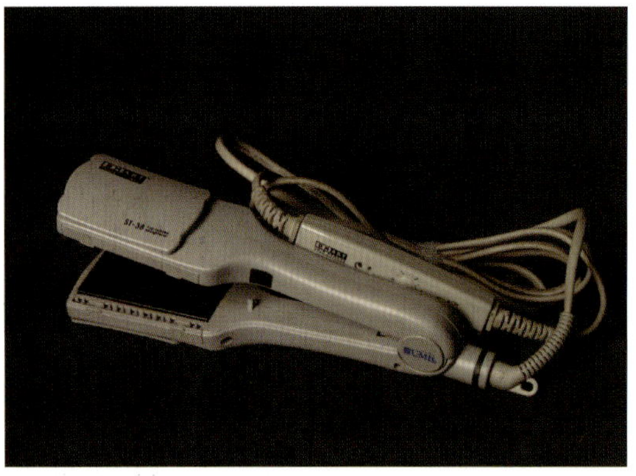

일반적인 플랫 아이롱

현재 미용실에서는 롱 헤어에 있어 드라이기보다 더 사용 빈도가 높은 것으로 스트레이트를 형성할 수 있으며, 그 효과도 오래 지속된다.

스위치에 온도 조절 장치가 있어 모질에 따라 온도를 달리 할 수 있다.

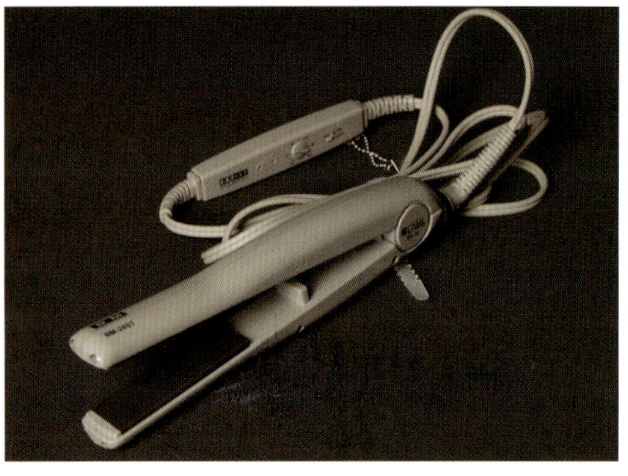

직경이 작아 웨이브와 짧은 머리의 스타일 연출에 적합하다.

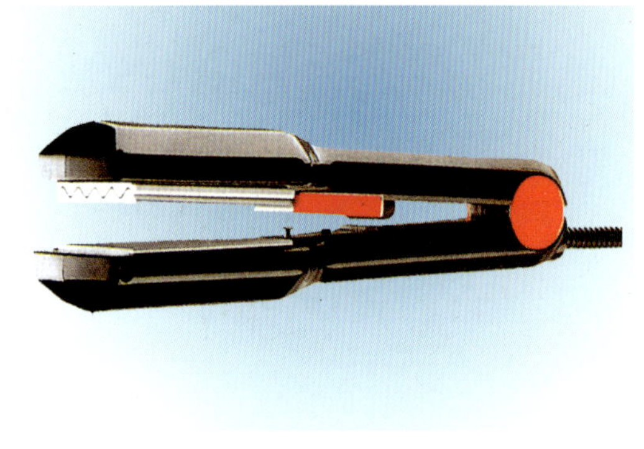

디자인 플랫 아이롱

열판에 골이 패여 있어, 머리에 지그재그 형태의 다이렉트 퍼머와 같은 형태의 웨이브가 형성된다.

두피 가까운 부분부터 지그시 눌렀다가 떼어주고 바로 밑에 부분으로 연결해서 시술한다.

전체를 다 할수도 있고, 부분적으로만 시술하기도 한다.

열판에 여러가지 모양이 디자인되어 있어 머리에 다양한 형태가 형성된다.

다양한 디자인 플랫 아이롱 스타일

2. 아이롱 잡는법

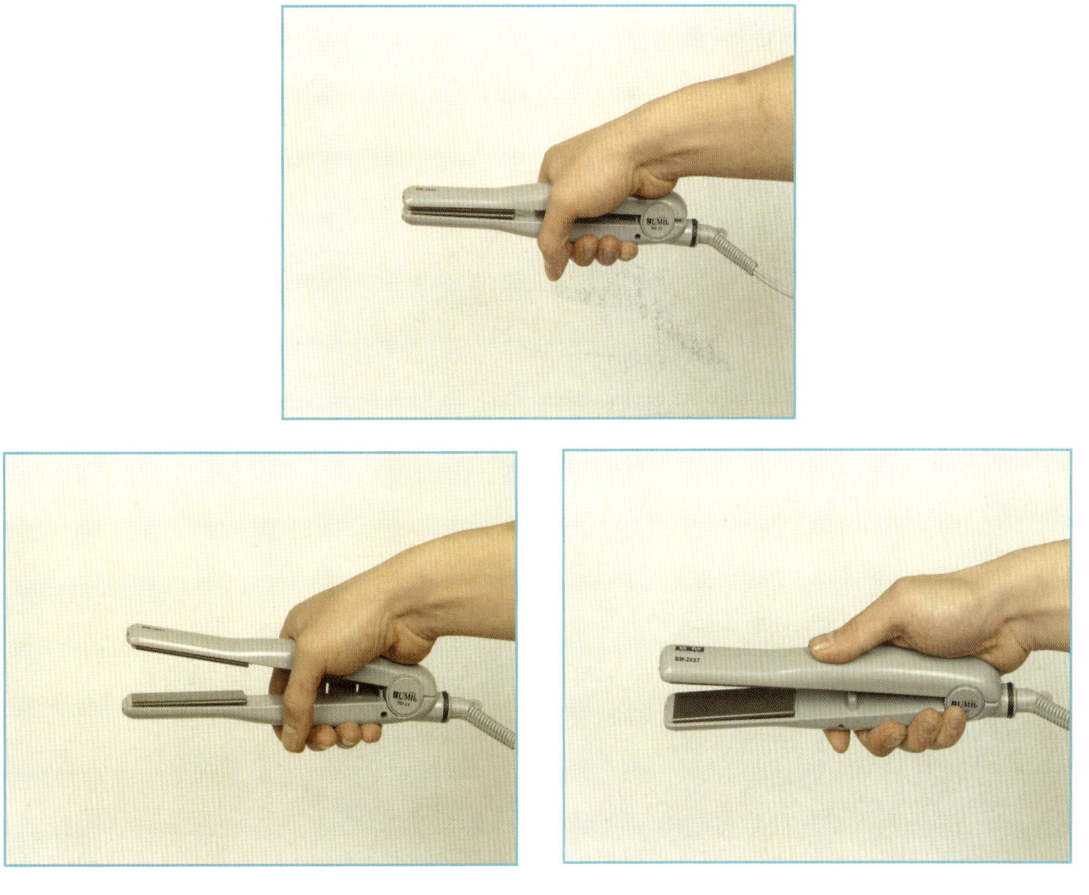

3. 스트레이트(Straight)

곱슬이거나 웨이브가 있는 모발을 스트레이트로 펴주는 테크닉으로써 다른 기구의 사용보다 빠르고, 쉬우며, 높은 효과를 얻을 수 있으며 지속력 또한 오래간다.

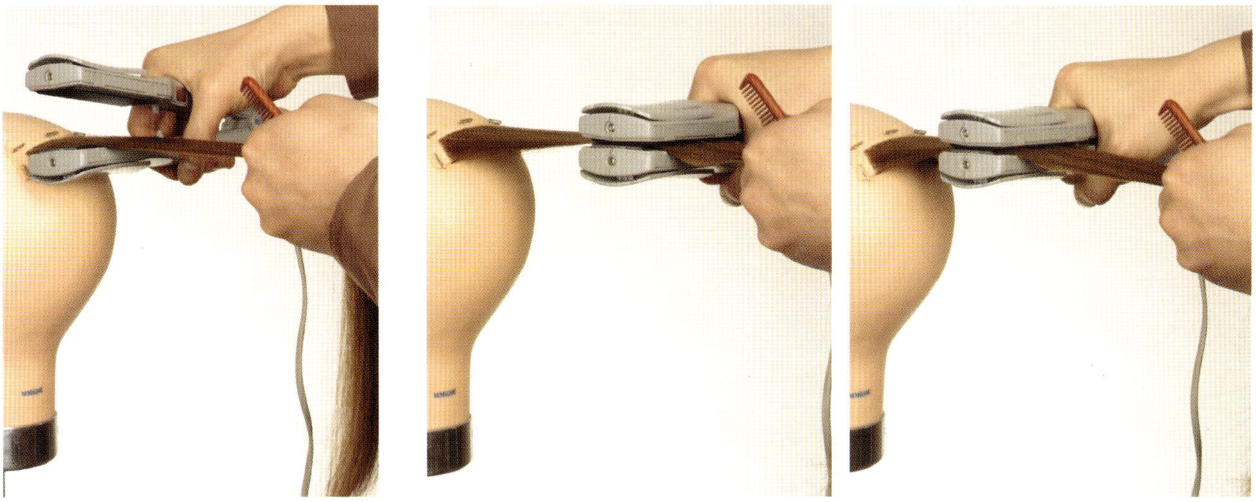

1. 모발의 텐션이 균일한 상태에서 아이롱 사이에 모발을 끼우고 지나친 힘을 가하지 않은 상태로 손의 압력을 조절하면서 모선 끝쪽으로 내려온다.

2. 머리의 흔들림을 방지하기 위해 빗을 두피쪽에 된 후 아이롱을 한다(기구에 따라 빗이 앞쪽에 위치하고 아이롱이 뒤따라 올 수 도 있다).

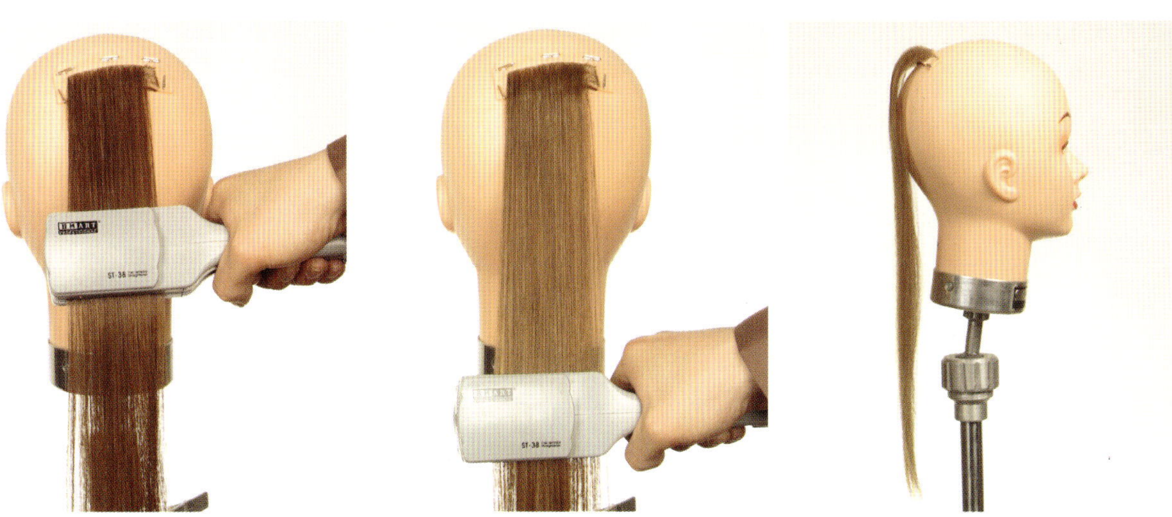

3. 모선의 끝쪽에서는 각도를 다운하여 준다.

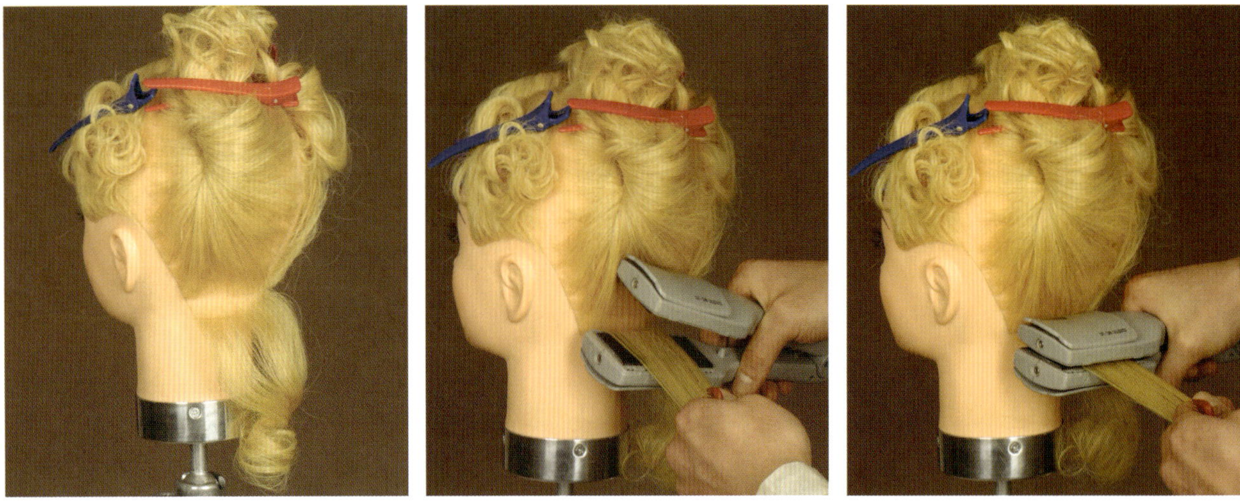

1. 브로킹은 4등분이며 섹션을 떠 모발을 빗은 다음 90° 각도로 잡아 시술한다.

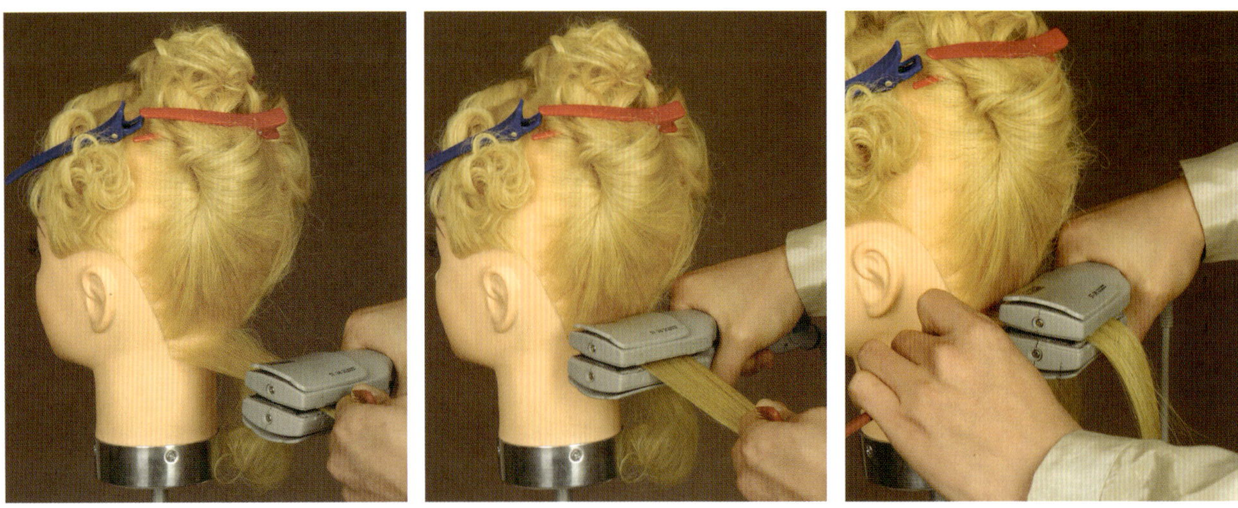

2. 모발 중간까지 시술하고 다시 두피 부분으로 돌아가 다시 한번 시술한다.

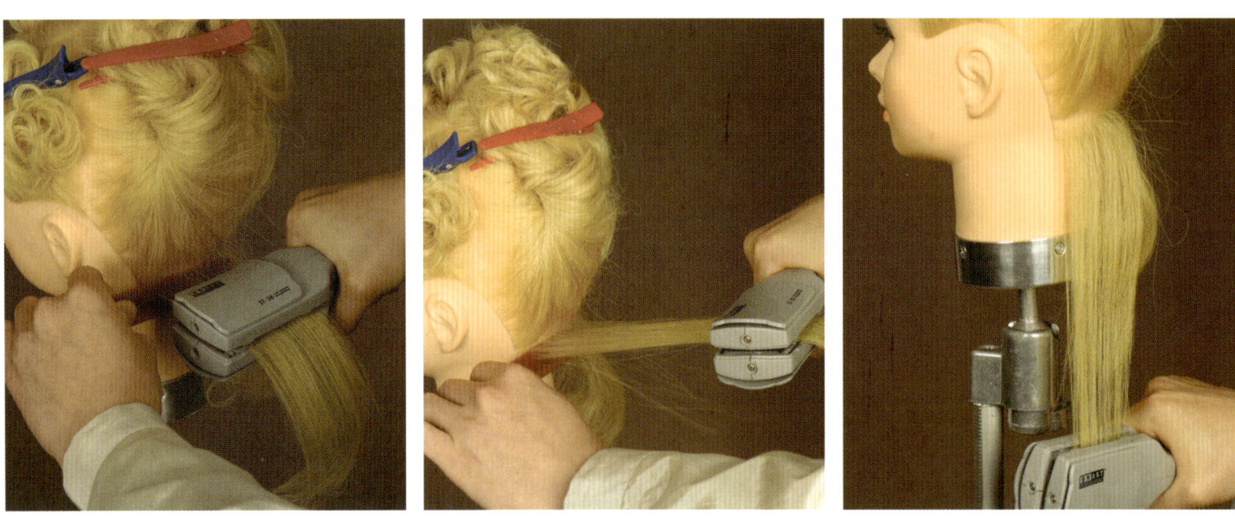

3. 빗살을 두피에 댄 후 모발 끝까지 시술하며, 모발 끝에서는 다운한다.

4. 천천히 모발에 열을 주며 시술한다.

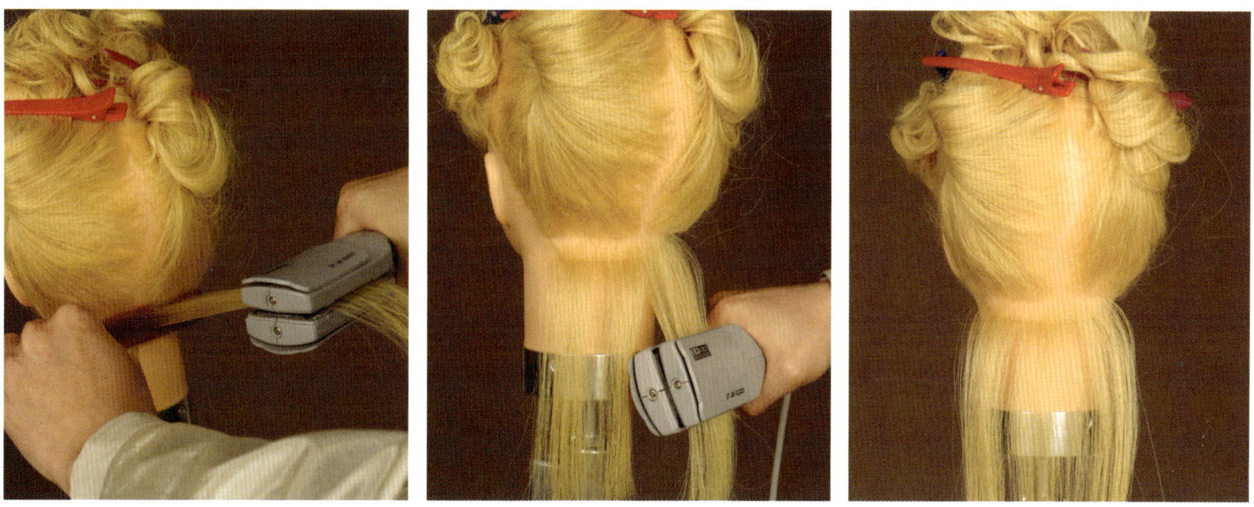

5. 모발의 중간에서는 서서히 다운하여 마무리한다.

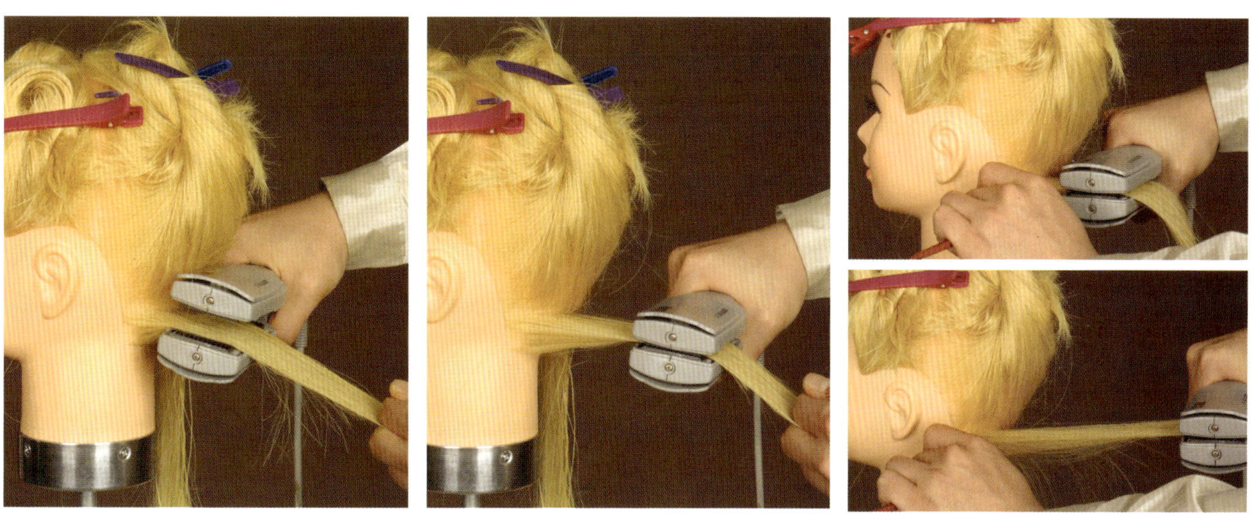

6. 모발을 잘 펴주기 위해 2~3회 반복 시술한다.

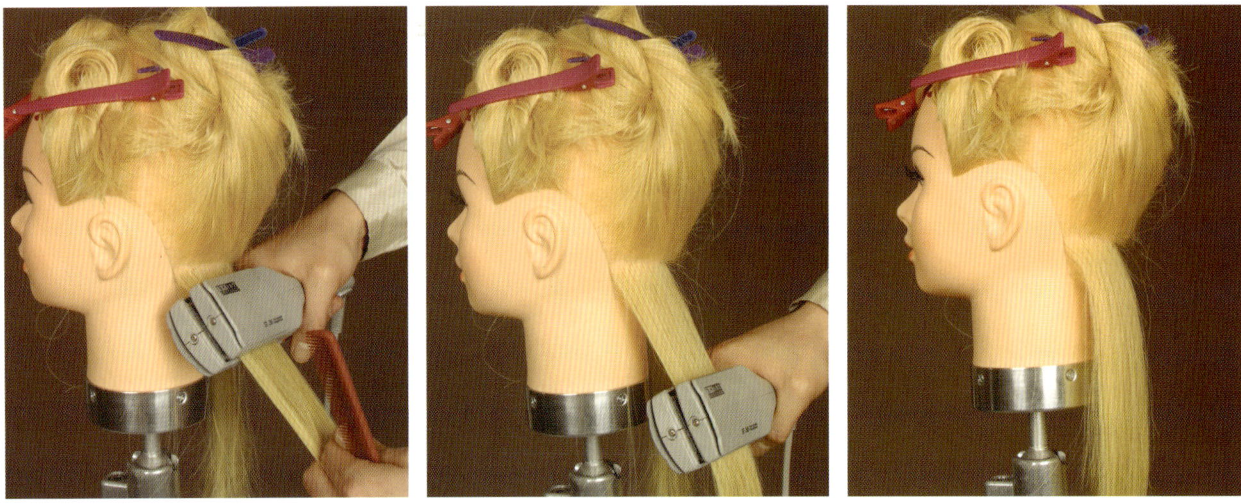

7. 마지막 시술은 각도를 내려 흐트러짐을 방지한다.

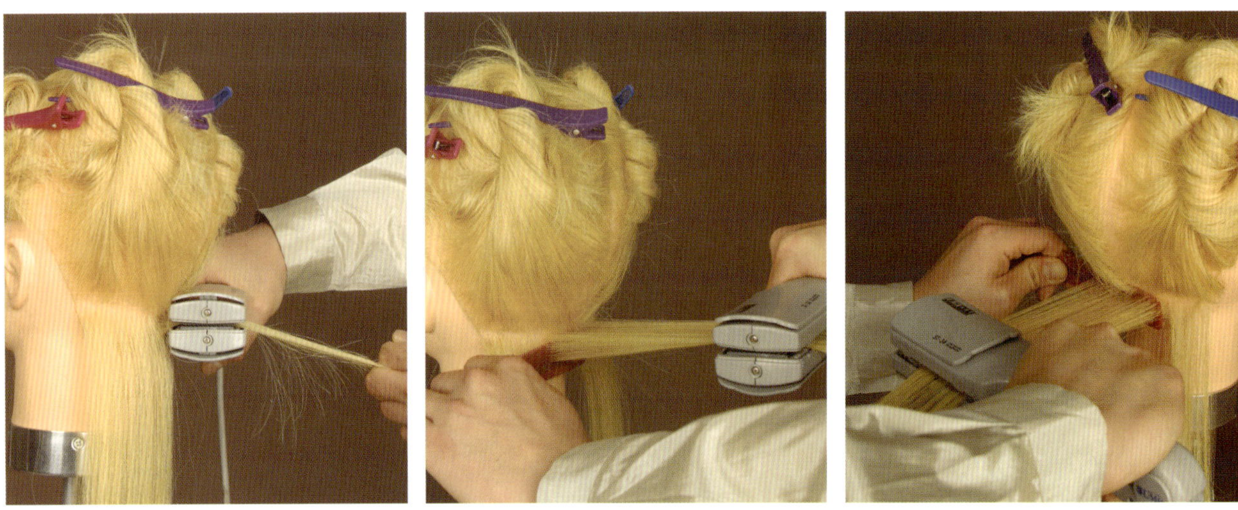

8. 섹션의 폭과 두께는 모랑 및 모질 등을 고려하여 시술한다.

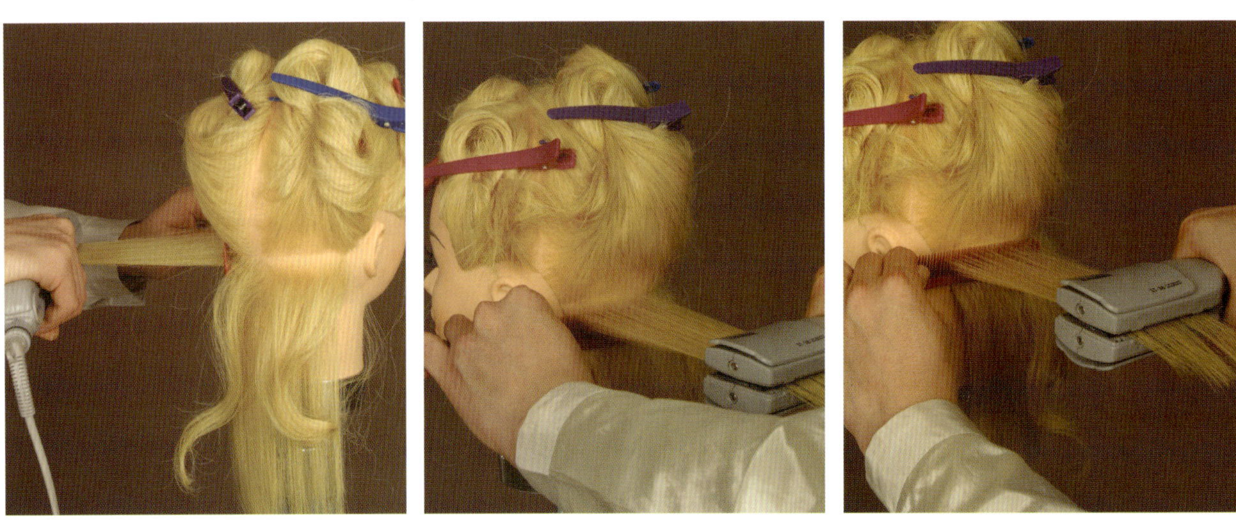

9. 빗을 두피에 대고 시술하므로 머리의 흔들림을 최소화할 수 있다.

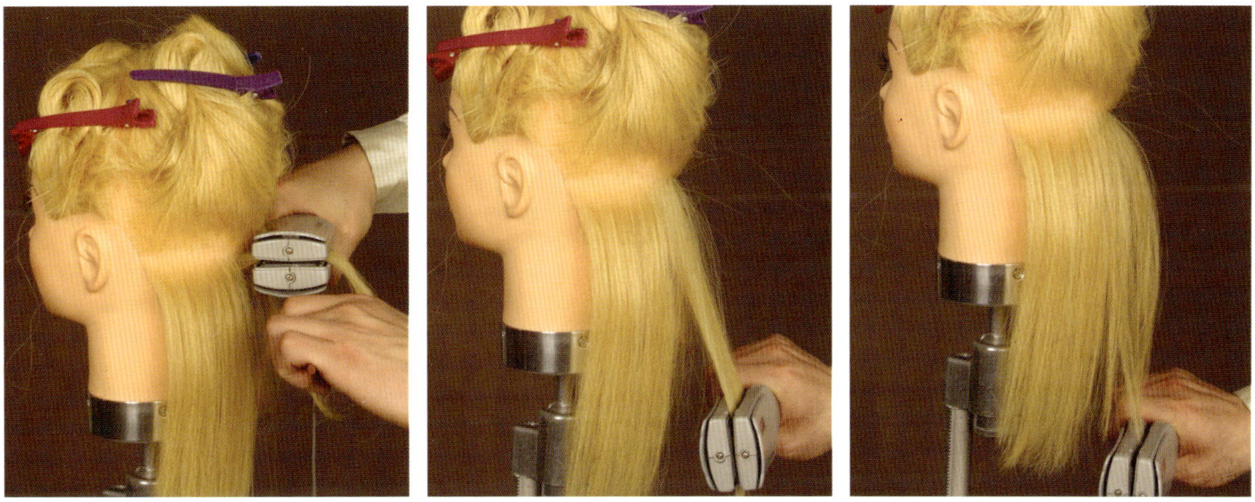

10. 마무리 시에는 각도를 내린다.

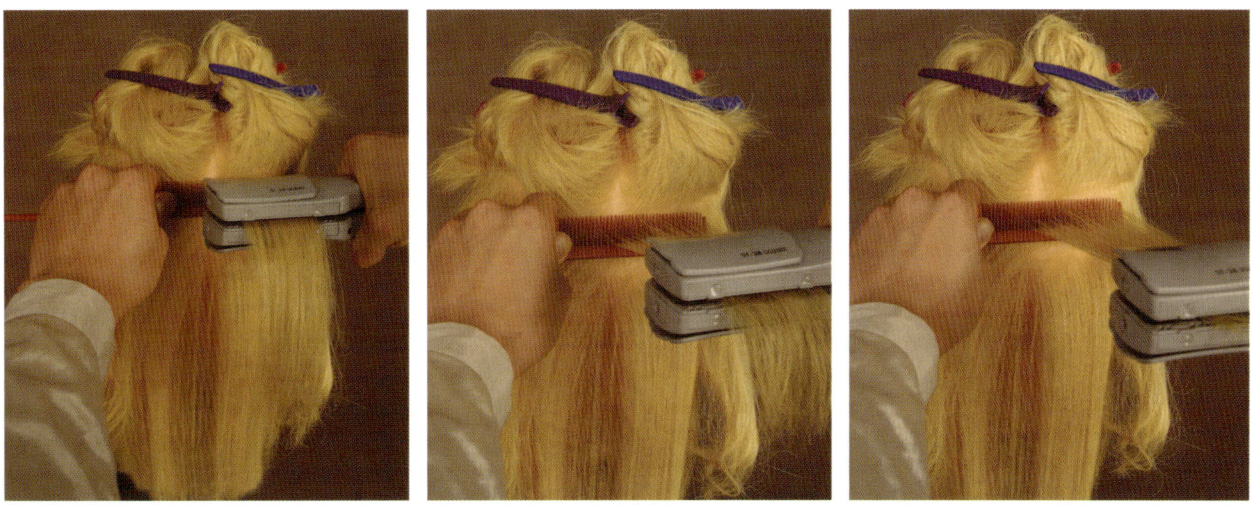

11. 기구의 압력은 모질에 맞게 조절한다.

12. 적당한 텐션으로 인한 스트레이트를 확인한다.

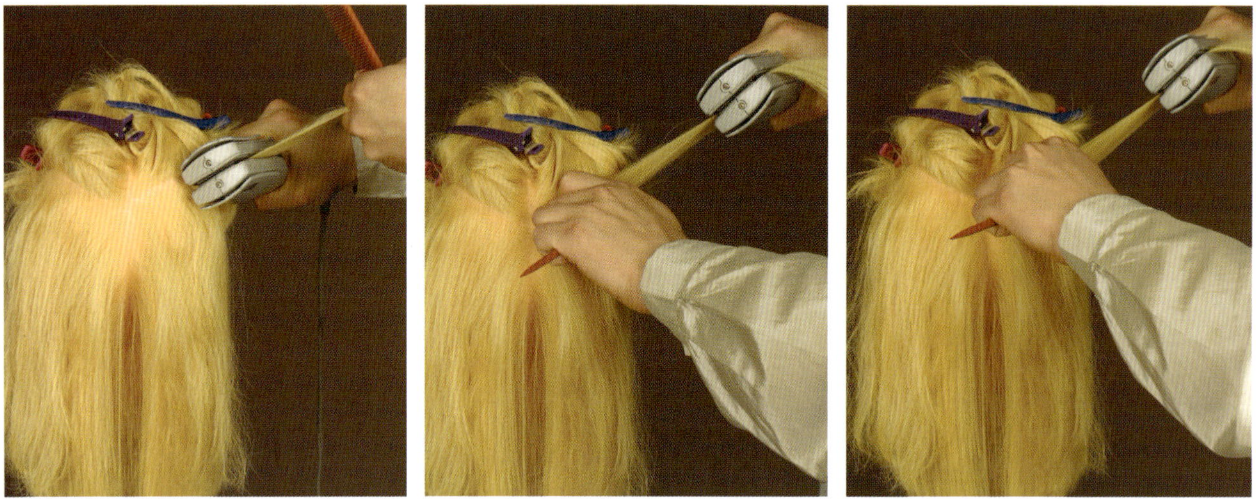

13. 1~2번의 맨 처음 시술은 90°의 각도로 시술한다.

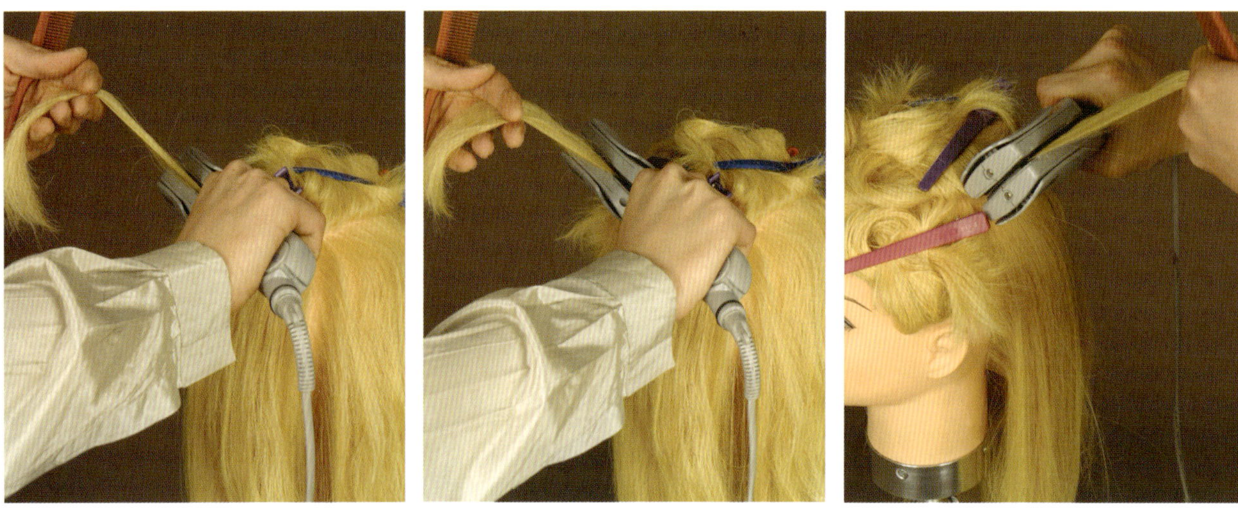

14. 두피쪽 모발은 각도를 들어 시술한다.

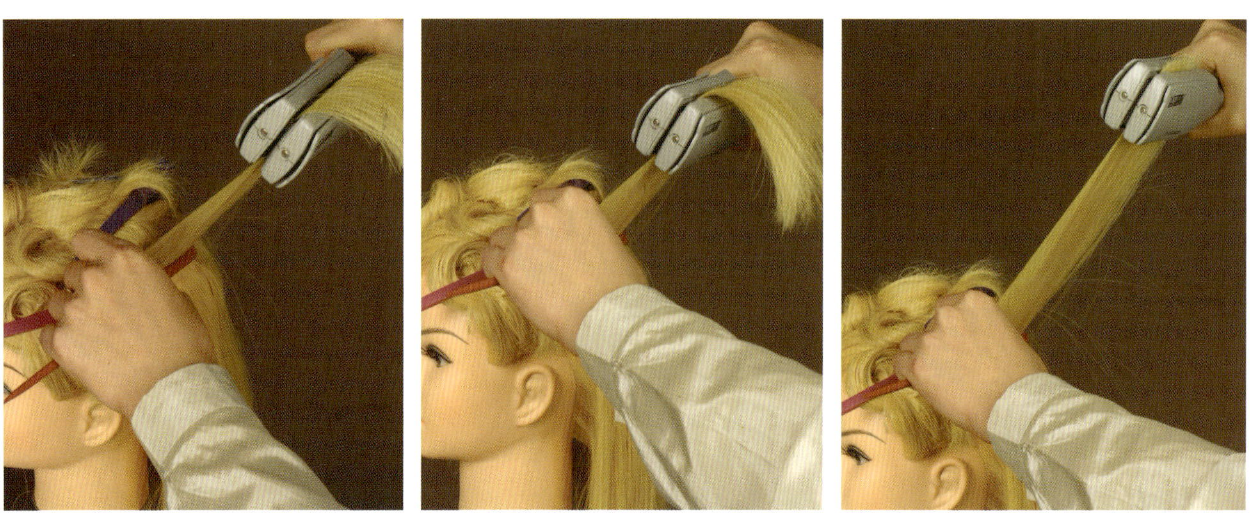

15. 모발 끝까지 각도를 들어 시술한다.

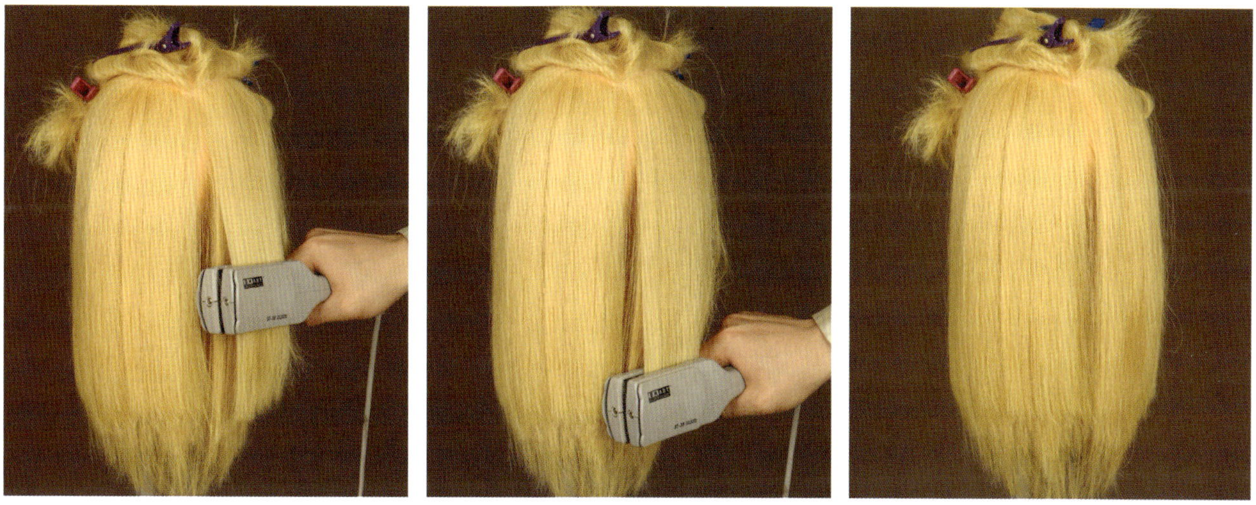

16. 스트레이트가 잘 진행되었다고 생각되면 마지막으로 다운하여 시술한다.

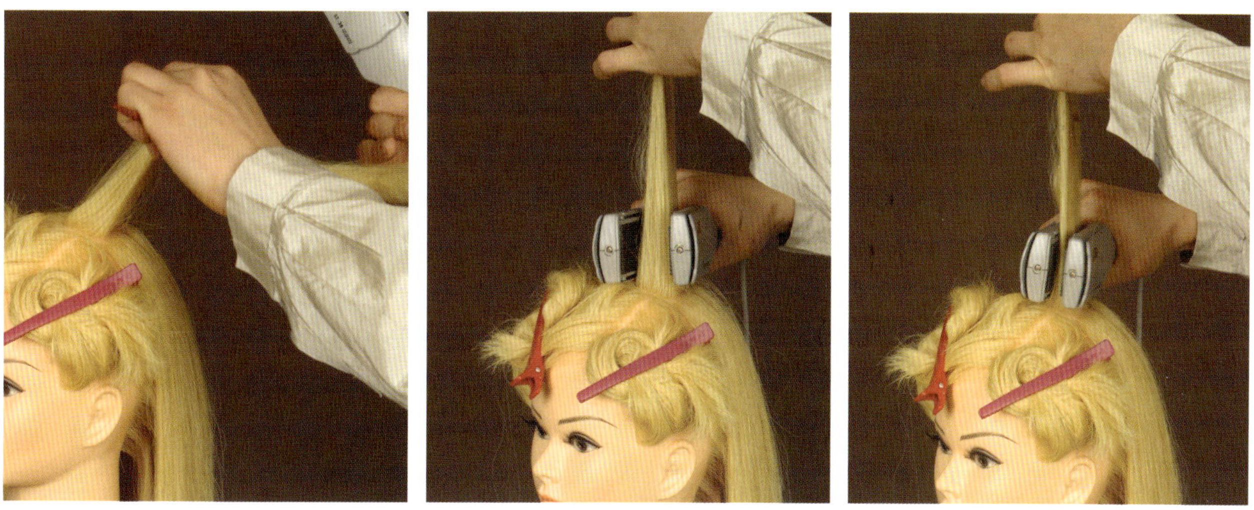

17. 탑 부분의 모발을 빗질 후 90°의 각도로 들어 시술한다.

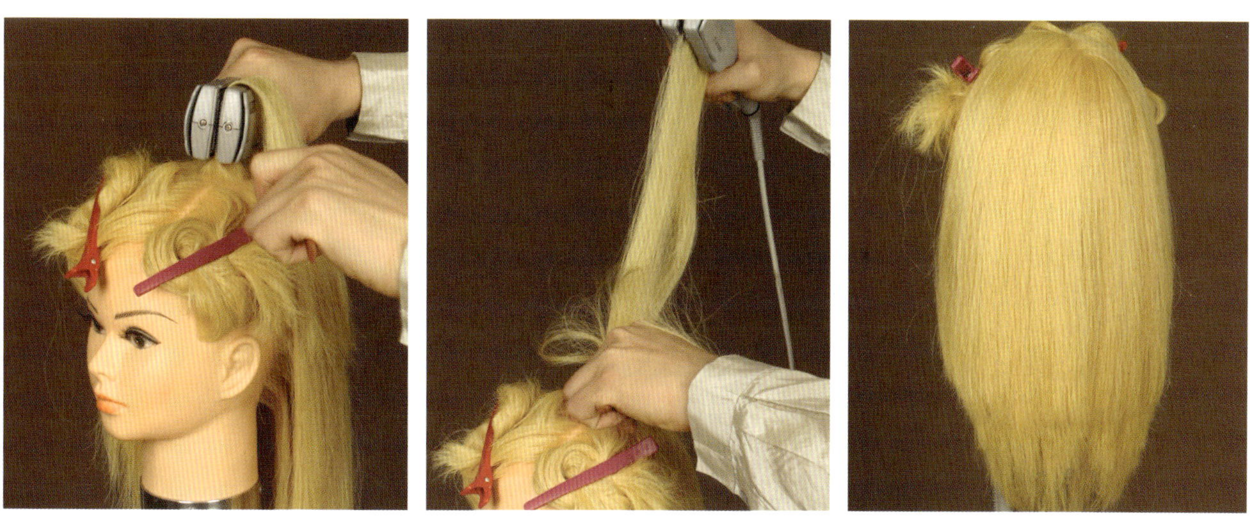

18. 2~3회 반복하여 시술한다.

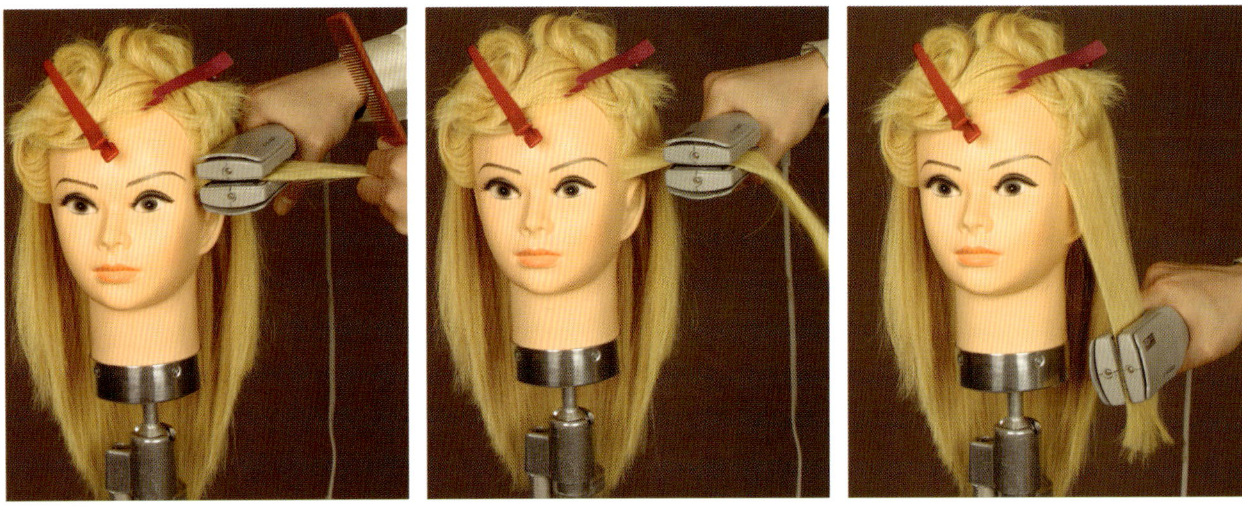

19. 모질에 따라 충분한 예열을 준다.

20. 빗을 넣어 시술하므로 머리의 흔들림을 최소화 할 수 있다.

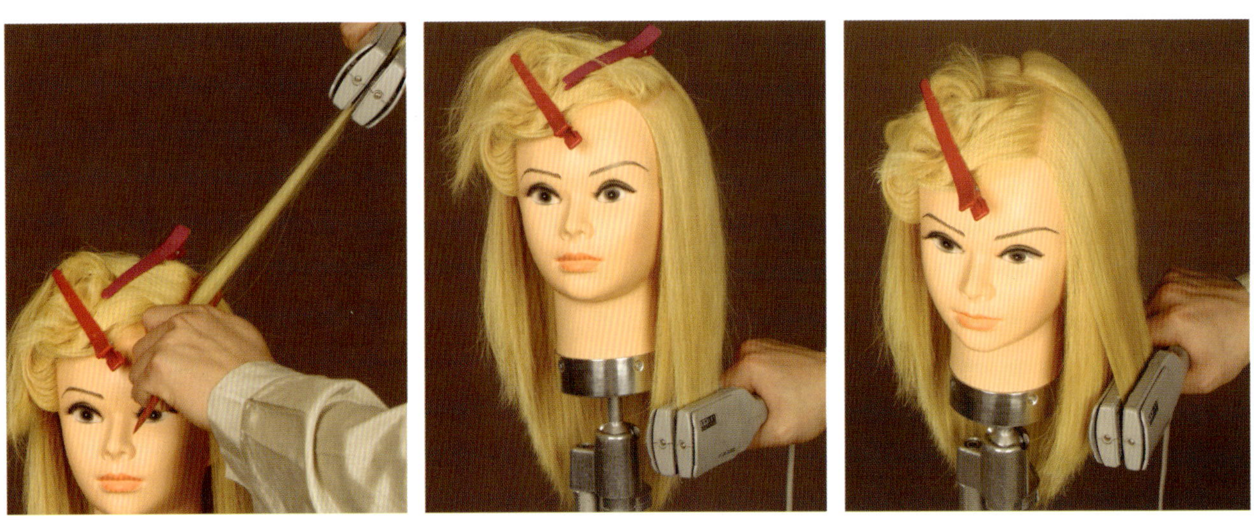

21. 두피에 빗을 대고 마무리는 다운하여 시술한다.

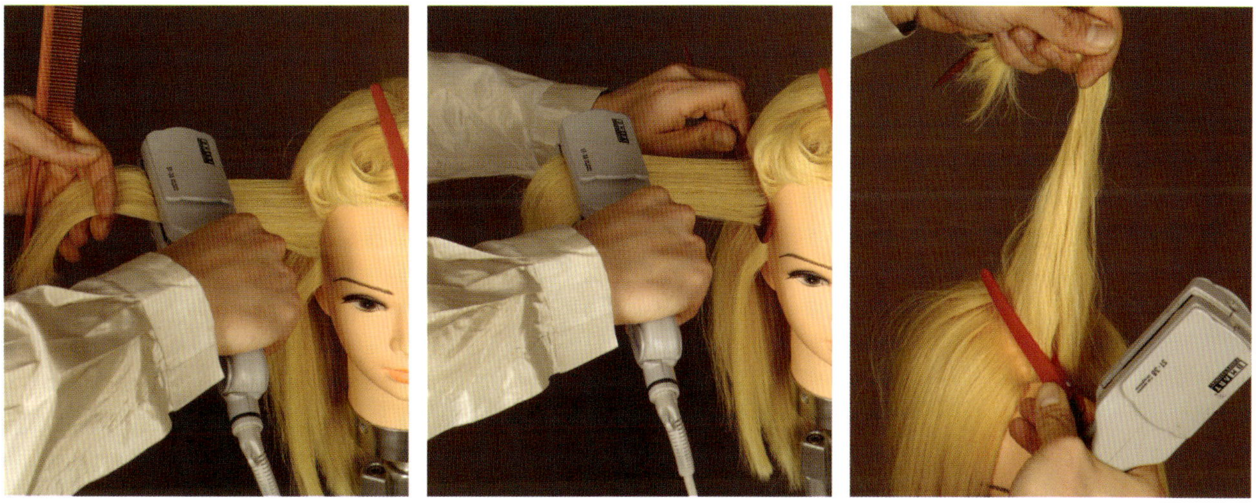

22. 손의 움직임 및 각도 등에 주의하고 모발 고정 및 시술 중 섹션 등은 핀셋으로 나눈다.

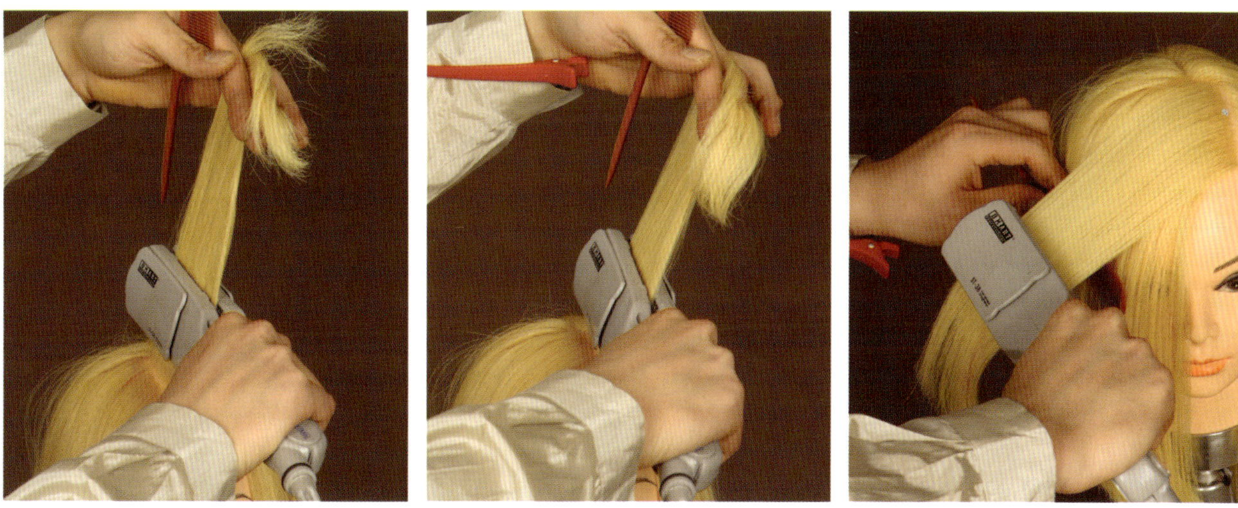

23. 각도를 들어 시술한다.

24. 끝까지 정성을 다하여 시술하고 마지막 디자인한다.

4. 인컬(In Curl)

모선 끝부분을 안쪽으로 말아주어 좀 더 부드럽고 여성스러운 이미지를 연출할 수 있다.

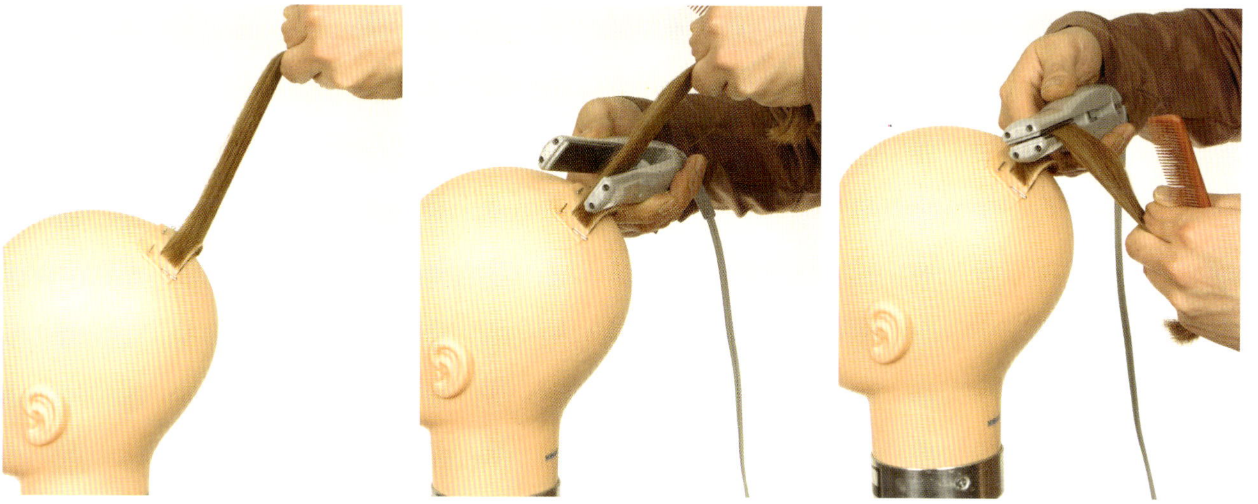

1. 처음 시술 각은 90° 로 잡는다.

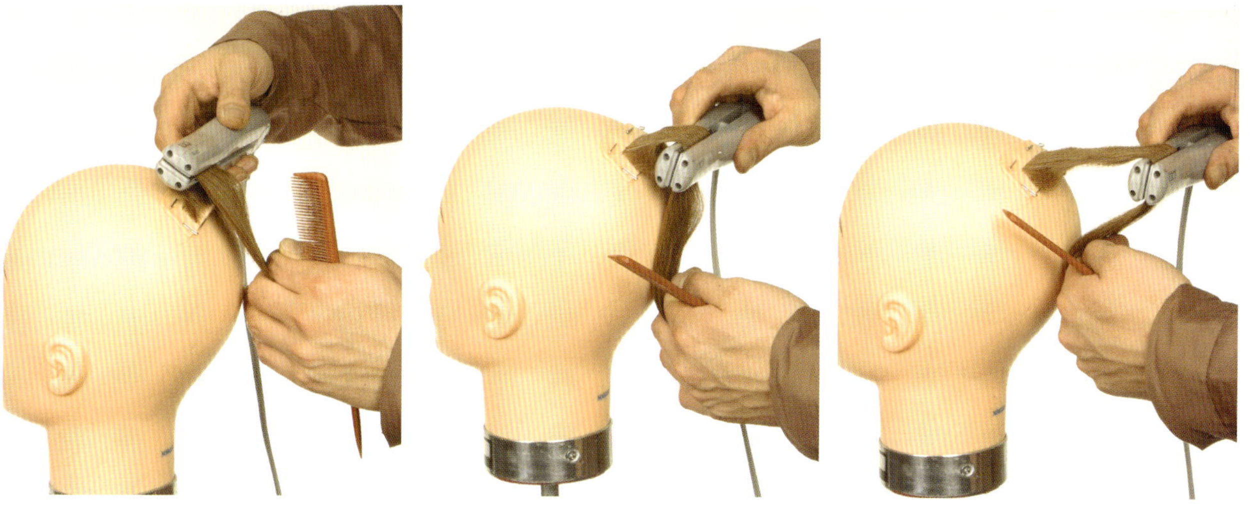

2. 볼륨을 살려준 후 아이롱을 회전하여 훑어준다.

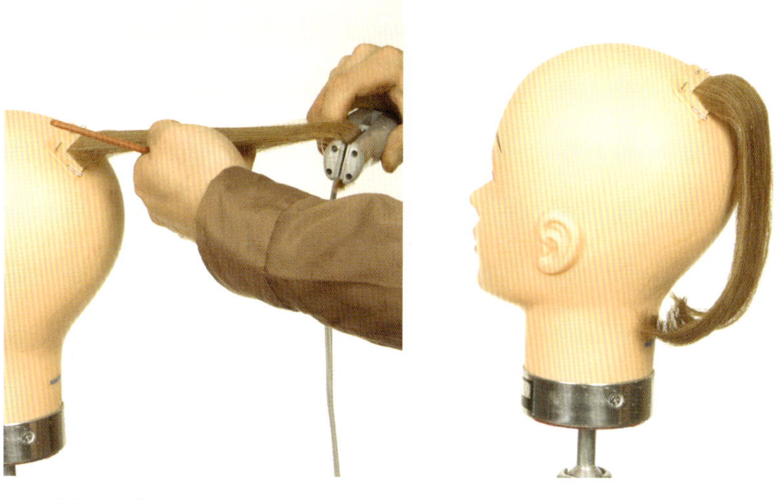

3. 시술자의 몸 안쪽으로 스트레이트 진행하다가 모선 끝부분은 인컬로 말아준다.

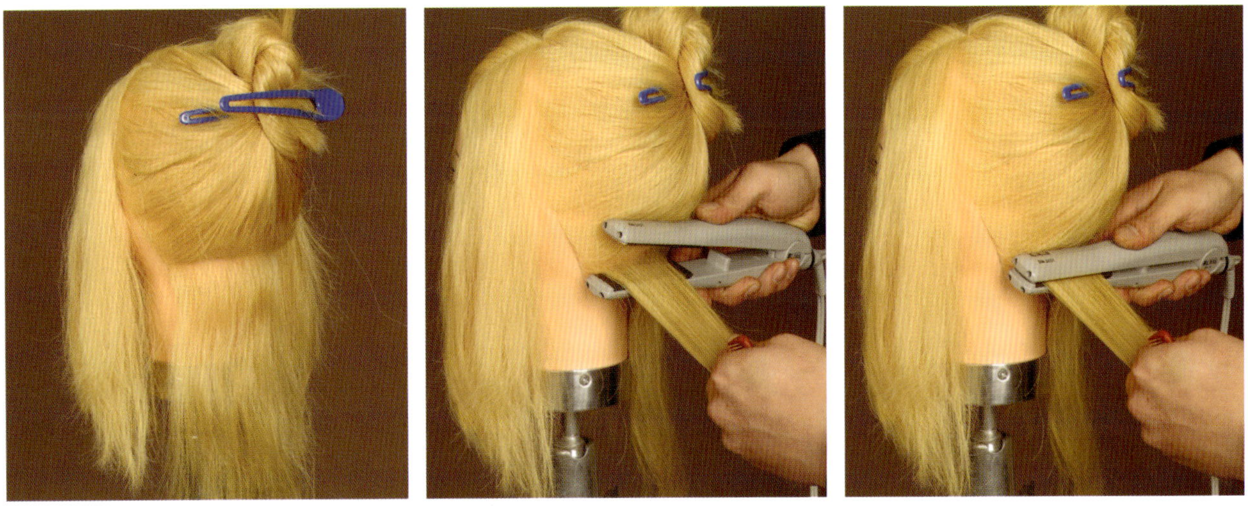

1. 정리된 브로킹은 3등분이며, 두피부분의 모발에 볼륨감 및 방향을 잡아준다.

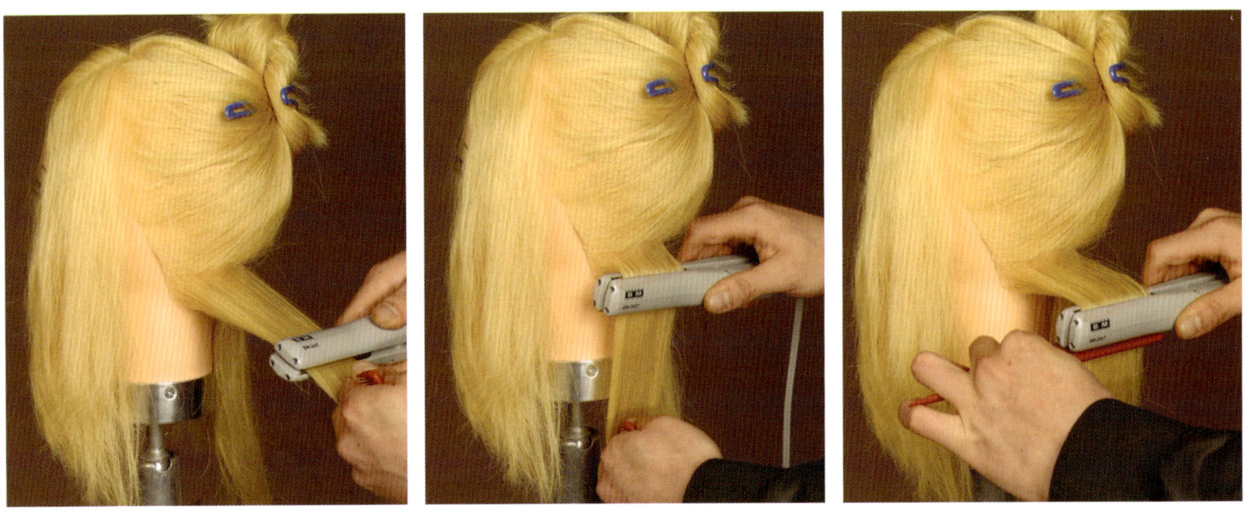

2. 모발 끝까지 스트레이트로 작업한 후 기구를 90° 회전시키고 빗살을 넣어준다.

3. 빗의 꼬리를 사용하여 디자인 된 컬을 조심스럽게 내려놓는다.

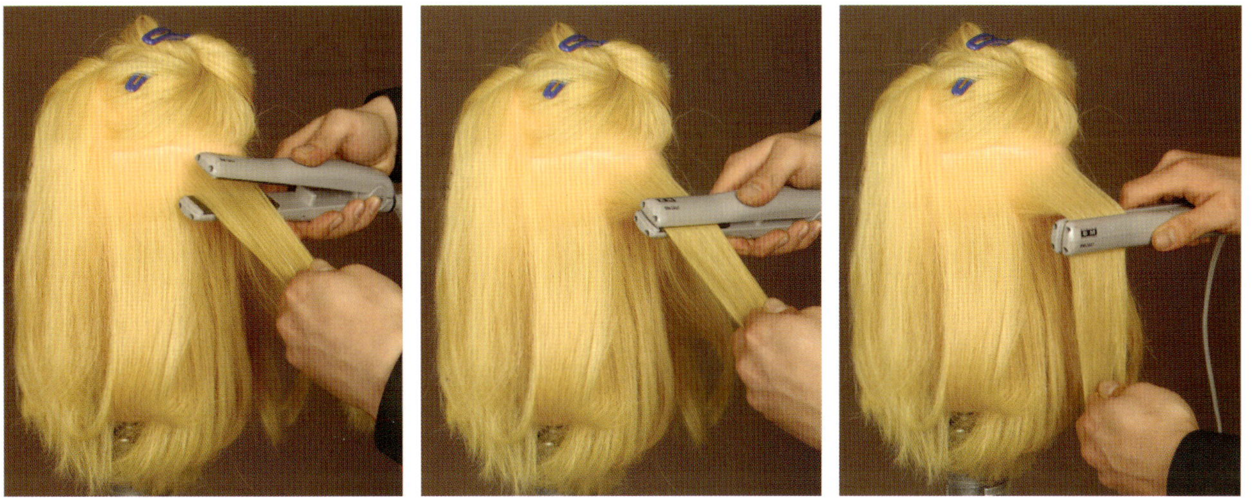

4. 모발 끝까지 훑어준 후 기구를 90˚ 회전시켜 진행한다.

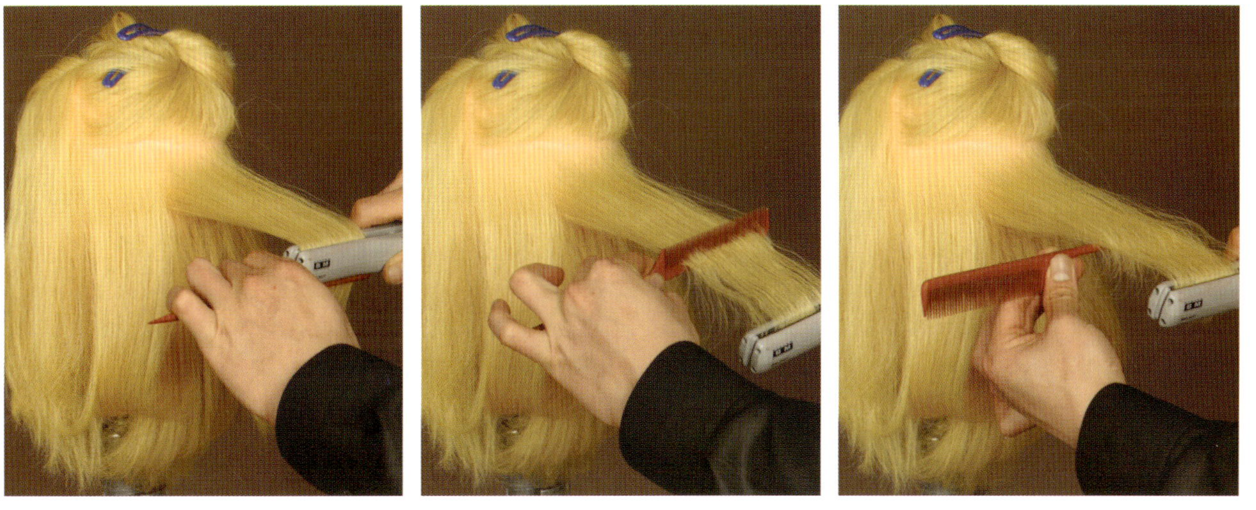

5. 빗살을 넣어 모발의 엉킴 없이 진행한다. 1~2회 반복 시술한다.

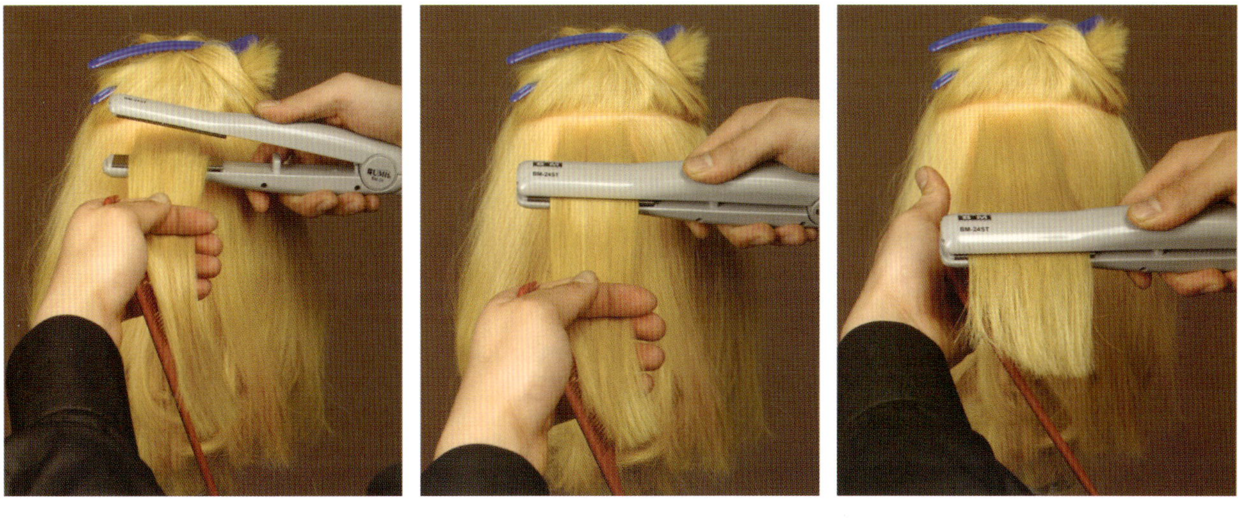

6. 두피에서 모발 끝까지 펴준다.

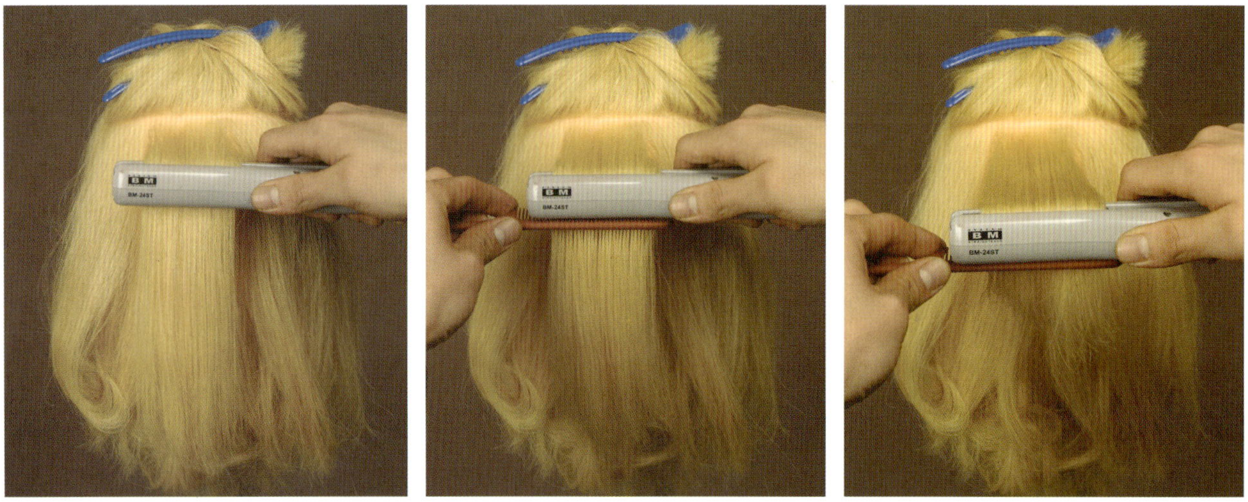

7. 빗을 넣어 인컬을 만든다.

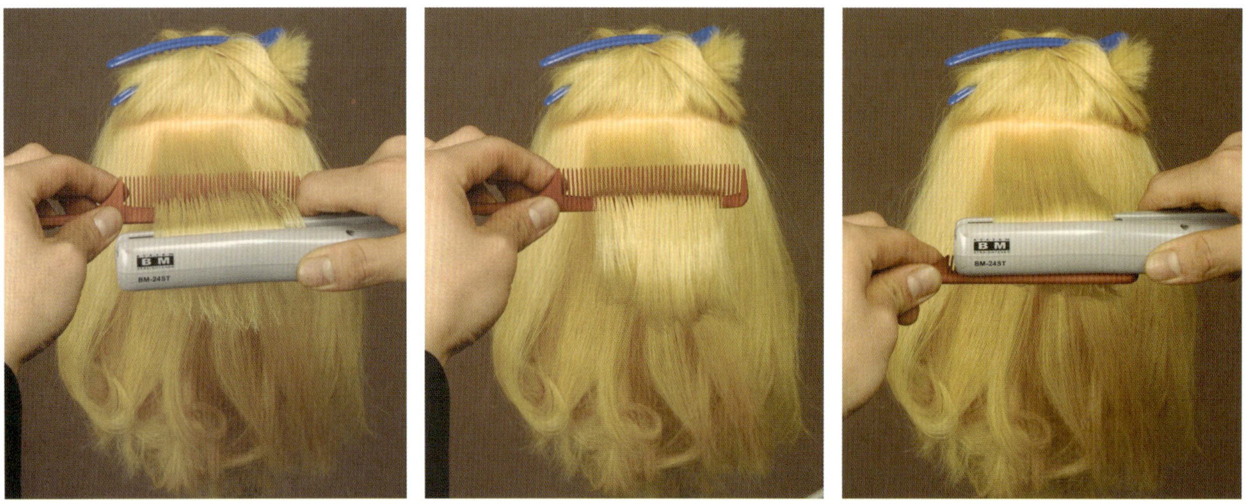

8. 빗을 멈추고 기구를 끝까지 진행한다. 디자인에 따라 1~2회 반복 시술한다.

9. 디자인 각도에 주의한다.

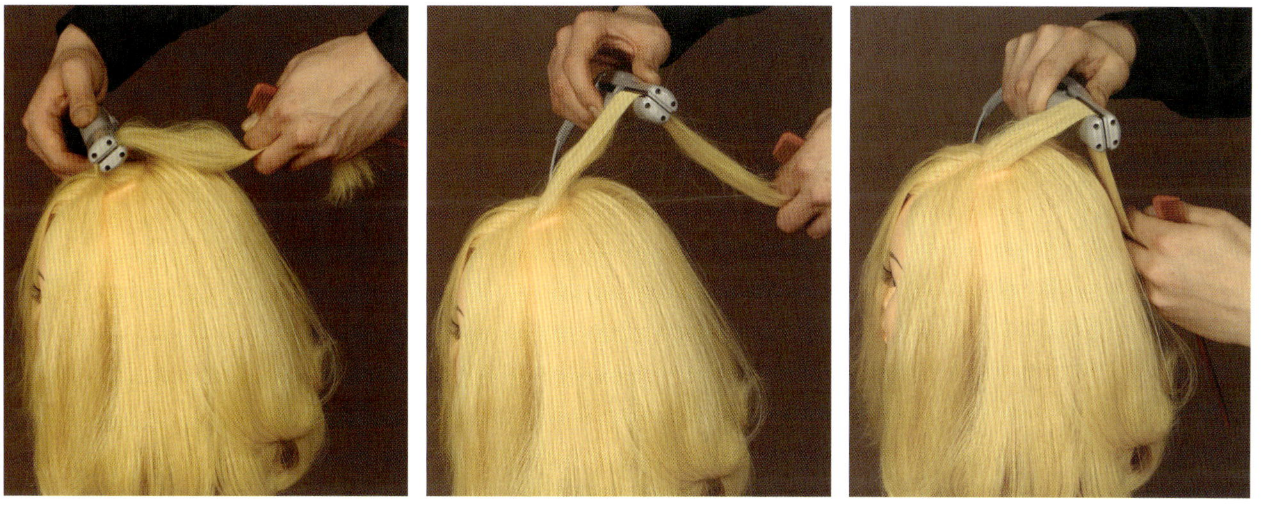

10. 볼륨을 주기위한 모발과 기구의 각도에 주의한다.

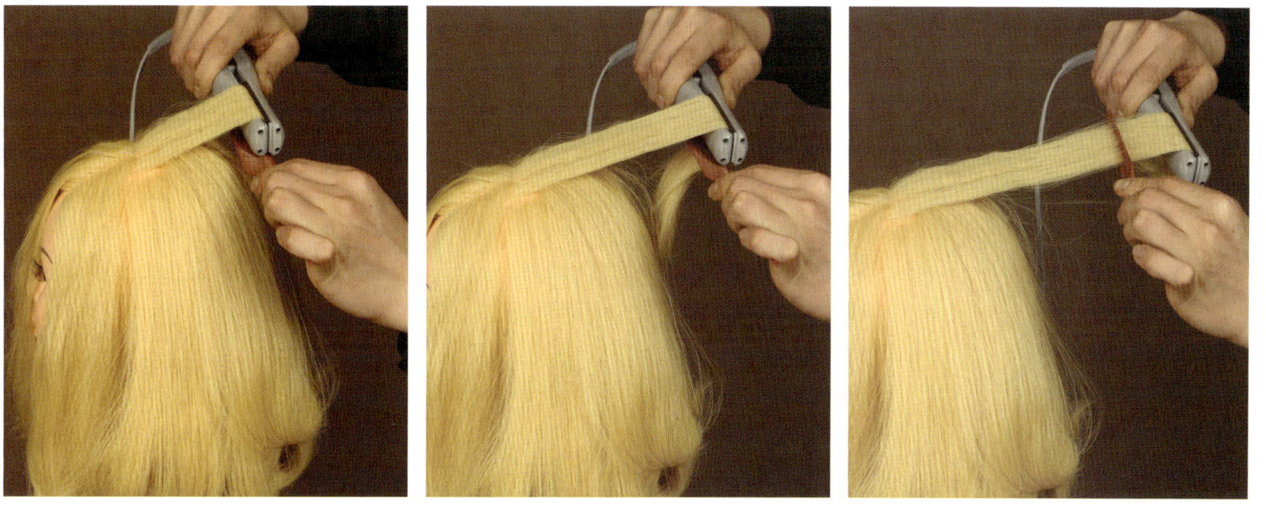

11. 빗을 넣어 모발 끝의 엉킴을 방지한다.

12. 사이드 파트에 인컬을 시술한다.

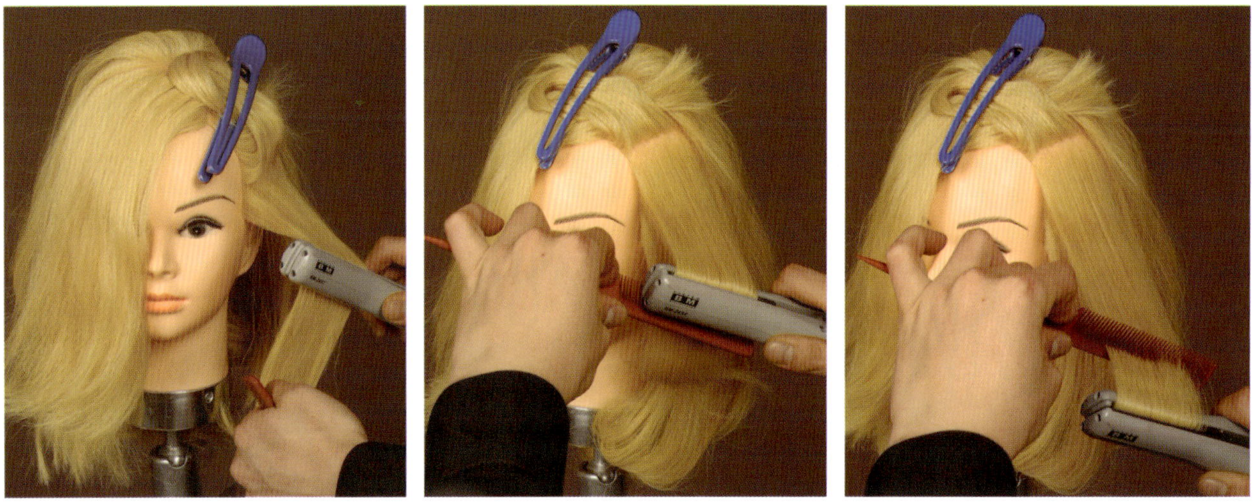

13. 왼손의 움직임과 모발 및 기구의 각도에 주의한다.

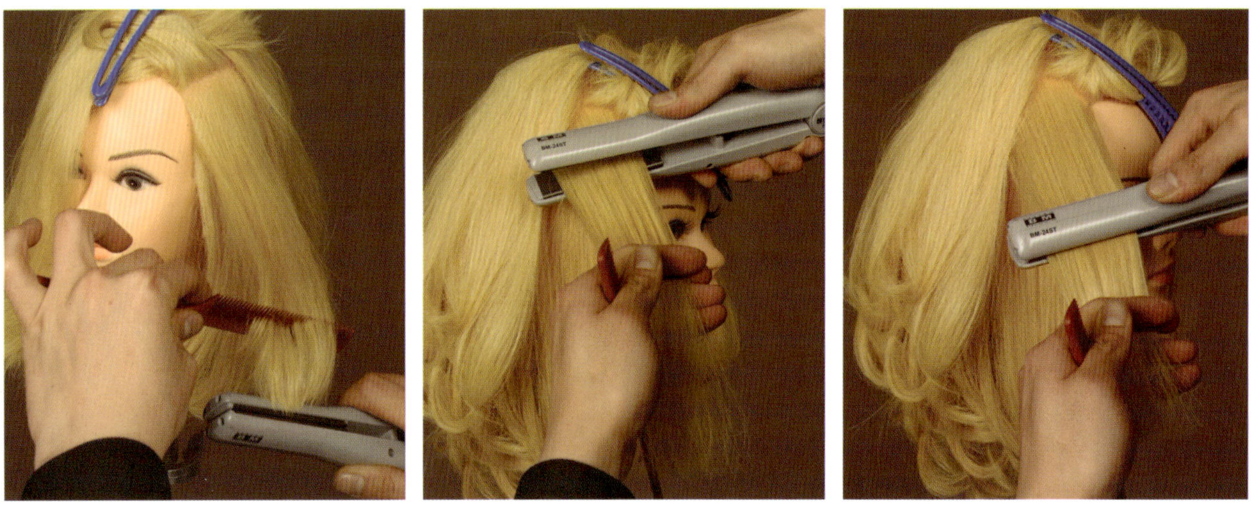

14. 두피에서 모발 끝까지 펴준다.

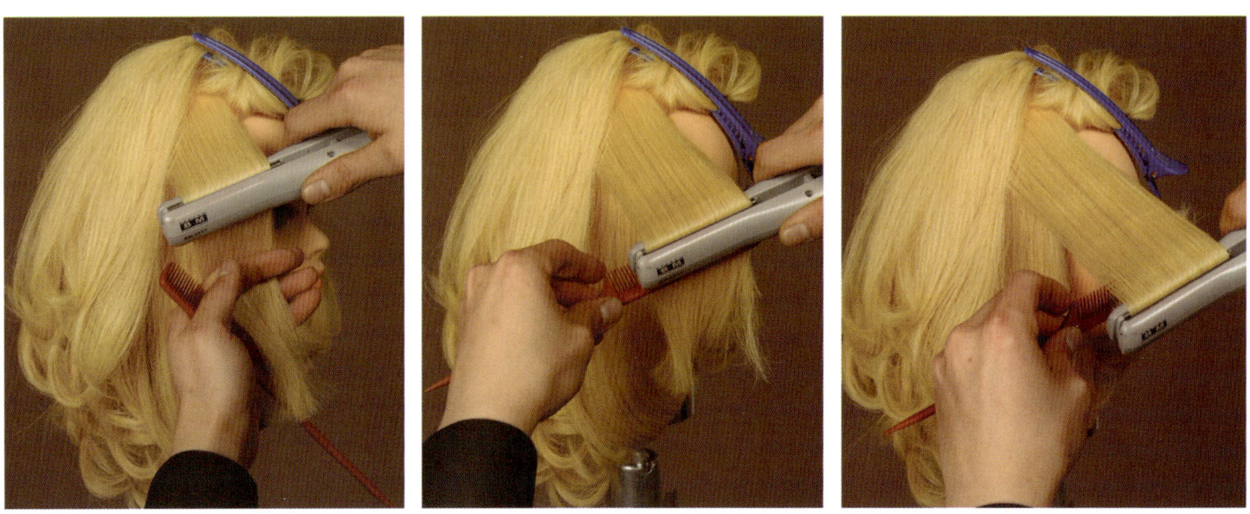

15. 모발을 잡고 있는 손의 동작과 빗살의 위치에 주의한다.

16. 빗으로 모발을 고정시키고 모선 끝까지 인컬로 진행한다.

17. 모발 끝에서 옆으로 회전하여 모발 끝이 옆으로 향하게 한다.

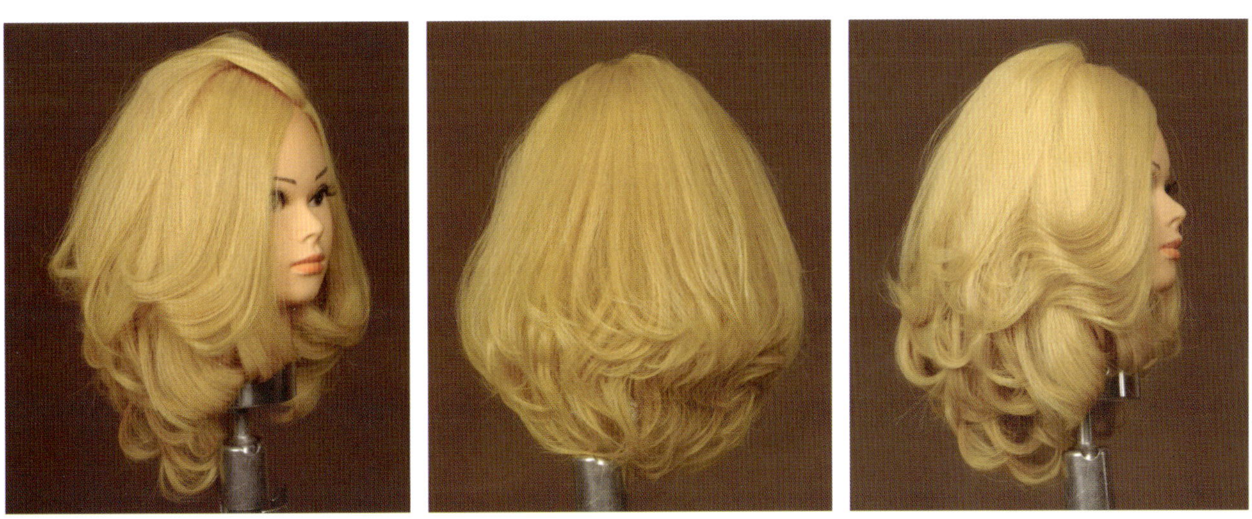

18. 다양한 스타일로 디자인한다.

5. 아웃컬(Out Curl)

인컬과는 반대로 모선 끝부분을 바깥쪽으로 말아주어 컬을 형성하는 스타일로써 발랄하면서 이지적인 스타일로 연출할 수 있으며 모발의 길이와 남녀의 구분없이 모두 잘 어울린다.

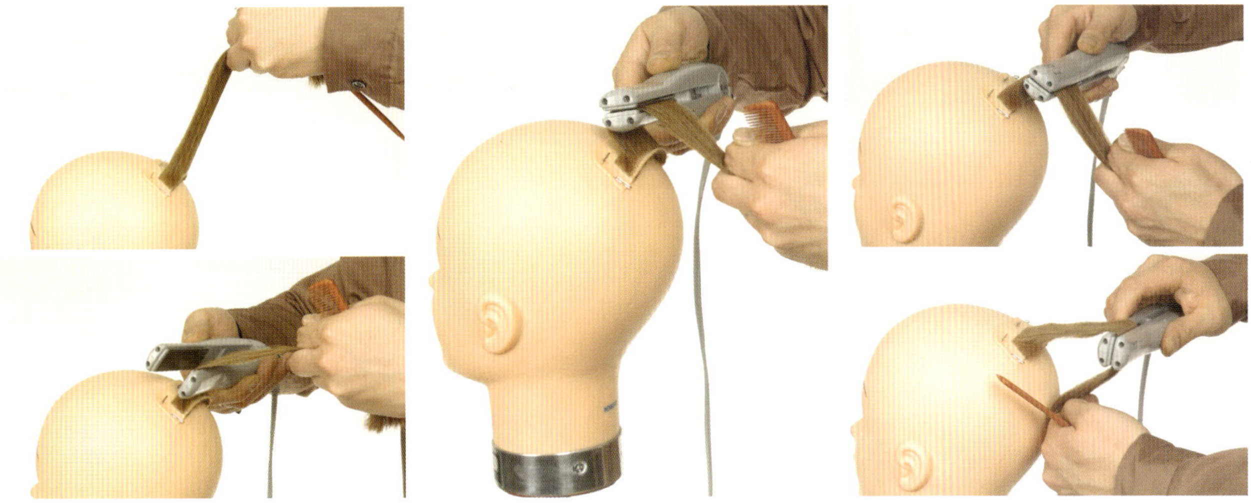

1. 시술 각을 높이 해서 볼륨을 살려준다.

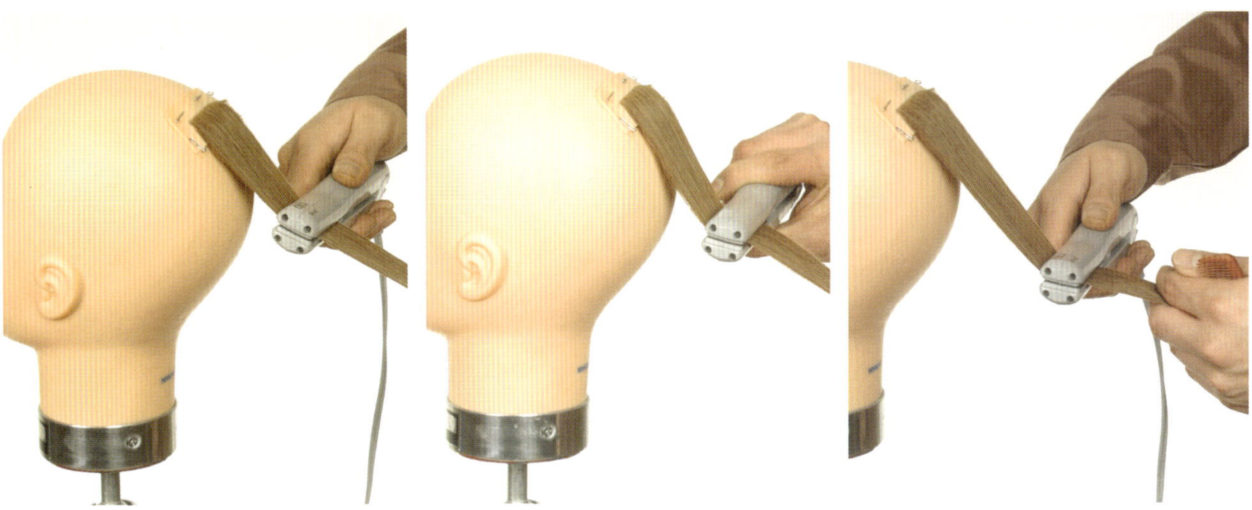

2. 시술 각을 낮춘 후 아이롱을 아래로 눌러 내리듯 한다.

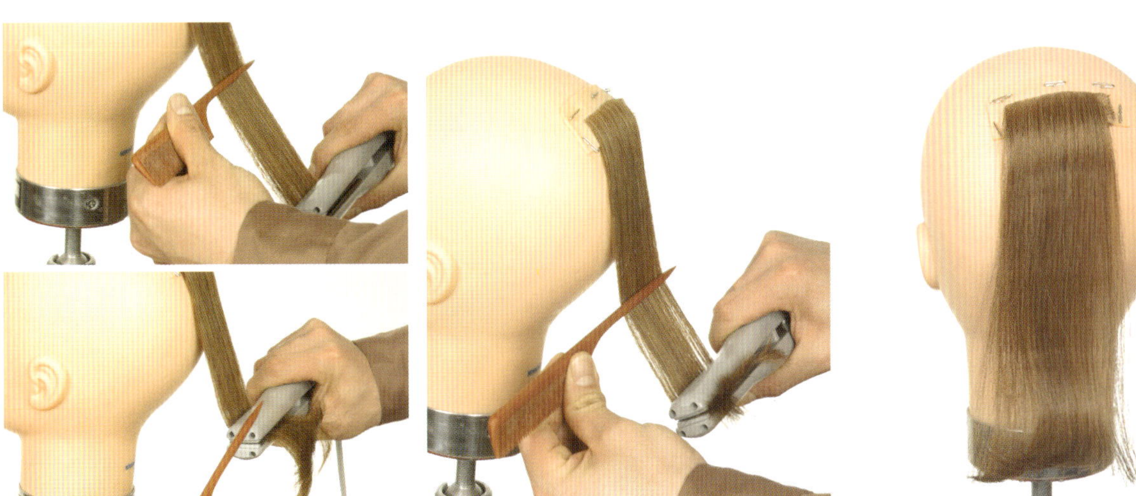

3. 빗으로 머리를 고정시키고 아이롱의 방향을 바깥 쪽으로 잡아서 아웃 컬로 디자인한다.

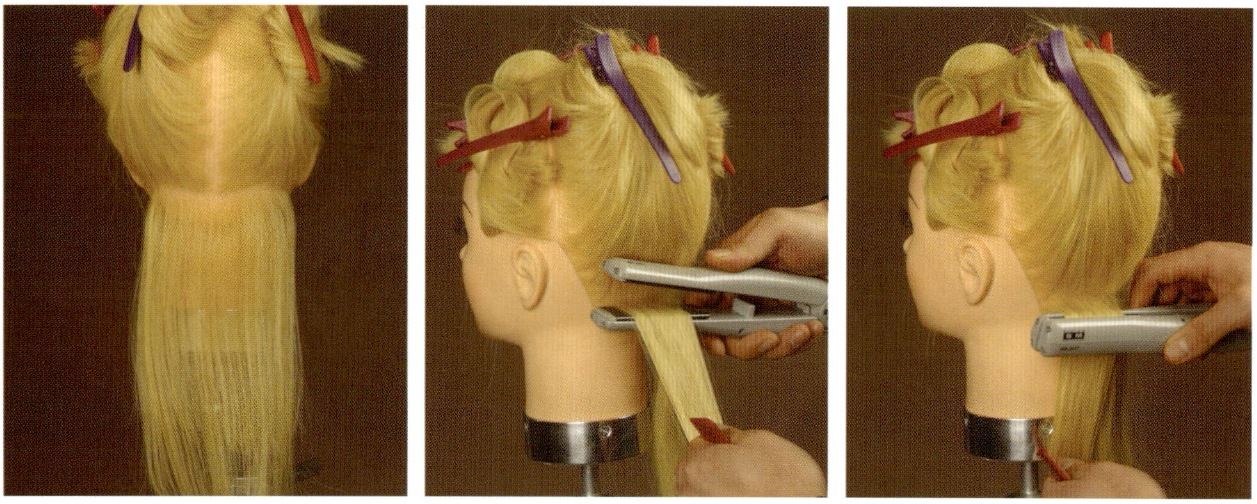

1. 브로킹은 4등분이며, 두피의 볼륨감 및 방향성을 잡아준 후 아이롱을 90° 회전한다.

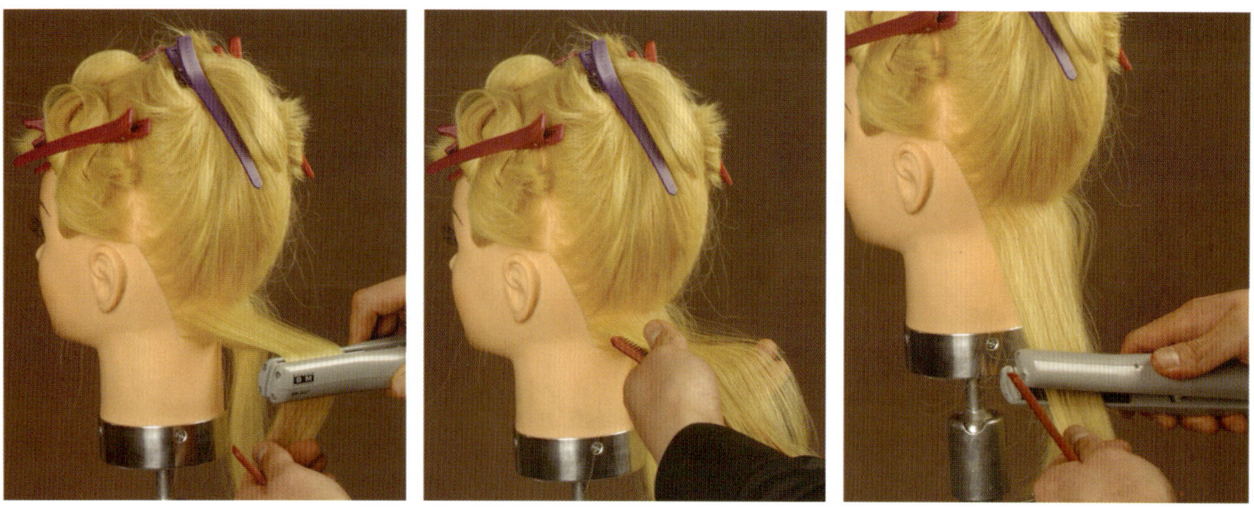

2. 끝까지 훑어준 다음 디자인에 따른 위치를 잡아준다.

3. 아이롱을 바깥쪽으로 향하여 내려온다.

4. 열을 식혀준 후 빗을 조심스럽게 뺀다.

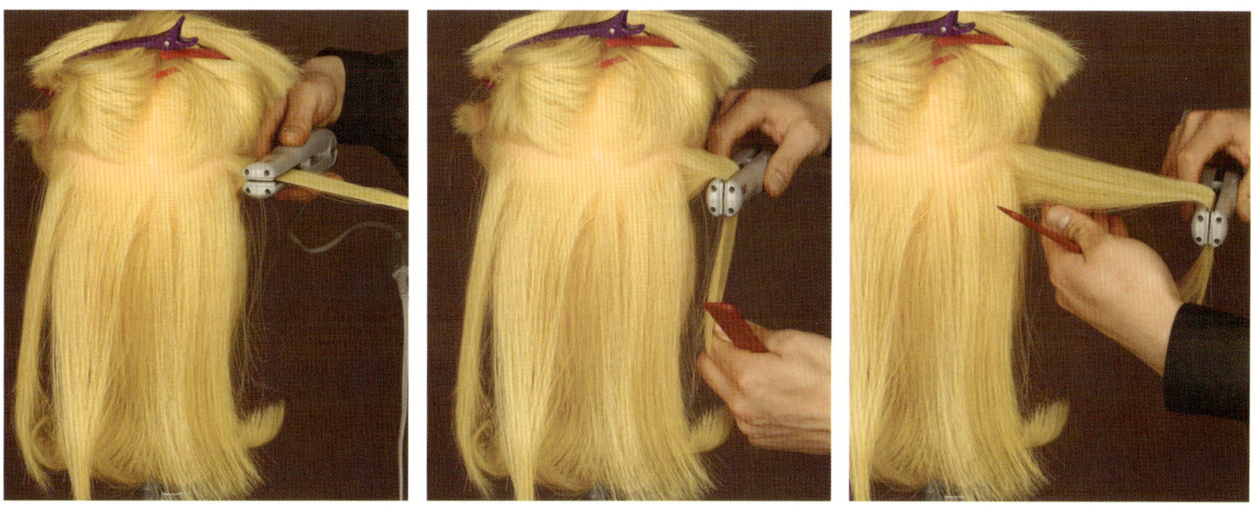

5. 두피의 모발을 잡아주고 아이롱을 90° 회전하여 훑어준다.

6. 디자인 위치에서 바깥쪽으로 회전한다.

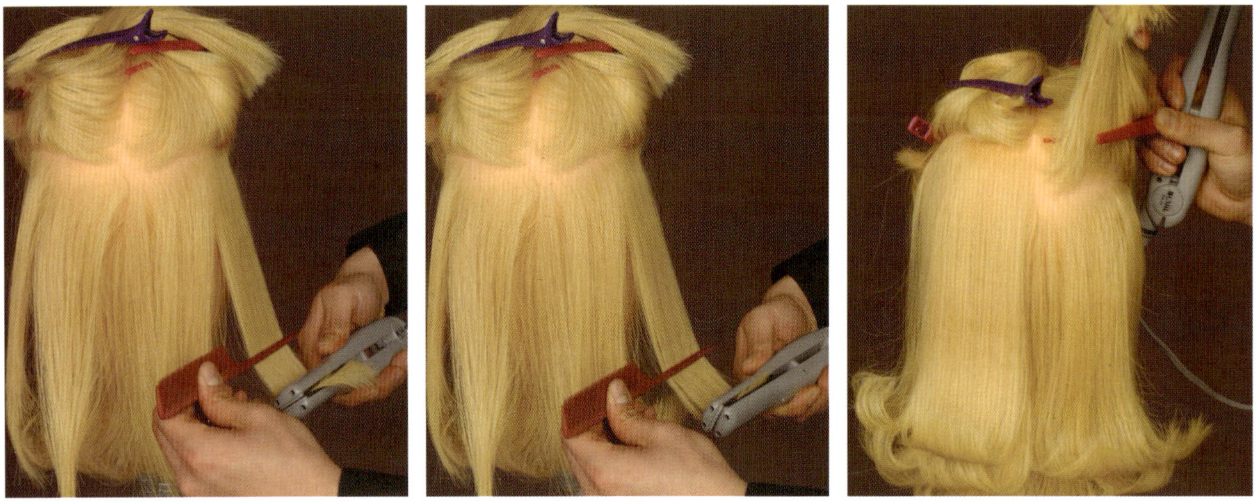

7. 빗을 대고 아이롱을 위로 향한다.

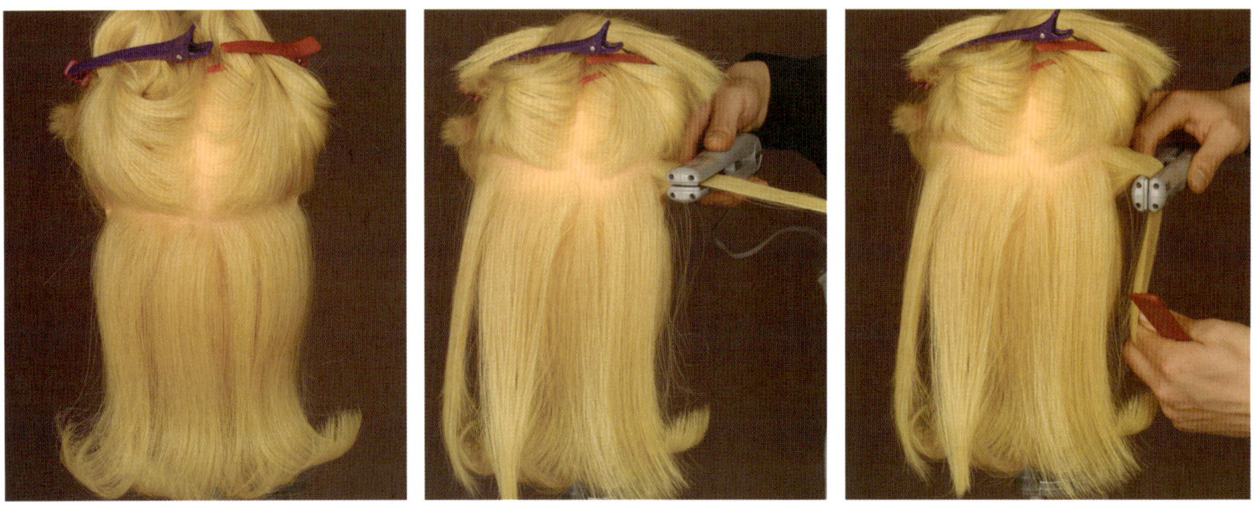

8. 모든 섹션은 균일한 사이즈로 떠야만 일률적인 아웃 컬이 디자인된다.

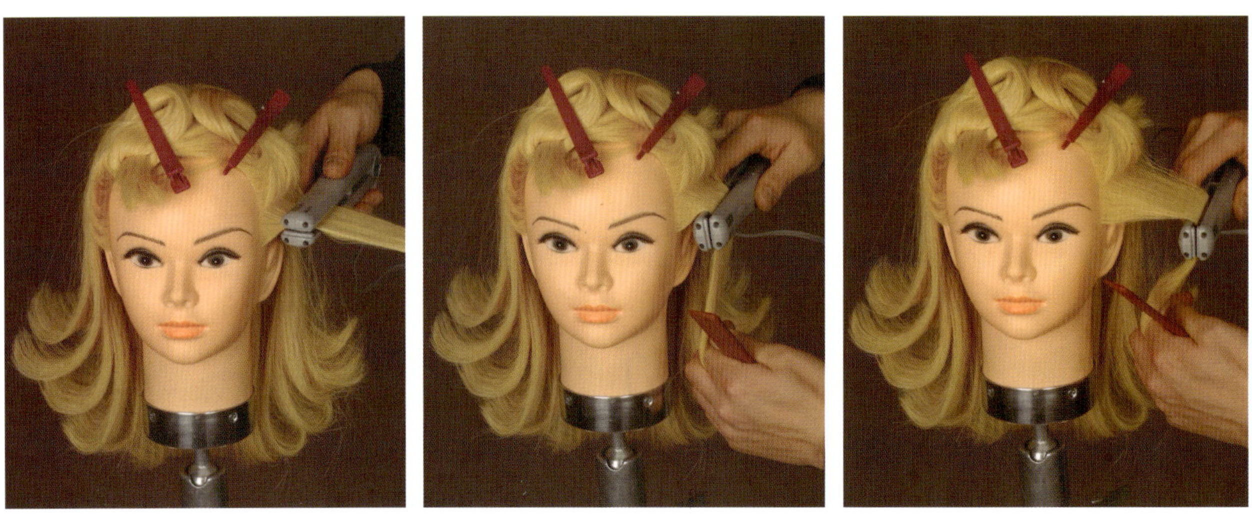

9. 두피에서 아이롱을 회전하여 훑어준다.

10. 모선 끝까지 진행한다.

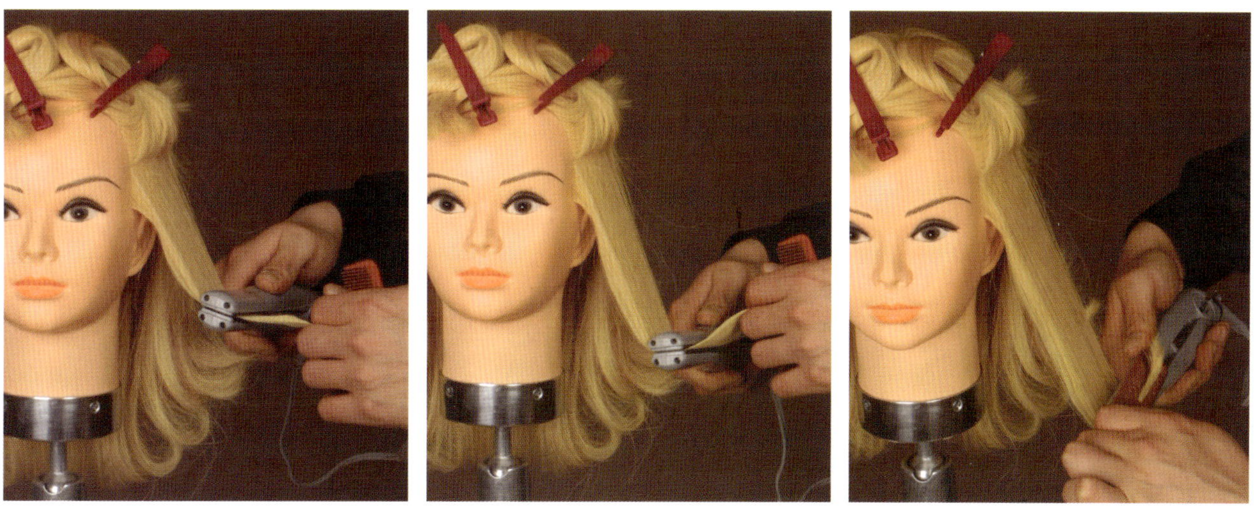

11. 디자인 위치에서 조금씩 아이롱을 바깥쪽으로 회전하여 준다.

12. 다시 한번 디자인한다.

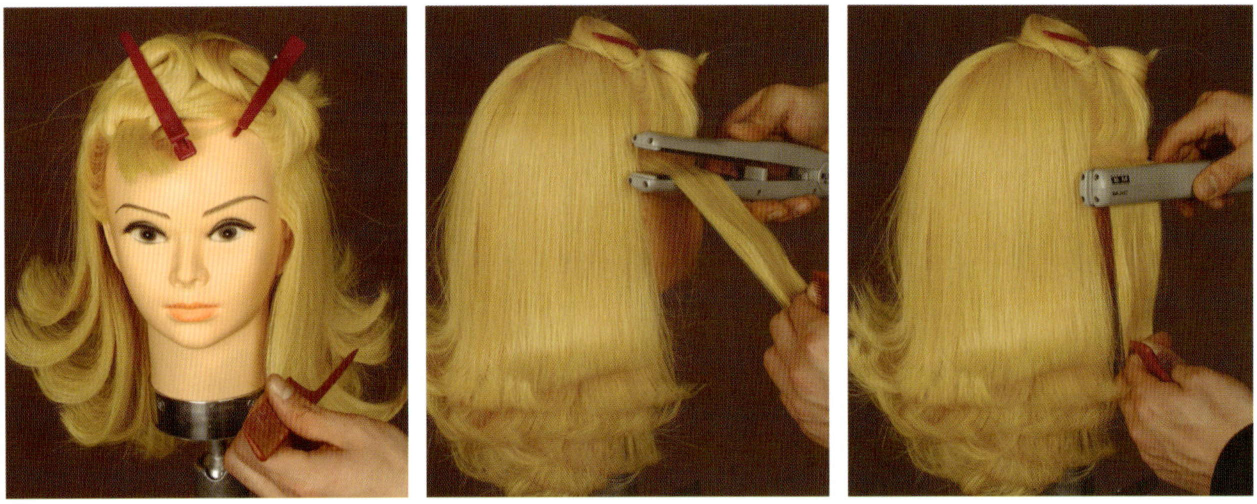

13. 디자인 형태를 파악 후 다음 섹션으로 들어간다.

14. 모발 끝까지 훑어준다.

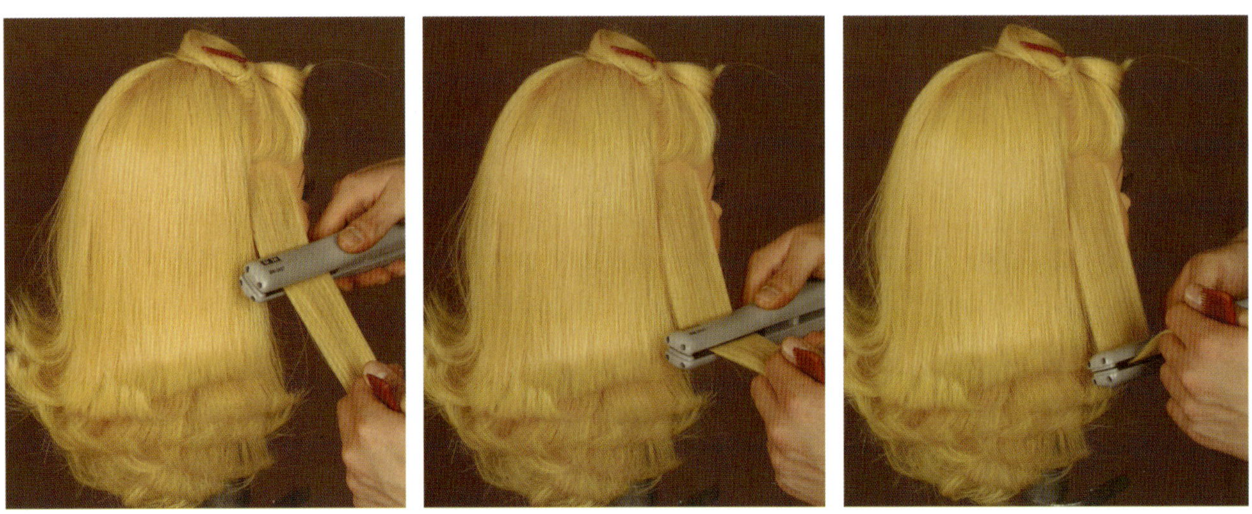

15. 디자인 위치에서 아이롱을 바깥쪽으로 회전한다.

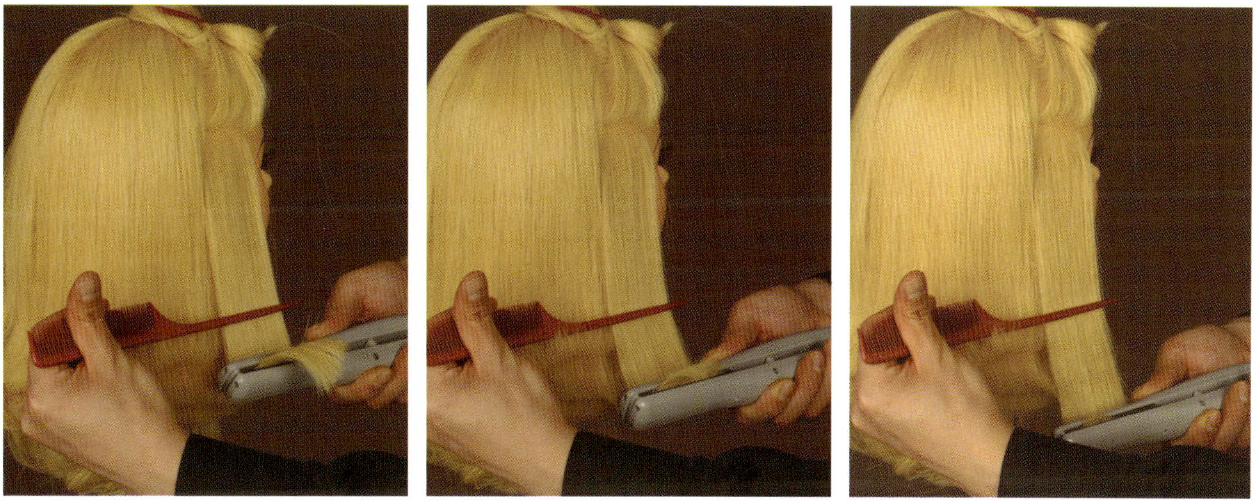

16. 빗의 위치는 움직이지 않는다.

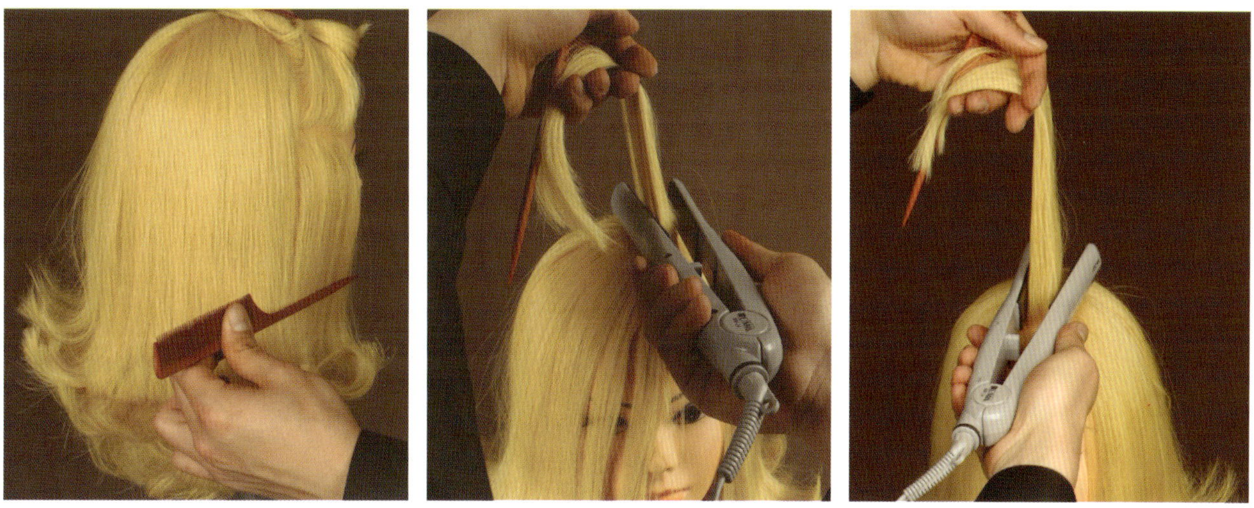

17. 탑 부분의 볼륨을 살려준다.

18. 손으로 잡고 있는 모발의 각도를 내려준다.

19. 끝까지 열을 주어 훑어준다.

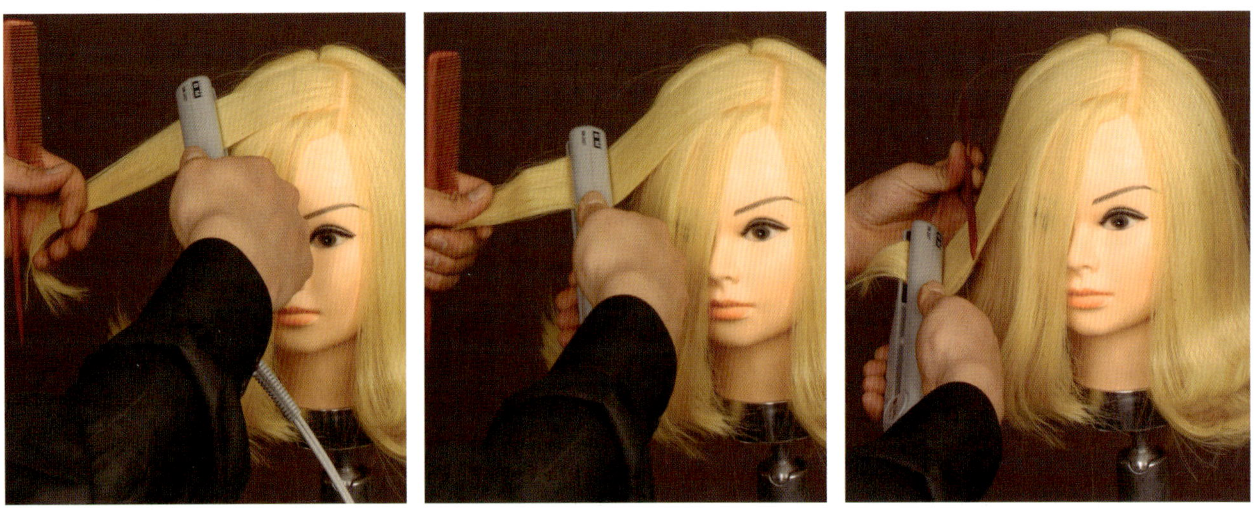

20. 다시 열을 주어 내려오면서 서서히 아이롱의 각도를 올려준다.

21. 빗을 댄 후 아이롱을 바깥쪽으로 회전한다.

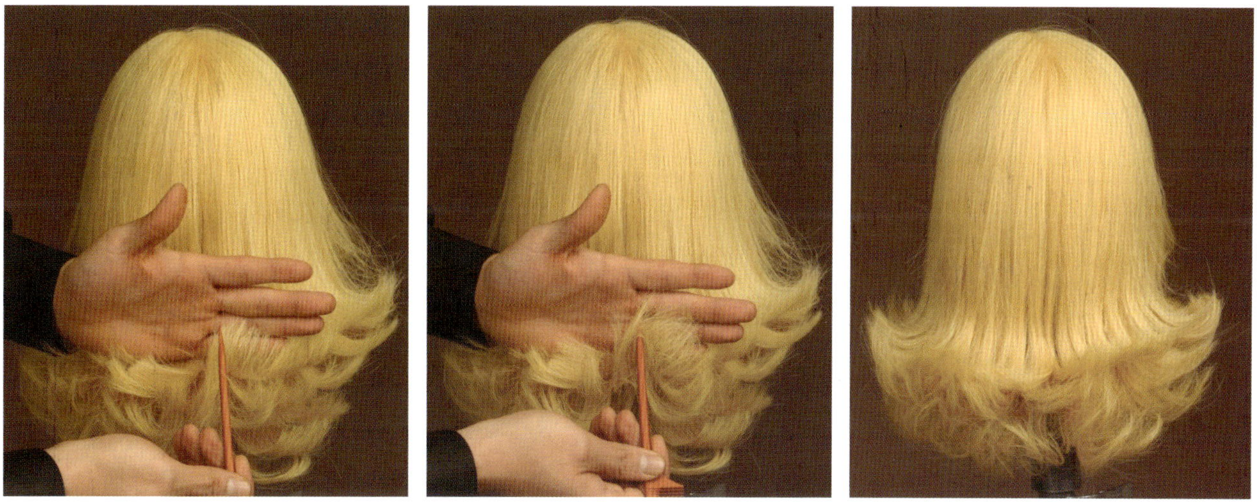

22. 마무리 디자인하여 완성한다.

6. 버티컬 웨이브(Vertical Wave)

지극히 여성스러운 스타일로서 리세트 방법에 따라 다양한 분위기로의 연출이 가능하다. 파티나 특별한 장소에 어울리는 스타일이다.

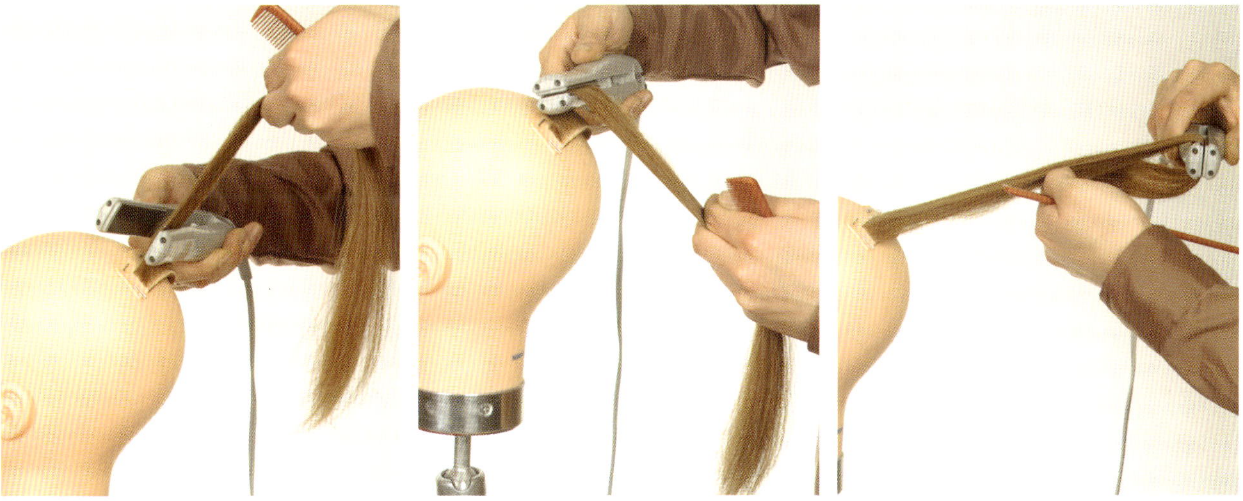

1. 시술각을 높게 잡고 볼륨을 살려준 후 각도를 90°로 하여 스트레이트 한다. 이때 기구의 회전에 주의한다.

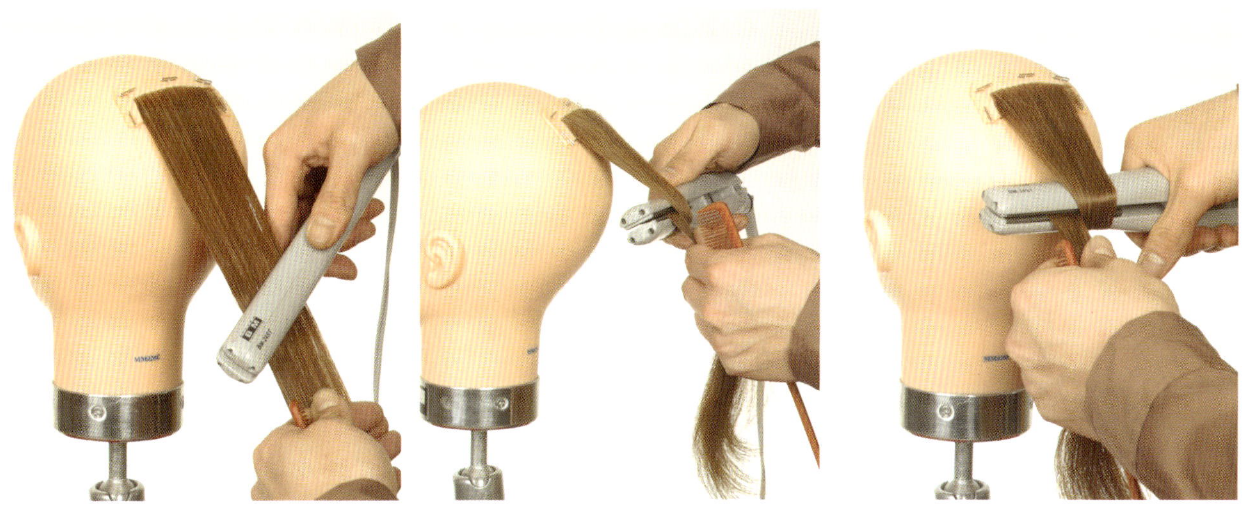

2. 시술각을 좀 더 낮춘 후 웨이브를 내고자 하는 위치에서 기구와 모발을 함께 회전시킨다.

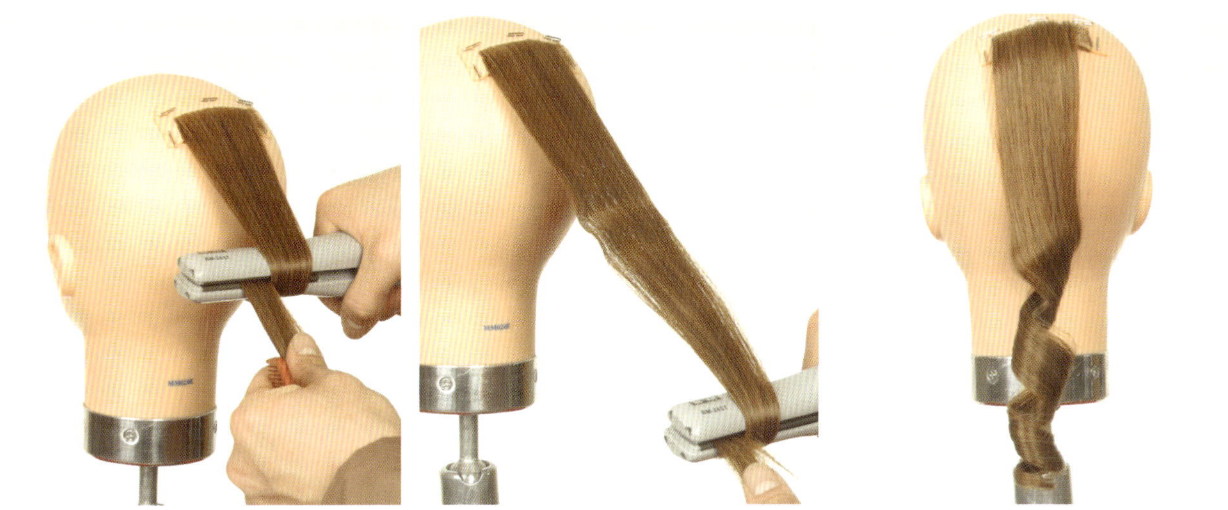

3. 손의 압력을 조절하면서 모선 끝까지 내려오면 웨이브가 형성된다.

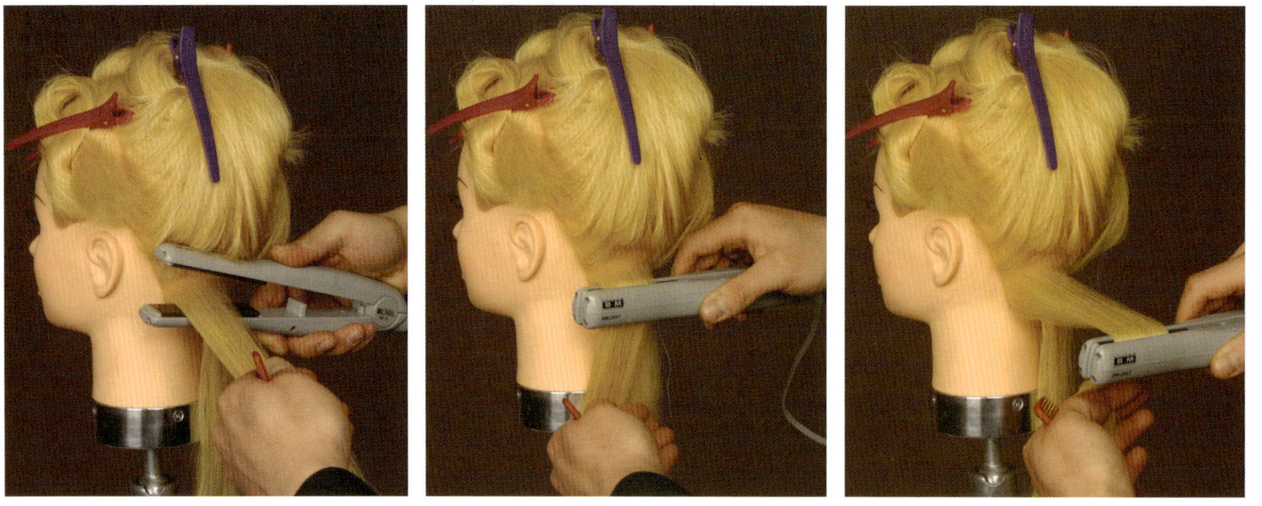

1. 브로킹은 4등분이며 모발 끝까지 아이롱을 회전시키면서 스트레이트로 작업한다.

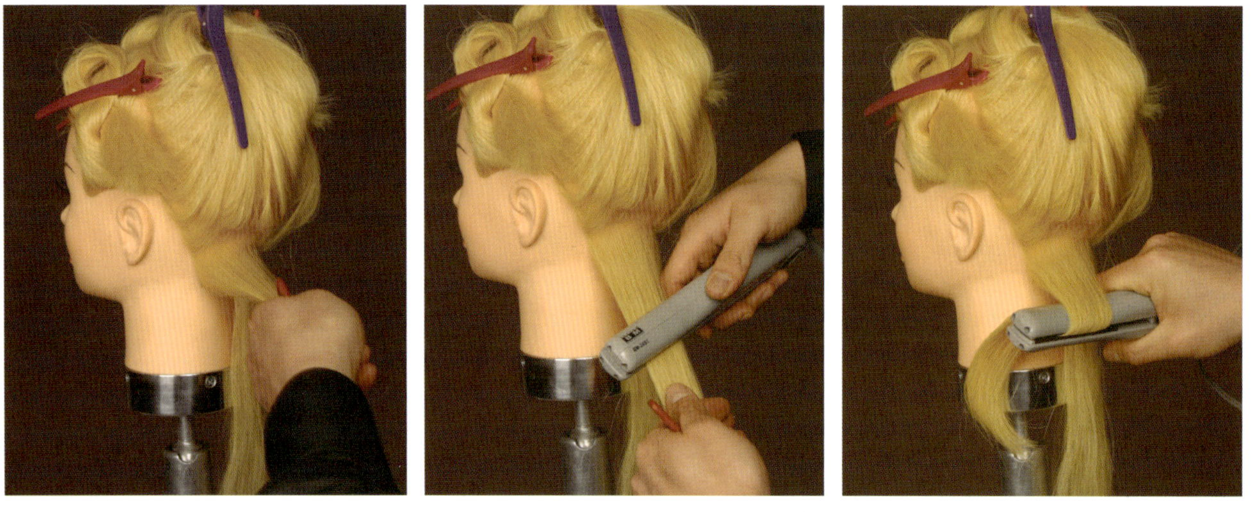

2. 웨이브를 형성하고자 하는 부위에서 아이롱을 회전시킨다.

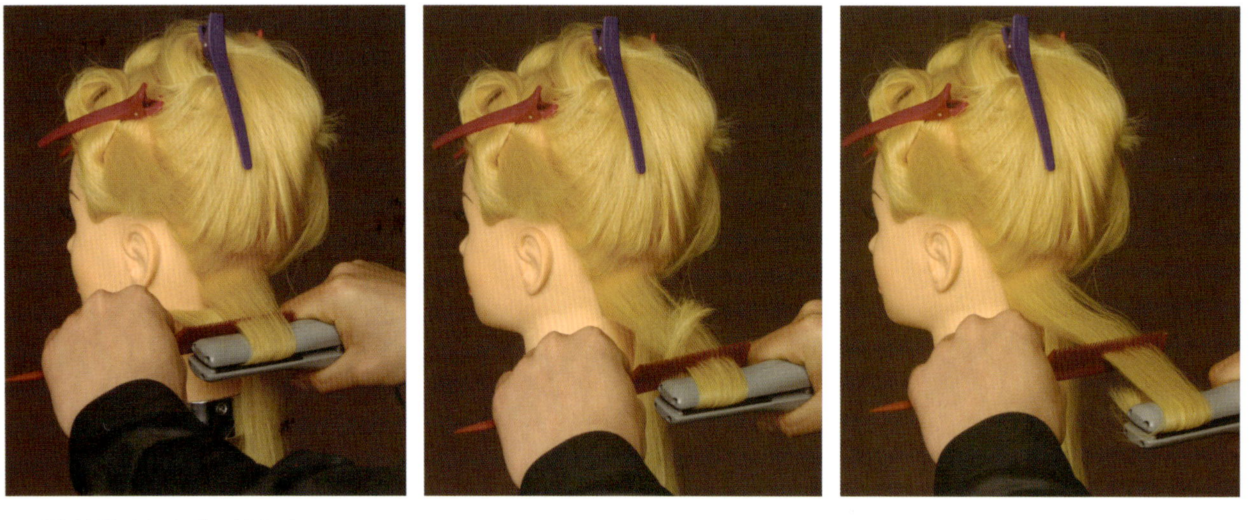

3. 빗살을 넣어 훑어준다.

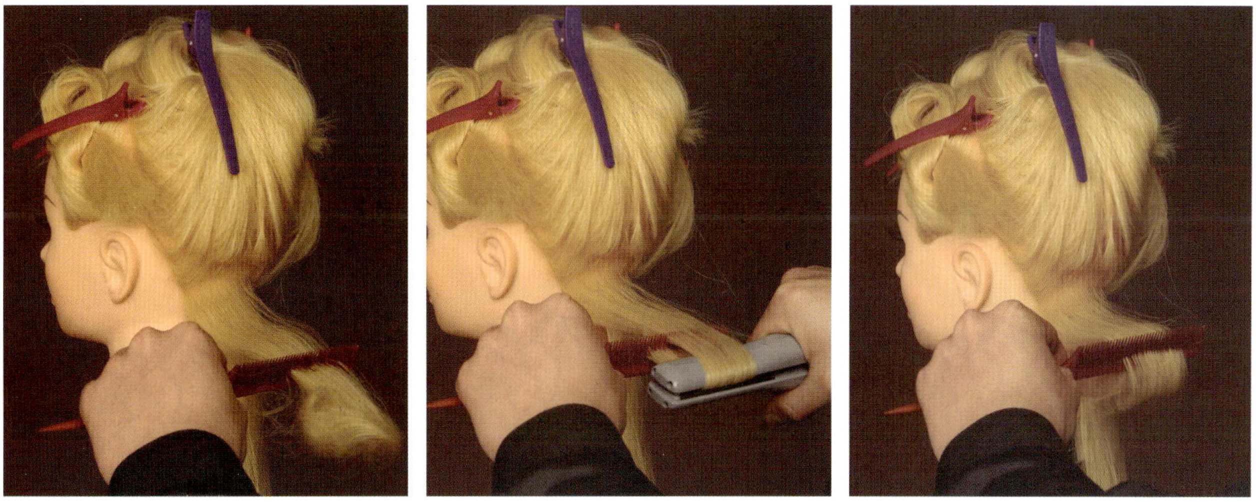

4. 다시 한번 시술한다.

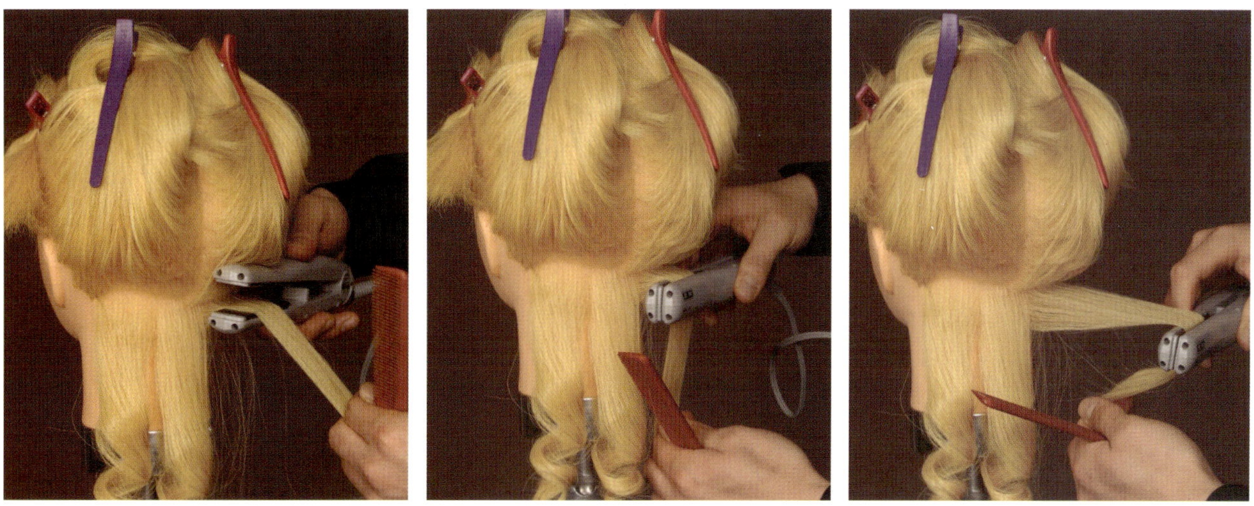

5. 기구를 회전시켜 훑어준다.

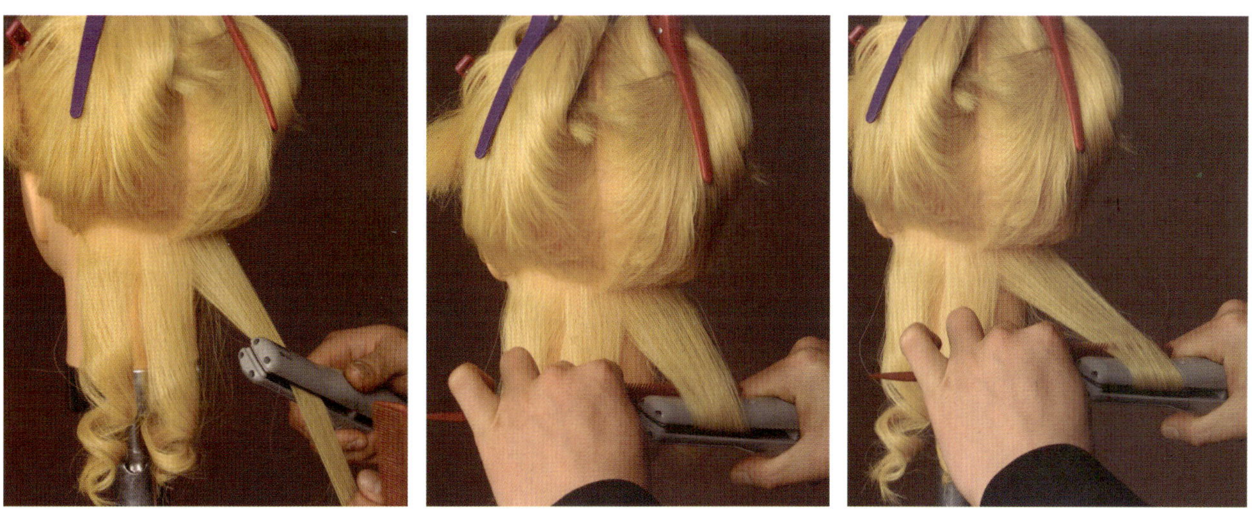

6. 훑어준 모발의 끝을 잡고 아이롱을 회전하면서 빗을 넣는다.

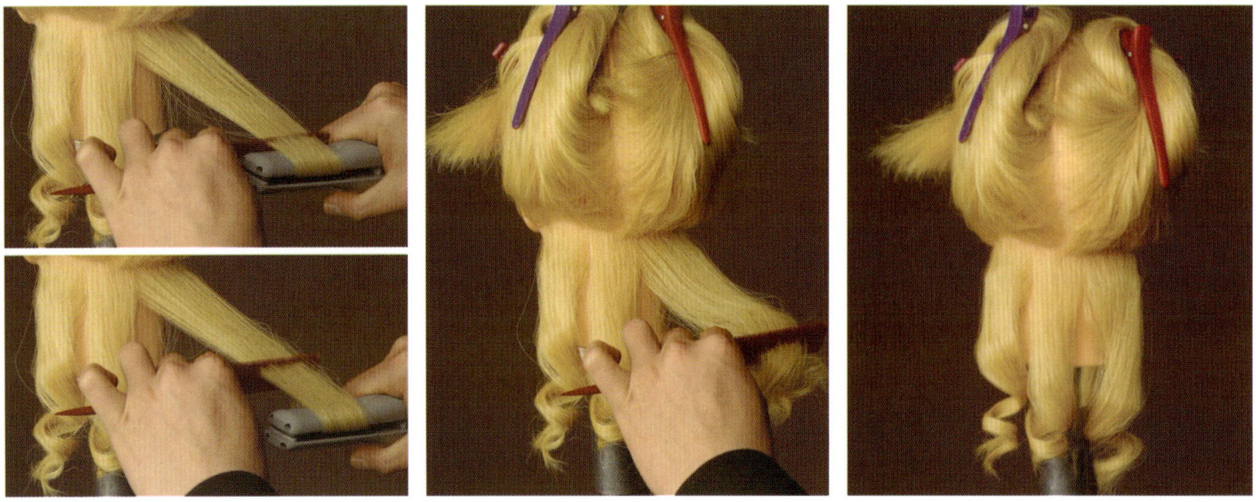

7. 모발 끝까지 텐션을 가하여 준다.

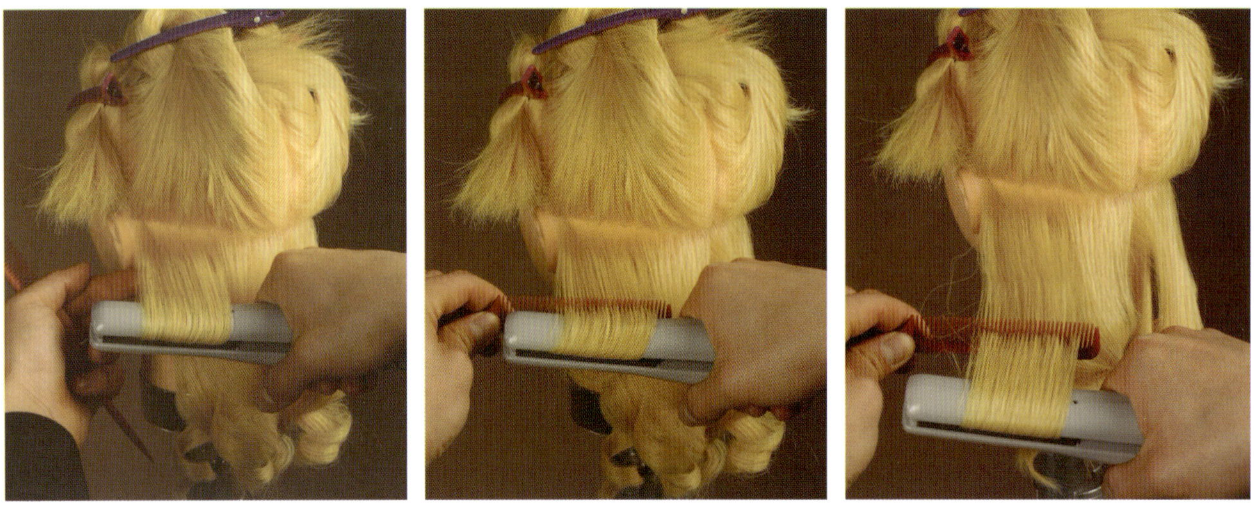

8. 빗살을 넣어 시술한다.

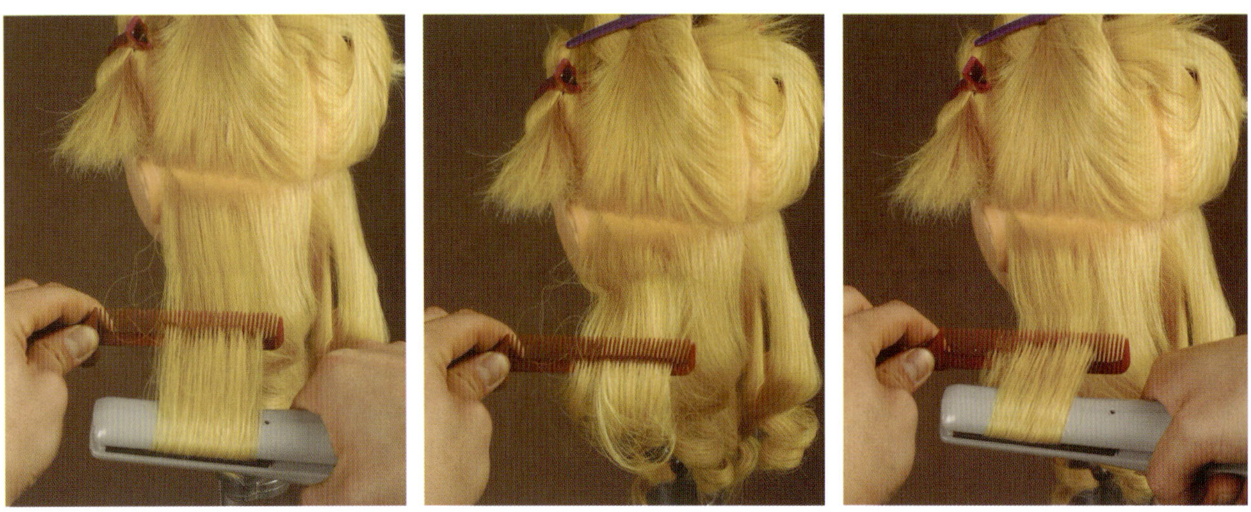

9. 컬을 형성하기 위하여 두 번 정도 같은 방법으로 시술한다.

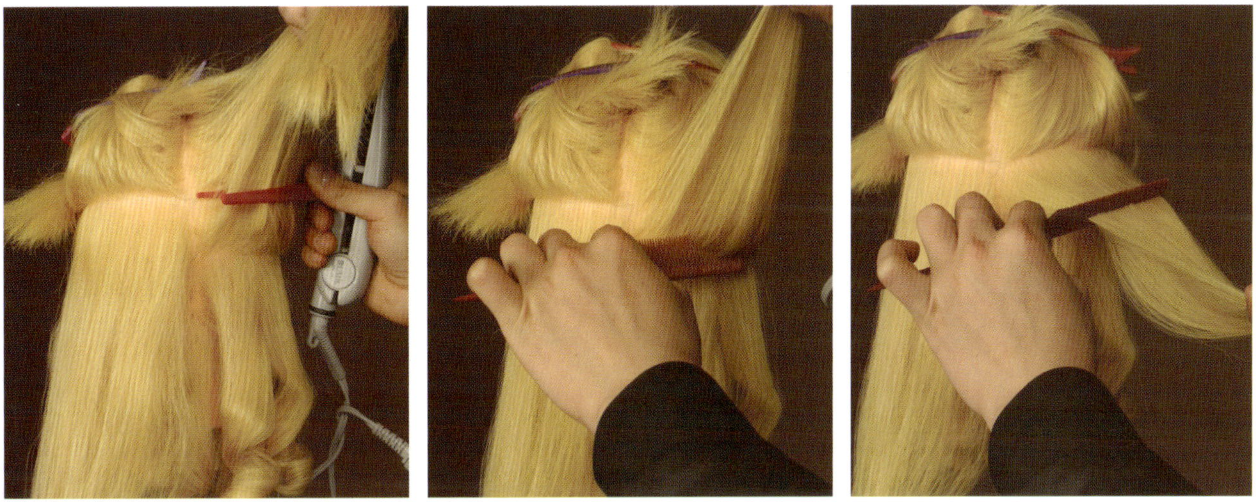

10. 정확한 섹션을 나누어 시술한다.

11. 훑어준 모발을 잡고 기구를 회전시킨다.

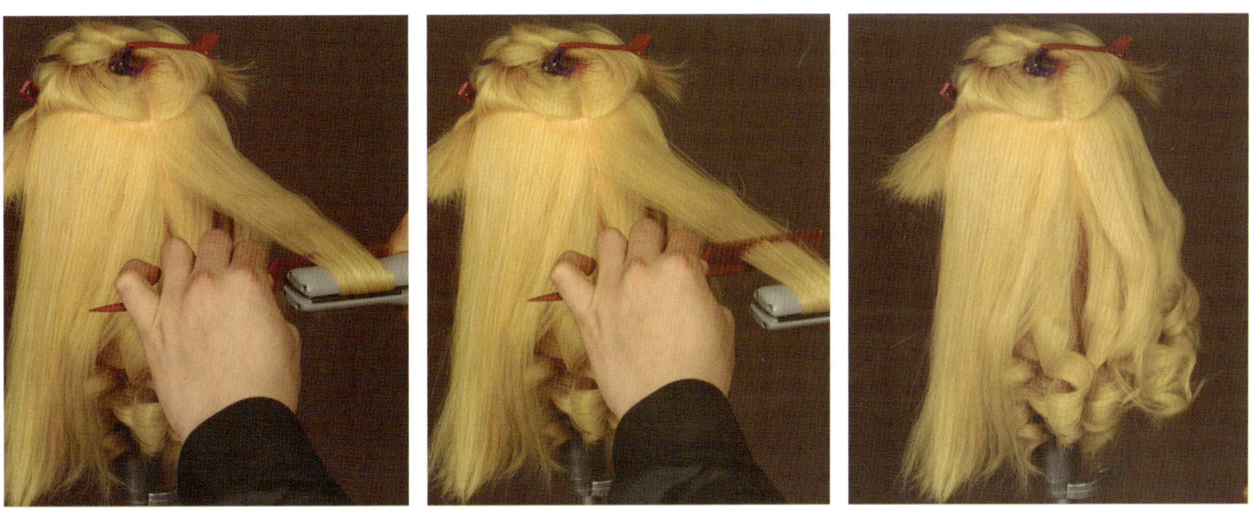

12. 모발 끝까지 시술한다.

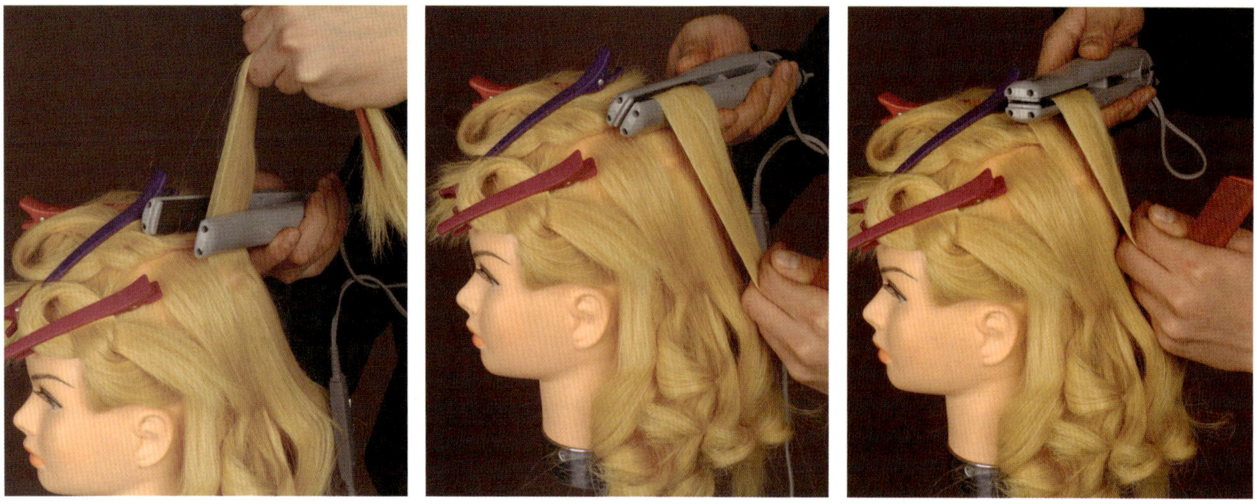

13. 두상에 대한 각도 및 기구의 회전에 주의한다.

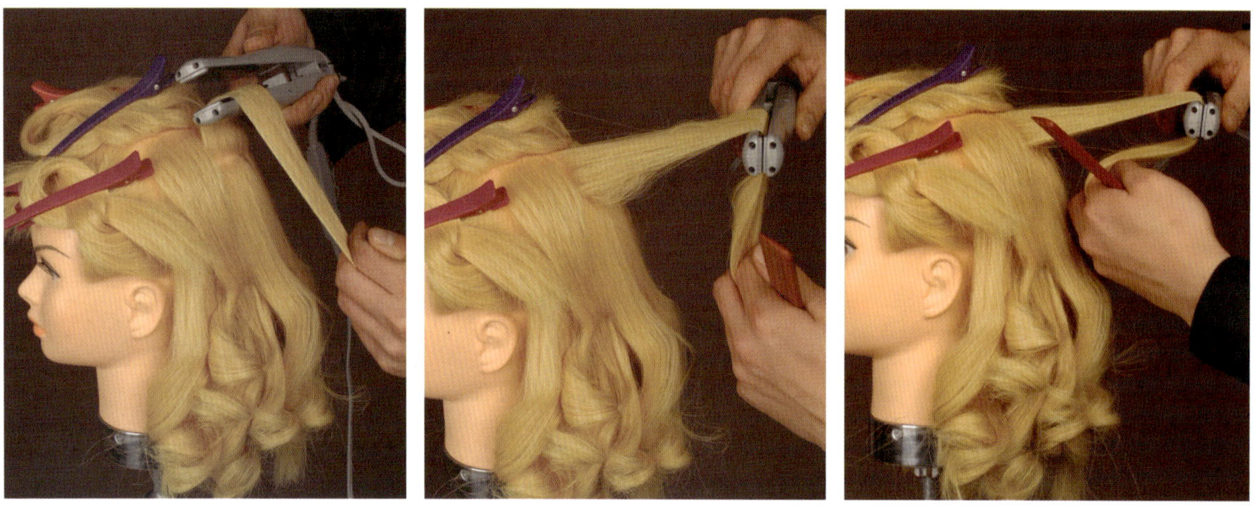

14. 각도를 90° 세운 상태에서 시술한다.

15. 웨이브를 형성하고자 하는 부위에서 모발과 기구를 회전시킨다.

16. 시술한 모발에 웨이브가 있어 손으로 잡는다.

17. 빗을 넣어 다시 한번 시술한다.

18. 기구의 회전에 주의한다.

19. 모발 끝까지 진행하고 중간을 잡는다.

20. 기구를 회전하여 진행한다.

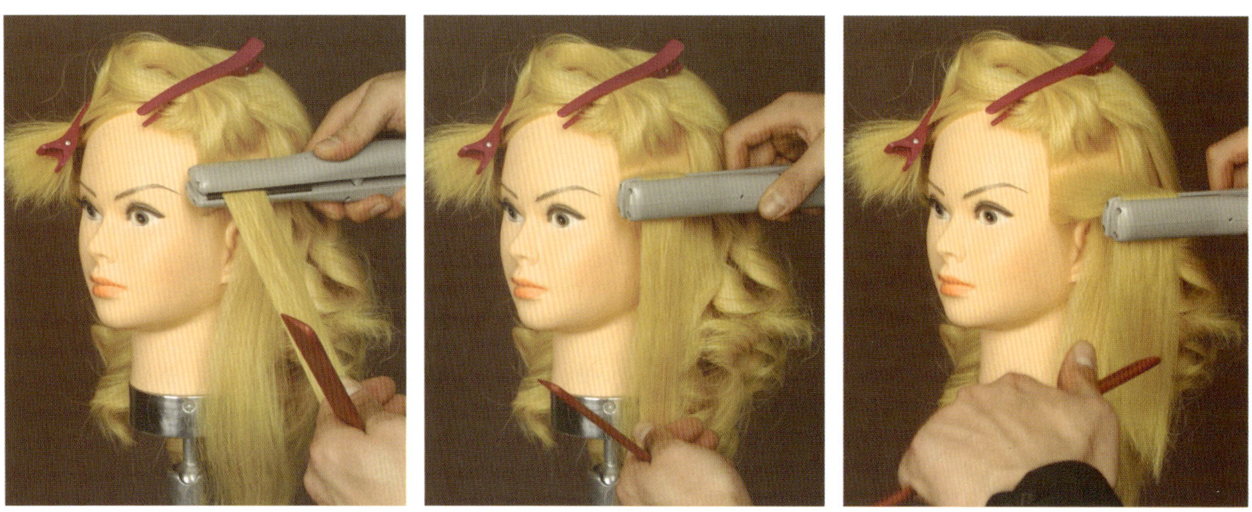

21. 기구를 꺾어 사이드의 모발을 진행한다.

22. 사선으로 기구를 대고 회전시킨다.

23. 빗살을 넣어 모발 끝까지 진행한다.

24. 다시 한번 같은 방법으로 진행한다.

25. 모발 끝까지 진행한다.

26. 빗살을 넣어 시술한다.

27. 빗은 움직이지 않는다.

28. 기구를 기울여 회전하여 잡아준다.

29. 기구의 회전과 모발의 각도에 주의한다.

30. 굵은 빗살을 이용하여 디자인한다.

INDEX 찾아보기

찾아보기 INDEX